国家自然科学基金项目：中国西南岩溶区旱涝灾害演变机理及水安全（41172230/D0213）

中国西南岩溶区旱涝灾害演变机理及水安全

郭纯青　张树刚　田西昭 等　著

桂林理工大学专著出版基金
桂林理工大学环境科学与工程博士学位立项建设基金　**联合资助**
河北省环境地质勘查院

科 学 出 版 社

北 京

内 容 简 介

　　本书是中国西南岩溶区旱涝灾害演变机理及水安全科学研究相关成果的总结，共7章。在全球气候变化的大环境下，针对中国西南岩溶区特有的岩溶多重介质环境，以2009年秋至2010年春西南大旱为出发点，在系统总结中国西南各省市岩溶区水文地质条件和旱涝灾害特征的基础上，对岩溶旱涝灾害形成演变机理及岩溶地下河水资源安全利用模式进行了初步研究，探索了典型岩溶地下河流域旱涝灾害成灾的内外因，通过模型模拟提取关键性成灾因素，确定岩溶旱涝灾害的"源"、"流"、"场"、"效应"和"灾情"的链式规律的内外关联性。在此指导下，结合中国地质调查局工作项目"西南严重缺水地区地下水勘查"的示范工程，进行了西南严重缺水地区地下水赋存规律和开发利用条件的总结，并提出中国西南岩溶地下水资源开发利用的有效模式。

　　本书可供水文、气象灾害和地质灾害防治等相关领域的科研人员及高校师生阅读参考。

图书在版编目(CIP)数据

　　中国西南岩溶区旱涝灾害演变机理及水安全 / 郭纯青等著 . —北京：科学出版社，2015.12
　　ISBN 978-7-03-046652-5

　　Ⅰ. ①中… Ⅱ. ①郭… Ⅲ. ①岩溶区–干旱–研究–西南地区 ②岩溶区–水灾–研究–西南地区 Ⅳ. ①P426.616

　　中国版本图书馆 CIP 数据核字（2015）第 301562 号

责任编辑：王 运 韩 鹏 / 责任校对：钟 洋
责任印制：张 倩 / 封面设计：耕者设计工作室

科 学 出 版 社 出版
北京东黄城根北街 16 号
邮政编码：100717
http://www.sciencep.com
中国科学院印刷厂 印刷
科学出版社发行　各地新华书店经销
*
2015 年 12 月第 一 版　　开本：787×1092　1/16
2015 年 12 月第一次印刷　　印张：12 3/4
字数：302 000
定价：**120.00 元**
（如有印装质量问题，我社负责调换）

作者名单

郭纯青　张树刚　田西昭　潘林艳

刘　硕　田　德　张志飞　刘景兰

胡君春　吴向辉　刘胜乾　周　蕊

王　颖　于映华　李志宇　张文婷

前　　言

当前，中国西南岩溶区旱涝灾害备受社会关注。桂林理工大学基于"中国西南岩溶区旱涝灾害演变机理及水安全"（41172230/D0213）课题，历时四年，终于完成了现在这个文本。

本书以全球气候变化为背景，针对中国西南岩溶区特殊的地表地下双层岩溶水文地质结构，充分利用长序列旱涝灾情历史数据，选取重灾区为主要研究对象，从气象因素和地质因素等方面着手，深入研究，经数据统计分析、物理模拟实验及数值模拟后，进一步提高了对中国西南岩溶区降水量和地表地下因素（地下岩溶管道结构、岩溶洼地类型、岩溶地形地貌、地表地下岩溶管道连通方式、地下岩溶管道埋深、地下岩溶管道水力坡度）旱涝致灾过程的认识，揭示中国西南岩溶区旱涝灾害的演变机理。在此指导下，结合中国地质调查局工作项目"西南严重缺水地区地下水勘查"（［2010］矿评01-07-30号）的示范工程，进行了西南严重缺水地区地下水赋存规律和开发利用条件的总结，并提出中国西南岩溶地下水资源开发利用的有效模式。

全书共7章，由桂林理工大学郭纯青，河北省环境地质勘查院张树刚、田西昭、刘硕、田德、张志飞、吴向辉、刘胜乾、王颖，广西壮族自治区桂林水文工程地质勘察院潘林艳，云南省煤炭地质勘查院胡君春等完成。其中，第1章由郭纯青、张树刚、田西昭撰写；第2章由郭纯青、田西昭、刘硕、潘林艳、于映华撰写；第3章由郭纯青、刘硕、张志飞、田德、周蕊撰写；第4章由郭纯青、潘林艳、周蕊、李志宇撰写；第5章由郭纯青、周蕊、刘景兰、胡君春、于映华撰写；第6章由张树刚、田西昭、田德、张志飞、刘胜乾、王颖等撰写；第7章由郭纯青、张树刚、田西昭撰写；郭纯青、田西昭、潘林艳、张文婷、张志飞等对全书文字和图件进行了统稿。

本书从组织、撰写到出版的全过程中，得到了河北省环境地质勘查院、国家喀斯特数据中心、广西壮族自治区桂林水文工程地质勘察院、中国地质科学院岩溶地质研究所、河北省地质矿产勘查开发局等相关单位以及相关专家和教授的关心和大力支持，他们提供了大量资料，并对研究和编写的全过程进行了指导。对上述单位与专家、教授以及对本书给予关心和帮助的所有同志，我们在此一并表示由衷的感谢。

囿于水平及条件，笔者虽尽力为之，但恐仍有诸多不足之处甚至错误，敬请各界读者和同仁不吝批评指正。

郭纯青

2015 年 5 月

目　　录

第1章 绪 论

1.1 研 究 意 义

旱涝灾害一直给人们的生产生活带来极大的困扰，历来被认为是社会和谐发展的重要制约因素。《管子·度地篇》中管仲曾指出，要使国家长治久安，必须以去除五害为首要。五害者：水、旱、霜、疫、虫。对伴水而居、依水而存的人类而言，水多、水少、水污染都是极其严重的威胁。近年来，由于气候、降水、大环境变化等客观因素和物质能源开采破坏、不合理的作为与不作为等主观因素，地球上整体环境有恶化趋势，海平面上升、极端降水、泥石流严重，旱涝灾害频发。水资源危机问题已成为现阶段全球所面临的主要的环境问题之一。

中国西南岩溶区主要指包括广西、云南、四川、贵州、湖南、湖北、广东和重庆在内的八省（区、市）相邻地区的连片岩溶石山区，分布面积极为广泛。旱涝问题是裸露型和浅裸露型岩溶区常见的环境问题。在中国西南地区，受亚热带季风气候的影响，全年气温较高，雨量充足，大部分地区年平均降水量超过 1500mm，却仍然旱涝灾害频发。这部分地区旱涝灾害成因比较特殊，主要由岩溶地区特殊的地质环境以及地形地貌造成。

中国岩溶区面积若按碳酸盐岩分布面积计（含覆盖型和埋藏型），为 $344 \times 10^4 \, km^2$，按碳酸盐岩地层出露面积计，约为 $206 \times 10^4 \, km^2$，按碳酸盐岩出露面积计，有 $90.7 \times 10^4 \, km^2$。其中，以云贵高原为中心的中国西南岩溶区连片分布面积最大，碳酸盐岩分布面积为 $114 \times 10^4 \, km^2$，碳酸盐岩地层出露的面积为 $76 \times 10^4 \, km^2$，碳酸盐岩出露面积达 $54 \times 10^4 \, km^2$。中国西南岩溶区是全球连片分布面积最大的碳酸盐岩分布区。受地质环境的特殊性的影响，该区旱涝灾害频繁且灾情严重，被学者们形象地称为"岩溶干旱"和"岩溶浸没内涝"。

中国西南岩溶区地质环境的特殊性主要表现在岩溶环境的复杂性和脆弱性。区内岩溶连片面积大，水资源总量丰富但时空分布不均；强烈的岩溶作用形成了地表地下双层水文网的特殊岩溶水文地质结构，地表碳酸盐岩透水性强，难以滞留降水，岩溶地下多重介质结构类型多样，易造成水源集中性流失；碳酸盐岩分布广泛且岩石坚硬，岩石酸不溶物含量小，形成土壤的能力非常低。独特的岩溶环境构建了中国西南岩溶区承灾脆弱的基础，加之不适当的人类作用，导致旱涝灾害频发。据卢耀如等 1996 年的统计数据，中国西南岩溶区发生旱涝灾害的总频率约为 50%，涝灾发生频率略高于旱灾。

极端气候条件（尤其是降水条件）和独特的岩溶水文地质结构形成了中国西南岩溶区旱涝灾害频发的大背景。岩溶地下河系统作为岩溶环境中水体的主要调节和汇集中心，影响和决定了岩溶旱涝的发生和发展。因此，研究中国西南岩溶多重介质环境的孕灾环境和致灾过程，找到影响和控制岩溶旱涝发生发展的内外因素，对解决中国西南岩溶区干旱缺水，浸没内涝加剧等现象，以及应对和防治旱涝灾害等有非常重要的意义。

基于以上原因，中国西南岩溶区旱涝灾害成因机理的研究和岩溶地下河水资源安全利用模式的探索，对区域灾害损失评估控制、受灾范围的预测、旱涝灾害防治以及生态环境修复都是十分必要的。研究成果有助于我们积极地防御旱涝灾害所带来的危害，当有良好的应对措施时，各种突发性的状况也不一定会成灾。增加地表蓄水能力，发挥岩溶含水层调蓄功能，地表地下水的联合开发以及节水技术的推广，都应该是我们为解决旱涝灾害问题所要努力的方向。特别是自2009年10月至2010年5月，中国西南岩溶区遭遇前所未有的长时间大面积干旱，随后又因流域性大洪水遭受洪涝灾害，旱涝同期同现的困境再一次凸显了西南岩溶区多重介质环境结构及功能的脆弱性，因而西南岩溶区的旱涝灾害演变机理和水安全研究意义非凡。

1.2 研究内容

本书通过研究中国西南岩溶区多重介质环境的脆弱性、复杂性和独特性，探清了影响和决定研究区旱涝灾害形成的环境介质。在统计中国西南岩溶区旱涝灾害灾情次数的基础上，选取重灾区进行分析，从影响旱涝灾害发生的气象因素、地质因素和人为因素等方面着手，以数据分析方法研究降水量对旱涝灾害过程的影响及降水量的变化趋势。通过室内物理模拟实验，对比分析影响中国西南岩溶区旱涝灾害发生的地表地下因素（地下岩溶管道结构、岩溶洼地类型、岩溶地形地貌、地表地下岩溶管道连通方式、地下岩溶管道埋深、地下岩溶管道水力坡度），采用控制变量法，研究各因素对岩溶地下河系统水文过程的影响，分析各项因素影响下旱涝致灾的可能性，同时探索物理模拟实验的数值化。综合气象、地质和人为因素，系统分析不同降水条件下中国西南岩溶区发生旱涝灾害的过程，探索研究区旱涝灾害的演变机理和水安全利用模式。以中国西南典型岩溶洼地云南块所岩溶区为例，分析岩溶旱涝灾害规律和致灾因子，提出有针对性的抗旱治涝工程措施。最后，以云南曲靖市和泸西县作为西南典型岩溶干旱地区，研究其地下水开发利用，在分析两地地质构造及水文地质条件的基础上，研究两地旱涝灾害成灾机理，总结两地岩溶干旱区地下水开发利用经验。

1.2.1 中国西南岩溶区旱涝孕灾环境分析

以多重介质环境为研究对象，分析中国西南岩溶区旱涝灾害的孕灾环境，主要从以下3点分析：
（1）岩溶多重介质环境的脆弱性和复杂性；
（2）中国西南岩溶多重介质环境的独特性；
（3）中国西南岩溶区岩溶多重介质环境旱涝成灾作用的决定性环境介质。

1.2.2 中国西南岩溶区旱涝灾害特征研究

以中国西南岩溶区1900~2012年旱涝灾害等值线图和1991~2012年的气象灾害简报

为基础，分析 1900～2012 年内中国西南岩溶区旱涝灾害频繁次数及旱涝灾害多发区的共同点。主要研究内容有：

（1）统计中国西南岩溶区 1900～2012 年旱涝灾害次数；

（2）根据干旱、洪涝、旱涝交替频繁次数的统计结果对研究区进行分区；

（3）通过灾害频繁次数的统计结果确定重灾区，综合分析中国西南岩溶区旱涝灾害特征。

1.2.3　降水量与旱涝灾害发生的关系

分析研究区降水量与旱涝灾害发生的关系，以确定降水因子对旱涝灾害发生的影响。主要研究内容为：

（1）1960～2012 年中国西南岩溶区历史降水资料及典型重灾区多年表现出来的降水量的年际、年代特点；

（2）结合 1960～2012 年中国西南岩溶区旱涝重灾区的旱涝灾情与当年降水量分析，得出降水量对西南岩溶区旱涝灾害的影响大小；

（3）分析近年来影响中国西南岩溶区降水量的因素及对降水量的影响趋势，预测未来年份可能发生的旱涝灾害程度。

1.2.4　中国西南岩溶区旱涝灾害演变模拟

以岩溶洼地系统和岩溶管道系统为研究对象，模拟研究中国西南岩溶区特殊的岩溶地表地下结构特征对岩溶地下河系统水文过程的影响，分析各项因素制约影响下旱涝致灾的可能性。主要研究内容为：

（1）物理模拟实验装置和方案的设计，典型岩溶洼地和岩溶管道特征的提取；

（2）采用控制变量法，对比岩溶洼地系统（岩溶地形地貌、岩溶洼地类型）和岩溶管道系统（地下岩溶管道结构、地表地下岩溶管道连通方式、地下岩溶管道埋深、地下岩溶管道水力坡度）六个变量条件下岩溶地貌区洪水的淹没时长；

（3）实现物理模拟实验的数值化模拟；

（4）根据淹没时长推算多因素组合而成的各类岩溶地形地貌可能发生的洪涝灾害；

（5）分析岩溶管道的埋深、坡降和平面展布形态间接影响和控制岩溶旱涝发生和发展的过程，并针对岩溶地下河系统的旱涝致灾因素，提出相应的旱涝灾害应对防治措施。

1.2.5　中国西南岩溶区旱涝灾害演变机理与水安全

本研究综合气象、地质和人为因素系统地分析在强降水条件下和一般降水条件下中国西南岩溶区发生旱涝灾害的过程，探索研究区旱涝灾害的演变机理，并结合岩溶区旱涝灾害特点，提出中国西南岩溶地下河水资源的开发利用模式，以保障区域水安全。最后，以云南块所岩溶区为例，分析岩溶旱涝灾害规律和致灾因子。具体研究内容为：

（1）分析岩溶洼地系统（岩溶地形地貌、岩溶洼地类型）、岩溶管道系统（地下岩溶管道结构、地表地下岩溶管道连通方式、地下岩溶管道埋深、地下岩溶管道水力坡度）和人为因素在强降水和一般降水条件下可能发生的旱涝灾害；

（2）探索研究区旱涝灾害的演变机理，并结合岩溶区旱涝灾害特点，提出了西南岩溶地下河水资源的开发利用模式，以保障区域水安全；

（3）以云南块所岩溶区为例，从典型岩溶洼地地貌类型区水文循环的"源"、"流"、"场"、"蓄"四个特征入手，分析岩溶洼地岩溶旱涝灾害规律和致灾因子，提出有针对性的抗旱治涝工程措施，为岩溶区旱涝灾害防治和水安全提供借鉴。

1.2.6　中国西南典型岩溶干旱区地下水开发利用

以西南典型岩溶干旱地区云南曲靖市和红河哈尼族彝族自治州泸西县为例，在分析其地质构造及水文地质条件的基础上，研究两地旱涝灾害成灾机理，总结两地岩溶干旱区地下水开发利用经验。具体研究内容有：

（1）介绍曲靖市、泸西县岩溶干旱区基本情况（气象、地貌概况、地层岩性）、水文地质条件（地下水类型、含水层富水性、地下水水化学特征）；

（2）根据岩溶干旱区特殊的地质背景条件，分析曲靖市、泸西县干旱机理；

（3）通过物探和钻探手段探明地下水供水条件以及地下水赋存规律；

（4）通过两地抗旱打井工程的实施，总结中国西南典型岩溶干旱区地下水开发利用经验。

第2章　中国西南岩溶区概况

2.1　地质地理简况

2.1.1　自然地理

中国西南岩溶区分布面积广，涉及八省（市、区）范围，涵盖广西、贵州、云南、四川、重庆、湖北、湖南和广东的连片岩溶区，地理坐标为 97°22′ ~ 117°59′E，21°74′ ~ 34°10′N（图2.1），东西横跨22°，南北纵深13°，区境线长达6900km。西南岩溶区岩溶连

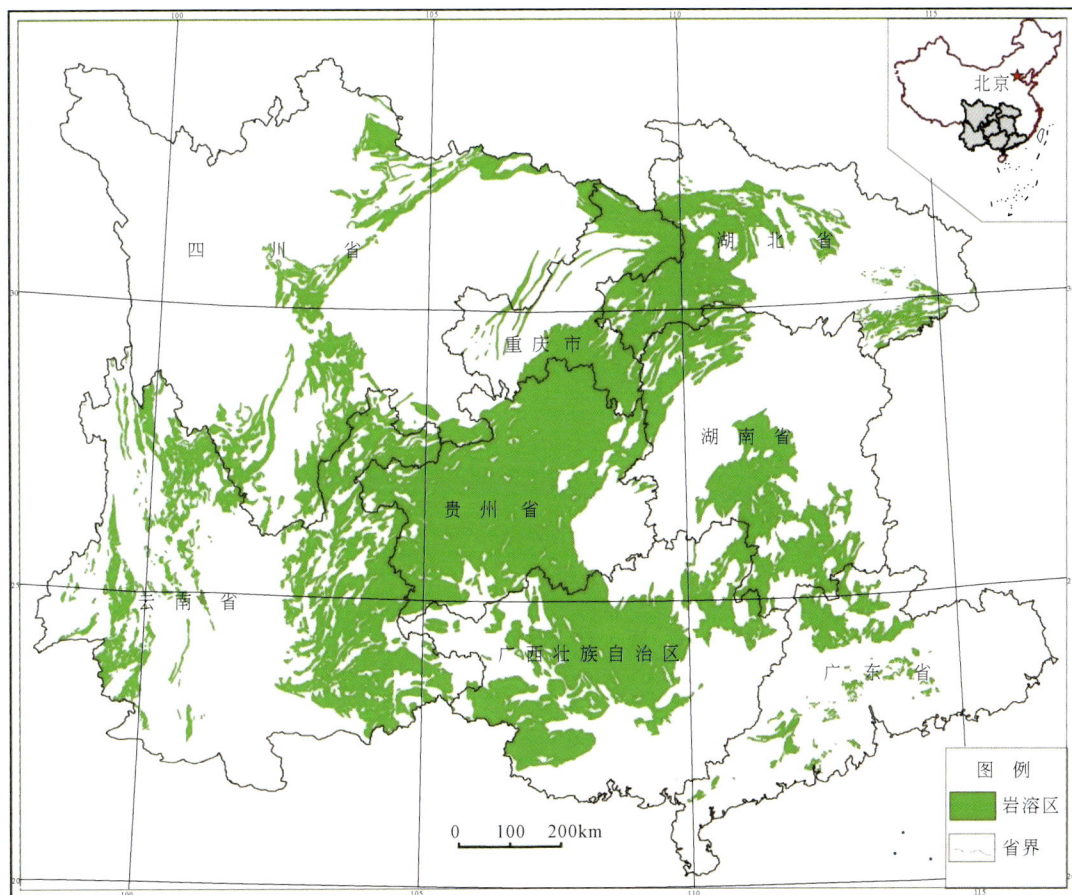

图 2.1　中国西南岩溶区分布示意图（含裸露型和覆盖型岩溶）

片面积大，按碳酸盐岩分布面积计，为 $114×10^4 km^2$，按碳酸盐岩地层出露面积计，为 $76×10^4 km^2$，按碳酸盐岩出露面积计，为 $54×10^4 km^2$，是中国乃至世界典型的岩溶分布区域之一。

中国西南岩溶区是多民族居住地区，有 46 个民族聚居，居住人口约为 1.56 亿（2010 年统计数字），约占西南八省（市、区）人口的三分之一，其中 65% 为贫困人口。

20 世纪初国家划分的 18 片贫困区中的桂西北山区、滇东南山区、乌蒙山区、横断山区和九万大山区都在该区，因此它是中国贫困人口分布最为集中的区域之一。西南八省（市、区）共有大小县城 753 个，其中岩溶县有 563 个（表 2.1）。截至 2013 年，国家公布的贫困县该区有 126 个，约占全国总贫困县数的 16.7%，是中国一大生态环境脆弱区。岩溶石山区土壤贫瘠，可耕地少，土壤沉积多且肥沃的峰丛洼地、峰林谷地便成为大部分的少数民族聚居地。由于该区的生态环境脆弱，地表容易漏水干旱，水土流失和土地石漠化等问题突出，自然灾害频发，地方病多，发病率高，导致该区工农业生产水平低下，旱地作物基本靠天吃饭，产量极低，商品经济发展迟缓，产业模式单一，商业机遇少，第二、第三产业难以入驻，加上文化水平普遍偏低，自主创业者缺乏，半数以上的人民生计困难，许多地区温饱问题没有解决。因此，该区是有名的"老、少、边、穷"地区，以传统分散的农业经济为主，工业经济薄弱，是中国西部大开发重点发展地区，也是国家扶贫攻坚的重点关注地区。

表 2.1 西南各省（市、区）碳酸盐岩出露面积及不同比例碳酸盐岩出露面积的县数（曹建华等，2004）

省（市、区）	土地面积 $L/10^4 km^2$	碳酸盐岩出露面积 $C/10^4 km^2$	C/L /%	各省（市、区）总县数	不同比例碳酸盐岩出露面积的县			
					≥30%	≥50%	≥70%	≥90%
广西	23.64	8.21	34.8	85	45	32	15	8
广东	17.65	1.03	5.8	90	3	1	0	0
贵州	18.98	11.61	61.2	82	70	64	29	0
湖北	18.56	5.18	27.9	78	29	17	7	1
湖南	21.15	6.36	30.1	104	47	29	10	0
四川	48.11	7.03	14.6	157	28	9	0	0
云南	38.43	10.83	30	125	57	26	9	0
重庆	8.17	3.01	36.8	32	13	8	5	1
合计	194.69	53.26	27.36	753	292	186	75	10

2.1.2 地形地貌

整体上，中国西南八省区跨越由西到东三大阶梯单元。第一大阶梯系指横断山脉，为青藏高原东南山原大斜坡；第二大阶梯以云贵高原为主体，包括四川西南盆缘山区以及渝鄂黔湘桂西部山原地带；第三大阶梯系指两广丘陵平原和湘中南丘陵槽谷地区。从青藏高原到云贵高原再到两广丘陵平原，地势西北高、东南低，呈连续台阶状跌落，平均海拔为

1000~2000m（图2.2）。

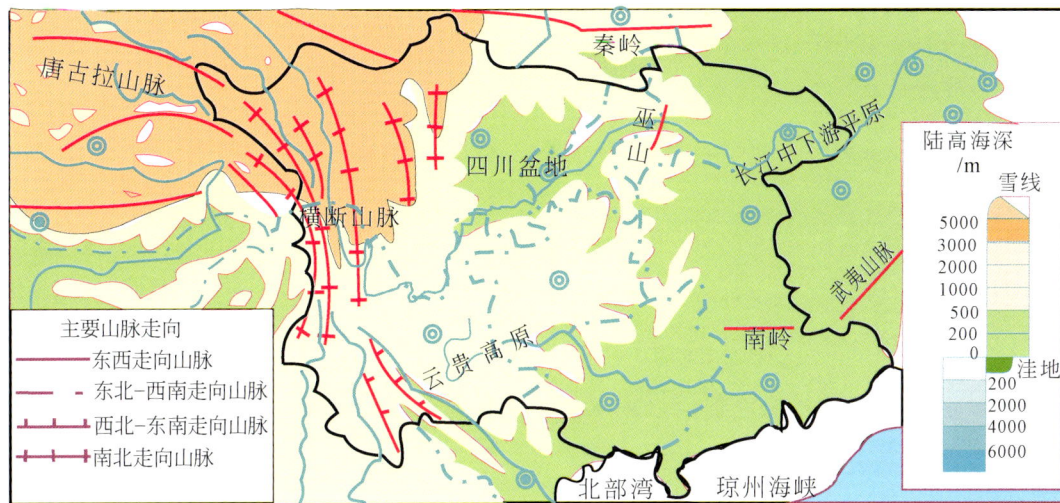

图2.2　中国西南地区地形分布图

　　复杂的地质构造、岩性及气候条件的内外营力，使得不同类型的地形地貌在中国西南岩溶区得到了全面的塑造，包含峰丛洼地、峰林洼地、孤丘平原、岩溶丘陵、岩溶槽谷、岩溶断盆、岩溶山地以及岩溶峡谷等（图2.3；袁丙华等，2002）。

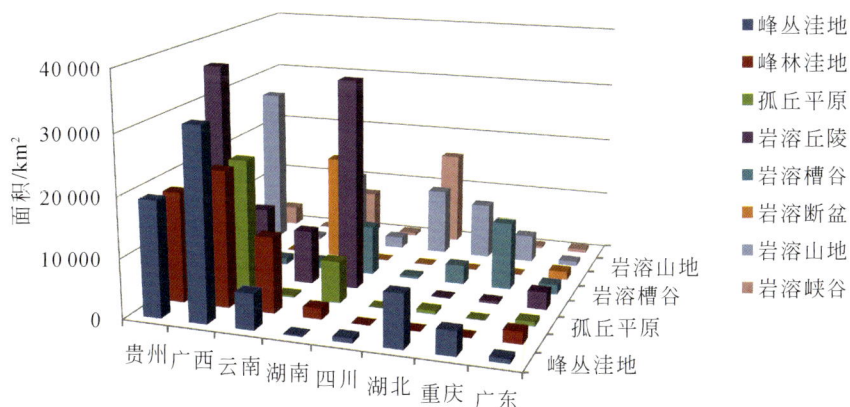

图2.3　中国西南岩溶区八省（市、区）的岩溶地形地貌类型统计图

2.1.3　地质概况

2.1.3.1　地层岩性

　　中国西南岩溶区地域辽阔，碳酸盐岩分布广泛，碳酸盐岩地层从寒武系到三叠系均有分布（表2.2），其形成过程也较为久远，在显生宙内不同的地层年代皆有沉积，岩溶层

组类型极为复杂。

表 2.2   中国西南岩溶区各年代地层沉积碳酸盐岩分布表（刘国等，2007）

界	系	统	地层岩性特点	分布地区
中生界	三叠系	下三叠统	主要为灰岩，厚度为 100～500m，属均匀状灰岩	集中分布于川南、黔中至滇东南一带，次为川东、鄂西与川西地区
古生界	二叠系	下二叠统	主要为含燧石结核或条带灰岩，上部为纯灰岩或白云斑块灰岩，多数均匀状灰岩，一般厚 300～800m	集中分布于雷波、个旧与六枝构成的三角区和贵阳—文山一线南东侧直至广东的一大片
古生界	石炭系	—	灰岩及白云岩，属碳酸盐岩类或灰岩类，一般厚 500～1000m，最厚 1700m	
古生界	泥盆系	上泥盆统	灰岩及白云岩，分布广且稳定，属均匀状碳酸盐岩类或灰岩类，一般厚 500～1000m	
古生界	泥盆系	中泥盆统		
古生界	泥盆系	下泥盆统	主要为灰岩或白云岩，厚度 47～1004m	
古生界	奥陶系	下奥陶统	白云岩类，其余皆为骸粒灰岩及泥灰岩类，常夹多层页岩，厚 150～700m，属间互状纯碳酸盐岩类	主要分布于贵阳—涪陵—三峡一线以东，即乌江中下游、清江等流域
古生界	寒武系	上寒武统	白云岩与灰岩之间的过渡类型，厚 200～1000m，属均匀状白云岩与间互状纯碳酸盐岩类	
古生界	寒武系	中寒武统	白云岩为主，普遍夹页岩、泥质条带及燧石结核或条带，厚 100～800m，属间互状纯或不纯碳酸盐岩类	
古生界	寒武系	下寒武统	泥质条带灰岩并略含白云质，向上过渡为白云岩，属均匀状灰岩、白云岩类，鄂西厚 100～300m，黔北厚百余米	

2.1.3.2   地质构造

在中国西南岩溶区，经过早期和后期不同时段的构造运动相叠加（表 2.3），大地构造单元形成了一系列的褶皱、断裂和构造裂隙。

表 2.3   中国西南岩溶区的大地构造及其构造阶段简表（袁丙华等，2002）

大地构造	构造阶段	构造特点	构造范围
扬子地台	早震旦世晋宁运动	形成扬子地台的早期裂陷阶段	从滇东经川、黔、鄂，到江浙沿海
华南褶皱系	加里东期	使扬子地台和华夏地块对接，志留纪的广西运动使华南褶皱带闭合	包括湘桂褶皱带、赣粤褶皱带、钦防褶皱带、海南岛褶皱带等
右江褶皱带	海西、燕山构造	华南地台进入早期裂陷阶段，滇藏褶皱系自北向南发育	主要位于广西西部、滇东南和黔西南一带

褶皱的构造方向复杂多样，总的来说，多为东西向（EW）、南北向（SN）、北东向（NE）、北西向（NW）和北北东向（NNE），形成了纵横交错的构造格局。地质构造的发育，使得区域内完整的岩层遭受到了极大的破坏，由此形成了网格状的构造裂隙体系。裂

隙发育密度高，长短不一，宽度不同，参差不齐，成为岩溶地下水重要的流动场所，逐步发育演化形成了区内大量分布的岩溶地下河系统。地质构造产生的断裂将中国西南岩溶区分割成为不同大小的地块，也成为岩溶地下河系统发育的有利场所，因此沿着断裂带的走向，通常会分布着落水洞、漏斗和天窗等岩溶地下河系统的地表表现形态。中国西南岩溶区，地质构造密集地区往往形成了地表地下双层水文网的特殊岩溶水文地质结构，其特点是地表水与岩溶地下水紧密相连，水资源空间分布不均，地下水源容易流失或深埋，导致区内岩溶旱涝灾害频发。

2.1.4　水文

2.1.4.1　气象

中国西南岩溶区位于亚热带暖湿–温湿季风气候区，具有冬干夏湿，风向明显，雨热同期的特点，年均气温较高，大多在15℃以上。区内降水量十分充足，但时间和空间分布不均匀。年平均降水量约为800~2000mm，局部地区降水量大于2000mm/a（图2.4）。一

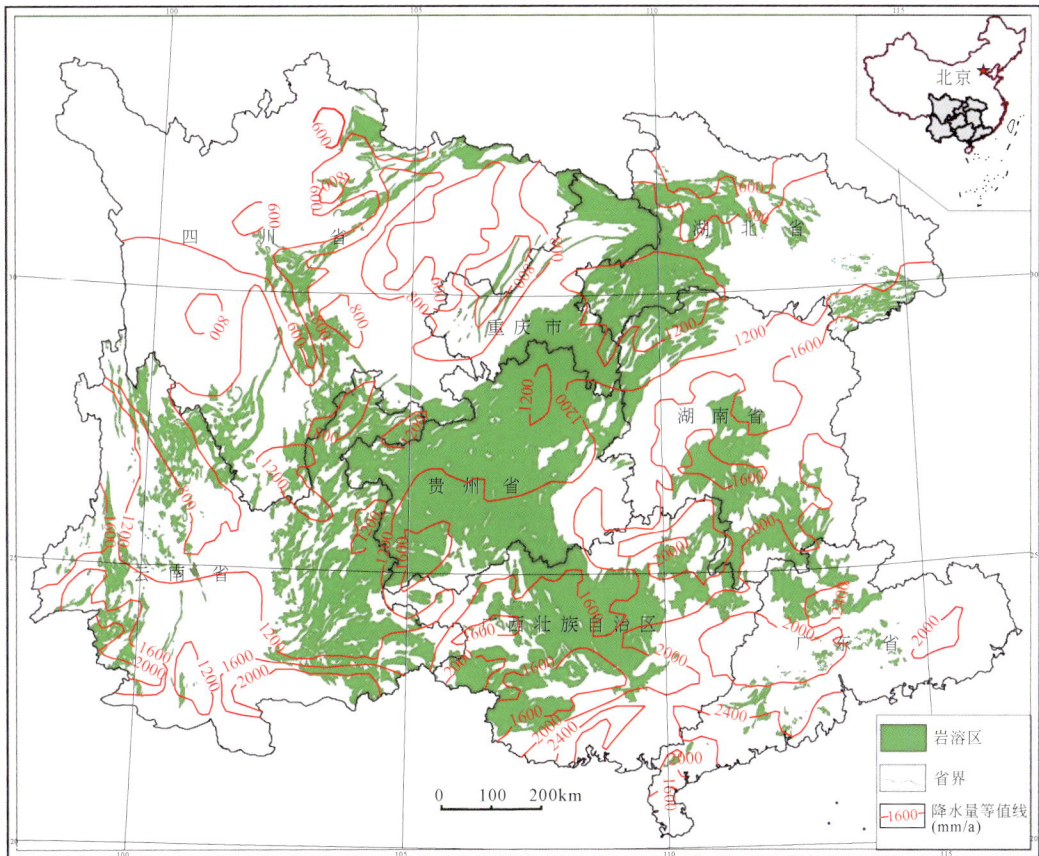

图2.4　中国西南岩溶分布区内降水量等值线分布示意图（引自国家
防汛抗旱总指挥部办公室、水利部南京水文水资源研究所，1997）

般 10 月 ~ 次年 3 月为旱季，6 月 ~ 9 月为雨季。雨季降雨强度大，历时长，雨量大，降雨量约占全年的 70% 以上，有时甚至高达 85%。中国西南岩溶区的降雨特点是区内旱涝灾害频发的主要因素。

2.1.4.2　地表水文网

在中国西南岩溶区，地层岩性、地质构造和气候条件的独特组合，形成了地表地下双层水文网的特殊岩溶水文地质现象。地表水文网与岩溶地下河的关系非常密切，二者相互制约，此消彼长。

区内岩溶地表结构发育，岩溶裂隙、天窗、岩溶漏斗、落水洞遍布，大气降水通过这些通道快速进入地下深处，地表浅层难以滞留水量，导致地表水文网不发达。区内地表河流主要分属长江和珠江两大水系。其中长江流域二级水系分布有金沙江、乌江、赤水河、茶江、雅砻江、崛江、大渡河、澜沧江、怒江、嘉陵江、涪江和渠江等水系，珠江流域水系主要有红水河水系（南盘江、北盘江、红水河、蒙江）、柳江水系、郁江、桂江以及贺江水系等（郭纯青等，2004b）。

中国西南岩溶区内地表河流大多数属源发性河流，以大气降水补给为主，河流从该区西北部、中部发源，呈放射状向其他各个方向径流至区外。受特殊的地质和地貌因素影响，区内的地表河流沿程特征相似度较高，即在上游段河流坡降较小，中游段变化幅度大，下游段较大，河谷则从上游开阔到下游深切，上游水流平缓，中游湍急，下游穿行在峡谷之间。岩溶区地表水文网不仅主要控制岩溶地下河系统的发育和展布，也通常是岩溶地下河系统的排泄基准面。

2.2　中国西南各省岩溶区概况

2.2.1　云南省岩溶区概况

2.2.1.1　云南省自然地理概况

云南地处中国西南边陲，面积 $39.4 \times 10^4 \, \text{km}^2$，地理坐标 $97°31'39'' \sim 106°11'47''$E，$21°8'32'' \sim 29°15'8''$N。

1. 气候

云南省为亚热带常绿阔叶林西南季风气候向南过渡到热带雨林气候，其基本特征为：干湿两季分明，冬季温湿，夏季干暖。年温差小，日温差大，垂直分异显著。

全省年平均降水量为 1100mm，降水量分配极不均匀，多年降水平均变率，滇南地区为 8% ~ 12%，滇中地区为 15% ~ 18%，其他地区为 12% ~ 15%。绝大部分地区 5 ~ 10 月为雨季，占全年总降水量 85% ~ 95%。降水量空间上东、南、西三面多向中部、北部逐渐减少，全省总体呈四个多雨区和三个少雨区分布。

四个多雨区为：①滇南金平、绿春、江城地区，降水量约 200 ~ 2300mm/a；②滇西南西盟、沧源地区，降水量为 1800 ~ 2700mm/a；③滇东罗平地区，降水量为 1500 ~ 1800mm/a；④滇西地区，降水量为 1600 ~ 2000mm/a。

三个少雨区为：①迪庆地区，降水量为 600 ~ 700mm/a；②金沙江河谷地区，降水量为 550 ~ 150mm/a；③元江、南盘江河谷地区，降水量为 750 ~ 800mm/a。

全省气温除河谷地区外，由北向南递增，年平均气温大部分地区介于 13 ~ 20℃之间，河谷地区为 20 ~ 24℃，山区为低温区 5 ~ 12℃。

全省蒸发量由北部的 300mm/a 递增到南部的 800 ~ 1000mm/a，谷地和盆地一般大于山地，河谷多形成蒸发高值区，蒸发量在 1500 ~ 2000mm/a；滇西北、滇东北山区为低值区，蒸发量约 700 ~ 1000mm/a；其他地区蒸发量一般为 1000 ~ 1400mm/a。

2. 主要灾害性天气

主要为旱涝、倒春寒。倒春寒主要出现在山区，对小麦、蚕豆及稻秧危害较大，平均每年有 56 个县次。

旱灾多发生在 11 月至次年的 4、5 月，大旱三年一遇。全省三个主要旱灾区为：①丽江、大理白族自治州北部、楚雄彝族自治州北部地区；②红河哈尼族彝族自治州北部地区；③临沧—镇雄—思茅—勐海—澜沧—耿马一线。

洪涝灾害多发生在 6 ~ 8 月，以昭通、东川、曲靖、文山最多，平均两年一遇，主要是由植被覆盖率低、高差大、雨水汇集过于迅猛造成。滇西、滇西北地区洪涝一般三四年一遇。

3. 水文

云南省地表水系发育，主要河流 180 条，分属六大水系，多为落差大、水流急的山区河流，六大水系主干流纵坡降最小的为 1.3‰，最大的为 6.5‰，丰枯明显，6 ~ 11 月为汛期，流量占全年的 72% ~ 85%，丰水流量一般在 8 月，枯季流量在 3 ~ 4 月。

全省大于 1km^2 的湖泊 30 余个，总面积 1100km^2，主要分布在东部和北部，一般在海拔 1200 ~ 1900m，皆为淡水湖，水位变幅一般不超过 2m。

4. 地形地貌

云南省地势以山地为主，西北高、东南低，呈阶梯状倾斜，山地占全省国土总面积的 94%。盆地镶嵌于群山之中，占全省国土总面积的 6%。全省地貌以元江河谷和云岭山一线为界，分为东西两大类型地貌。西部地貌为山脉、河谷相间排列，以高山峡谷为特色；东部地貌山势低缓、河谷开阔、盆地众多，以完整的高原面、中山、湖盆为特色。

2.2.1.2　自然资源

1. 矿产及旅游资源

云南省矿产资源丰富，优势矿种有锡、铅锌、银、锰、钨、锑、汞等。能源主要集中在滇西、滇西北地区，其次为散布于 40 个岩溶县（市）的煤矿和少量天然气。

全省旅游资源十分丰富，11 个国家级风景名胜区有 6 个在岩溶县（市），34 个省风景名胜区岩溶县（市）占 21 个，涉及 34 个县（市）。全省土特产品极其丰富，以烟草、粮、茶、药材、香料、水果、菌类、工艺品等为主要特色。

2. 土地资源

云南省土地资源较丰富，但利用率低，以较陡的坡地为主，平地及缓坡地所占比例一般小于40%。土壤以红壤为主，酸、瘦问题突出。宜牧土地资源十分丰富，且相对集中，有较大的发展牧业潜力。全省人均耕地1亩（1亩≈666.7m²），耕地仅占土地总面积的13%，主要集中在坝区及缓坡地带，水田占耕地1/3，复种指数较低，以低产田为主。

3. 水资源

云南省岩溶县（市）水资源开发利用程度低于全省平均水平。缺水量大，尤以农业缺水问题最为突出，用于农业灌溉的规模化开采地下水极少。

全省水资源开发利用以地表水为主，利用方式主要为引、提拦蓄。地下水开发方式单一，以直接引泉为主，规模和供水量极小，盆地、河谷和经济发达地区地下水开采程度相对较高，主要用于城镇生活和工业，而广大的岩溶山区，地下水开发利用程度极低，且难度大，有待于加大开发力度。

2.2.1.3　云南省水文地质特征

1. 地层岩性特征

云南省地层从元古宇至新生界均有分布，元古宇中、下部分布于滇西、滇中，以地槽型碎屑岩、火山岩建造为主，夹碳酸盐岩建造，具有不同程度的质变；东部地区震旦系以地台型碳酸盐岩沉积为主。古生界以碳酸盐为主，夹少量碎屑岩及火山岩，遍布全省。中生界全省广泛分布，底部为碳酸盐岩夹碎屑岩，中部为河湖相。古近系和新近系主要分布于盆地中，下部为陆地红色建造，上部为河湖相地层。第四系零星分布，均为陆相，成因类型多种，湖沼相较多。

2. 地质构造特征

云南省构造复杂，具多旋回性、继承性和一致性，新构造活动强烈等特点。其可划分为扬子准地台、华南褶皱系、松潘—甘孜褶皱系、唐古拉—昌都—兰坪—思茅褶皱系、冈底斯—念青唐古拉褶皱系五个一级构造单元。进一步可划分出11个二级构造单元：丽江台缘褶皱带、川滇台背斜、滇东台褶皱带、滇东南褶皱带、中甸褶皱带、兰坪—思茅地貌褶皱带、云岭褶皱带、墨江—绿春褶皱带、舒伯拉岭—高黎贡山褶皱带、福贡—镇康褶皱带、昌宁—孟连褶皱带。

复杂多样的构造和分布广泛的碳酸盐岩对地下水的补、径、排和赋存起着明显的控制作用，构成了不同级别、特征的水文地质单元。

3. 地质灾害

地震：云南省地震级高、强度大，6级以上震中分布于6个活动地震断裂带上，即大关—马边、大关—小江、通海—石屏、中甸—大理、思茅—莱州、腾冲—耿马断层带。

崩塌、滑坡、泥石流：20世纪50年代以来随着人类经济活动的不断加剧、加频，共毁坏村庄百余个、农田十万余亩、水库60座、中小型水电站360处，另有许多城镇、村寨、公路、铁路面临着威胁。

岩溶塌陷：岩溶塌陷分布广泛，但规模小，昆明市最严重，其次是贵昆、昆河铁路沿线及路南石林公路沿线。

4. 岩溶水文地质及分区及特征

云南省岩溶水文地质总特征是分水岭及斜坡为岩溶水补给径流区，岩溶发育不均匀；河谷、盆地为岩溶水排泄区，常形成集中排泄带和富水地段。岩溶水以大气降水补给为主，其动态特征受降水影响明显，一般滞后降水 1~2 个月，6~12 月为地下水丰水期，天然排泄量占全年径流量的 70%~80%；1~5 月为枯水期，地下水径流模数一般为 1.1~3.43L/(s·km²)。降水在时间上分配极不均匀和岩溶水含水层调节能力低，造成了旱季严重缺水和雨季的洪涝。根据云南省岩溶水文地质条件，可将岩溶水划分为 5 个区（图 2.5），具体分区特征如表 2.4。

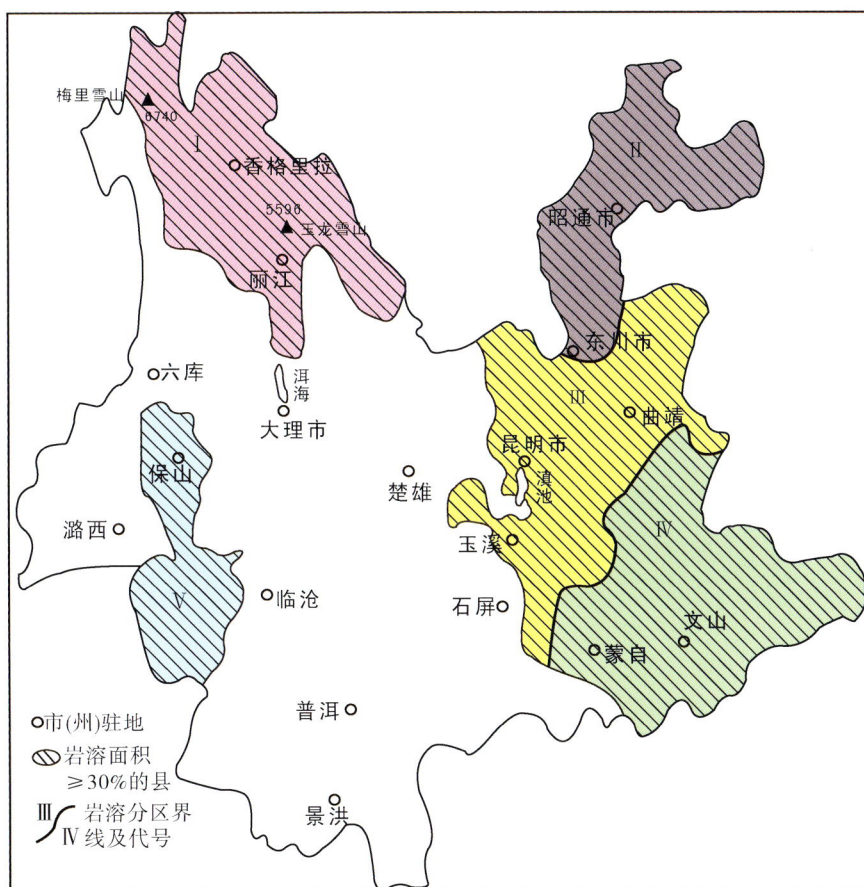

图 2.5　云南省岩溶地质环境分区示意图

表 2.4　云南省岩溶水文地质分区及基本情况一览表

分区及编号	岩溶区面积/分布	气候特征	地貌特征	岩溶水文地质特征
滇西北褶皱带高中山峡谷岩溶水区（Ⅰ）	41024km²/德钦、维西、中甸、丽江、鹤庆、宁蒗、华坪	由北向南东呈高寒山区、中温带至亚热带气候，年均气温4.7~15℃，降水量500~1050mm	地处横断山中段至南缘，西北海拔2500~4000m，东南部2500~3500m。西属澜沧江流域，东属金沙江流域，地形切割强烈，主要山脉近南北走向，典型高山中山岭谷相间地貌，东部有少量断陷盆地	岩溶含水层主要为元古宇至中生界碳酸盐岩及大理岩地层，岩溶发育不均匀，储水空间以管-孔-隙系统为主，径流模数一般5.18~25L/(s·km²)。由于断裂密布，地形切割强烈，岩溶水以快速管道流为主，多向河谷排泄，盆地周边也向盆地汇集再向江河排泄。区内大泉、暗河广泛发育，流量可达700~6138L/s，多出露于盆地边缘、河谷及谷坡台地，流量受气象影响，丰枯季流量变化可达百倍。盆地中也存在局部富水地段
滇东北拗褶带中山峡谷岩溶水区（Ⅱ）	27157km²/永善、盐津、大关、巧家、会泽、昭通、鲁甸、彝良、威信、镇雄	属南温带和北亚热带气候，河谷高温少雨，山区低温多雨，年均气温6.1~21.1℃，降水量730~1133mm	属金沙江流域，江河纵横，地形切割强烈。西部山地海拔3000m以上，金沙江谷底海拔500m，高差大于1500m；东部山地海拔2000m以上，谷底海拔500m，高差大于1000m。基本岩溶地貌以岩溶河谷为主，少部分布岩溶盆地及峰洼谷地	从元古宇到中生界各地层碳酸盐岩与碎屑岩呈条带状相间出露，碳酸盐岩约占总地层厚度的一半以上。岩溶水受构造的影响常呈环带状分布，岩溶发育不均匀，储水空间以管-孔-隙系统为主，大泉暗河较多，径流模数一般5~14.85L/(s·km²)，泉流量在10~50L/s。岩溶水多快速向河谷及构造阻水带排泄，谷底岩溶发育深度大，富水性强，动态变幅大。盆地中常形成裸露-覆盖型岩溶水系统，岩溶发育较均匀，富水性好

续表

分区及编号	岩溶区面积/分布	气候特征	地貌特征	岩溶水文地质特征
滇东滇中台背斜台褶带山原盆地岩溶水区（Ⅲ）	47335km²/玉溪、易门、昆明、禄劝、富民、寻甸、嵩明、呈贡、宣良、江川、澄江、华宁、通海、建水、宣威、曲靖、富源、龙马、陆良、路南、弥勒	属亚热带气候，由北向南气温渐高，年均气温13.2～18℃，降水量900～1000mm	属金沙江、珠江、洪河流域，呈中山、低中山、山原盆地地貌，断陷盆地发育，其长轴及山脉多近南北及北东向，地形起伏缓和。北部山地海拔在2000～2800m，盆地海拔在1800m左右；南部山地海拔在1800～2100m，盆地海拔在1400m左右。基本岩溶地貌单元以断陷盆地、岩溶河谷为主，少部分布峰洼谷地	元古宇及中生界碳酸盐岩，累积厚度可达3000m，分布面积广泛。受构造控制，地层呈北东、北西和近南北向的条带状或断块状展布。本区岩溶发育较均匀，储水空间以网状的管-孔-隙系统为主，大泉暗河较多，径流模数一般5～25L/(s·km²)，泉流量在5～130L/s。岩溶水系统多为断块或褶皱型蓄水构造，多在谷地和盆地边缘以泉和暗河形式排泄。盆地中部岩溶发育深度大，发育较为均匀。暗河大泉多为快速流，丰枯季节流量变幅在2～20倍。区内广泛分布岩溶裂隙水，富水性较均匀，水位、水量较为稳定
滇东南褶皱带中山峰丛盆（洼）地谷地岩溶水区（Ⅳ）	47639km²/开远、蒙自、个旧、罗平、师宗、泸西、丘北、广南、砚山、西畴、富宁、文山、屏边、河口、马关、麻栗坡	属亚热带至北热带气候区，年均气温13～20℃，降水量792～2300mm，山区多雨，盆谷地降雨较少	本区位于云贵高原南缘，总体地势向东南倾斜，山地海拔1500～2200m，最高海拔2991m，最低仅为49m。属南盘江和红河流域，主要岩溶地貌类型为峰丛盆地和峰丛谷地的组合，岩溶地貌发育于1800～2200m、1500～1700m和1300m左右三级剥蚀面上	本区古生界、中生界碳酸盐岩分布广泛，累积厚度达7000m以上，岩溶发育强烈，但不均匀，岩溶含水介质以管道为主，大泉暗河广泛发育，径流模数一般5.19～49.62L/(s·km²)，泉流量在1～262.76L/s，暗河量在19～33900L/s。本区南部岩溶盆地谷地区，暗河及大泉流量占地下水资源总量的80%以上，地下水多沿河谷及盆地边缘排泄，岩溶地下水动态巨大；东部峰丛盆地（洼）谷地区，岩溶水以管道流为主，在岩溶山区，岩溶发育极不均匀，地下水埋深巨大；在盆（洼）谷地区，岩溶发育深度浅，地下水以大泉暗河排泄为主；山间地块区，岩溶水向河谷排泄，径流短，排泄快，谷地大泉暗河出露较多；盆地中部多形成覆盖型岩溶富水地块，地下水埋深浅，富水性强，地下水资源较为丰富

分区及编号	岩溶区面积/分布	气候特征	地貌特征	岩溶水文地质特征
滇西南褶皱带中山宽谷盆地岩溶水区（Ⅴ）	18078km²/保山、施甸、镇康、永德、耿马、沧源	属亚热带气候区，年均气温14~21℃，降水量800~2700mm	属怒江流域，海拔2000~2500m，地形起伏不大，山体多呈平缓圆顶或垄岗状。怒江南段河谷海拔560m，切割较深。基本岩溶地貌以岩溶河谷、岩溶（断陷）盆地为主	本区断裂发育，近南北向为主。碳酸盐岩、碎屑岩及变质岩呈条带状相间分布，岩溶管道发育，岩溶水多于河谷及盆地边缘以大泉暗河形式排泄，丰枯季节流量动态变幅在20倍以上。盆地中部存在局部富水地段，单井涌水量可达800m³/d

2.2.2 贵州省岩溶区概况

2.2.2.1 自然地理

贵州省位于云贵高原东部，为亚热带岩溶高原山地，属亚热带季风常绿阔叶林气候区，与川、湘、桂、滇四省毗邻，地理坐标为103°36′~109°35′E，24°37′~29°13′N，土地面积17.62×10⁴km²。

1. 气候

贵州省夏无酷暑、冬无严寒，雨量充沛，气候垂直分异明显，大部分地区具典型的亚热带气候，局部具温带和准热带气候特征。平均气温在8~20℃，7月份气温为22~25℃，1月份为4~6℃。年均降水量850~1600mm，主要集中在5~10月，占总降水量75%以上，强度较大。相对湿度一般在80%以上，蒸发量650~1300mm/a，由东向西南递增，其中北盘江下游的河谷和西部高原为两个蒸发高值中心，达1100~1300mm/a。

云多、寡照、日照辐射低是全省主要气候特征。一般日辐射量在80~100kcal/(cm²·a)，日照时数为1000~1800h/a，占可照时数的23%~24%。

贵州省是多种灾害性天气频繁的山区，常见干旱、秋风、冰雹、倒春寒、霜冻、暴雨和秋季绵雨，其中以干旱和秋风为主。干旱主要出现在3~5月（春旱）和8~9月（夏旱）。中等春旱约两年一次，重旱四年一次，夏旱两年一次。干旱发生的主要原因是降水时间分配极不均匀，岩溶区地表水渗漏及田高水低和植被砍伐过度等。

2. 水文

贵州省主要河川多发源于西部，由第二级阶地向东、南、北三方向展布，上游河谷宽缓，下游为急流深切峡谷。由于岩溶发育，在中游常见河流明、暗流转化，地下、地表水产生互补现象。境内共8大水系，分属长江和珠江流域。

3. 地形地貌

地形：贵州省平均海拔约1100m，其中近79%的地带在600~1800m。全省地貌类型如表 2.5。

表 2.5　贵州省地貌类型划分表

阶地划分	地形组成	海拔变化	各级阶地最大海拔差
第一级阶地	与云南高原相连	2000～2400m	最大高差达2763m，西部第一级阶地切割较弱、相对高差较小
第二级阶地	由黔北、黔南山原、黔中丘原组成	1500～1000m	相对高差均达300～700m，主要山脉有大娄山、武陵山、乌蒙山和苗岭
第三级阶地	与湖南低山丘陵相连	800～500m	

地貌：类型多样，形态组合复杂，根据成因和形态，贵州地貌可划为 6 个成因类型和22 个形态组合（表 2.6）。根据形态类型和成因可将贵州省地貌划分为 3 个一级区和 11 个二级区，一级区与贵州地势三大阶地基本吻合。

表 2.6　贵州省地貌类型划分表

成因类型	岩石建造	地貌形态组合特征
溶蚀	碳酸盐岩	峰丛洼地、峰丛谷地、峰林洼地（谷地）、溶丘洼地、溶丘盆地
溶蚀-侵蚀	碳酸盐岩与碎屑岩互层	峰丛峡谷、峰丛沟谷
溶蚀-构造	碳酸盐岩夹碎屑岩	溶蚀构造平台、断陷盆地、垄脊槽谷（垄岗谷地）
侵蚀-剥蚀	变质岩、火山岩、碎屑岩	脊状山峡谷、圆顶山宽谷、脊状山沟谷、缓丘谷地、缓丘坡地
侵蚀-构造	碎屑岩、碎屑岩夹碳酸盐岩	台状山峡谷、桌状山峡谷、单面山沟谷、断块山沟谷
侵蚀-堆积	黏土、砂砾石	堆积阶地

岩溶地貌水文地质意义：贵州高原地貌结构主要由岩溶化高原和峡谷组成，根据成因和形态特征，从分水岭、中游、下游可分为三个地貌区段（表 2.7）。

表 2.7　贵州省分水岭中下游地貌区段划分

区段	特征
高原区	分水岭地带，切割浅（坡降约2‰）、高差小（几十米），岩溶形态主要为溶丘、峰林、溶蚀湖盆。地下水埋深小于30m，干旱程度较轻
过渡区	位于分水岭下部斜坡-断裂带，谷坡宽缓，高差变大。地貌形态以峰林谷地、峰丛-浅洼为主。树枝状地下河系发育，明暗流交替频繁，是岩溶水赋存地段，水埋深一般在100m左右，干旱较为严重
峡谷区	位于断裂带以下，以切割强烈、谷深坡陡、高差大为特点，地貌以峰丛-深洼竖井、峡谷为主。地下水多呈集中管道流，地表水明显减少，地下水垂直循环厚度极大，一般水位埋深300～700m，干旱严重

2.2.2.2　自然资源

1. 矿产和能源

贵州省矿产资源丰富，部分矿种在国内占首要地位，如锰、铁、钒、钛、汞、铝土、锑、金、稀土、重晶石、砷、硫、压电石英、冰洲石等。锑是该省的优势矿种，已探明储量 $40.85×10^4$ t；汞矿保有储量 $3.44×10^4$ t，居全国第一；铝土矿探明储量 $2.98×10^8$ t，列全国第三；磷矿探明储量 $26.1×10^8$ t，居全国之首。

能源丰富，以水和煤炭为主。水能蕴藏量为 $1874.5×10^4$ kW。水能资源主要分布在南、北盘江、红水河、赤水河、六冲河、鸭池河、乌江等过境地区，开发程度较低。省内煤炭蕴藏量 $492×10^8$ t，种类齐全，储量全国第四，主要分布在西部和西北部的 74 个县内。

2. 土地资源

贵州省土地总面积约 $17.6×10^4$ km²，各土地类型面积见表 2.8。良田主要分布在谷地和盆地内，为全省主要粮区。土地利用最大的问题是很多宜林、宜牧土地用于粮食生产。

表 2.8　贵州省土地类型划分表

土地利用类型		土地面积/万亩	
耕地	水田	115.2	369.2
	旱地	254	
林地		524	
牧地		406.77	

3. 水资源

贵州省水资源丰富，径流量达 $1035×10^8$ m³/a，岩溶大泉和地下河（流量>50L/s）2840（条），平水期总流量 1063m³/s，枯季流量 364m³/s。

2.2.2.3　贵州省水文地质特征

1. 地质背景

贵州省以地层齐全，构造复杂，相变大，赋存多种矿产为主要特点。

地层：自元古宇至第四系均有出露，厚度达 3 万余米。

构造：属典型的薄皮构造，以四川盆地边缘平缓开阔褶皱区，贵州侏罗山式褶皱带、江南造山型和南盘江造山型褶皱带为主体，构成区域构造框架。

2. 地质灾害

地质灾害普遍，主要包括岩溶塌陷、崩塌、滑坡、岩溶旱涝。

岩溶塌陷：自然塌陷多发生在地下水动态变化大的洼地、槽谷中，主要分布在盘县、惠水、凯里、都匀等地。人为塌陷主要由抽取地下水、矿山排水及水库蓄水造成，多集中在城市和矿区，其中以水城、贵阳、六枝、安顺、遵义、平坝等县（市）最为严重。

崩塌、滑坡：常发生在软硬地层组合和地形下缓上陡的地段，诱发因素包括植被砍伐、暴雨、开挖边坡、采矿。

岩溶旱涝：旱灾主要出现在春季（3～5月）和夏季（7～8月），全省分布普遍，中东部更为严重。近 40 年的统计资料表明，对农业生产危害极大的夏旱几乎年年发生，中等程度的（干旱30天以上）约 6 次/10 年。造成旱灾的原因之一是气候条件，但与地下水的垂直运移强烈、地表径流缺乏密切相关。涝灾多在 5 ~ 8 月发生于洼地、盲谷、坡立谷中。据不完全统计，由于降水过于集中、洼地排水不畅、植被破坏严重，经常性淹没的耕地达 7 万余亩。

3. 岩溶水文地质

贵州省岩溶水丰富，天然水资源量达 $386×10^8 m^3/a$，占地下水总量的 80.6%。岩溶水主要补给源为大气降水，夏季为主要补给时期。入渗系数一般为 0.1 ~ 0.5，岩溶化程度较高或盖层薄的地带可达 0.5 ~ 0.6，地表水对岩溶水的补给主要通过溶隙、溶洞、落水洞以渗入或注入方式补给。

岩溶水可分为两种径流类型：汇流型，按径流场的构造、地貌条件可分为向斜谷地汇流、断裂槽谷汇流、背斜汇流；分流型，多处于构造核部地层平缓的分水岭地带，包括穹隆台地分流和背斜台地分流两种类型，其岩溶水无一定径流方向，向周围排泄。

排泄分为集中排泄、分散排泄、多层排泄、悬挂泉式排泄四种类型（表 2.9）。

表 2.9　贵州省岩溶水排泄类型划分

排泄类型	排泄特点
集中排泄	多出露于纯灰岩深切河谷，其水量大，水点少，以地下河出口为主，流量可达 500L/s
分散排泄	多分布在台地和坡顶部的不纯灰岩或白云岩区，流量一般小于 10L/s
多层排泄	由地壳间歇性上升形成的台面控制，多级台面岩溶水一般互有联系，水量大小不等
悬挂泉式排泄	多出现在黔东北的高位含水岩组中，有开发价值的近百处，流量差异甚大，最高落差 400m，最大枯季流量 3070L/s

岩溶水富集特征：溶洞管道型岩溶水富集区主要位于向斜轴部、褶皱转折部位和断裂交汇处；孔洞–溶隙水多在宽缓背斜的翼部或谷盆。

4. 水文地质分区及特征

根据贵州省岩溶水文地质条件，可将岩溶水划分为五个区（表 2.10）。

表 2.10　贵州省岩溶水文地质分区及基本情况一览表

分区及编号	岩溶区面积/分布	地貌特征	岩溶水文地质特征
黔西高原山地岩溶水区（Ⅰ）	$38202km^2$/水城、六枝、盘县、织金、晋安、威宁、赫章、纳雍、毕节、大方	本区位于贵州西部岩溶高原区，地貌类型为溶蚀中低山、峰丛谷地、洼地及岩溶盆地。高原面大部分被破坏，地面高低悬殊，相对高差可达 500 ~ 700m	本区构造受北西向褶皱和卷状构造的控制。岩溶水主要赋存在石炭—三叠纪碳酸盐岩建造之中，含水系统主要为石灰岩溶洞–管道系统，其次为溶隙–溶洞系统。地下水露头以地下河为主，其特点是流量大，出露位置低，开发利用难度大。而在岩溶盆地、谷地中部，岩溶水埋藏浅，便于开采。区内岩溶水资源南部丰富，北部贫乏，地下水径流模数一般在 $21.38×10^4$ ~ $39.16×10^4 m^3/(a·km^2)$

续表

分区及编号	岩溶区面积/分布	地貌特征	岩溶水文地质特征
黔北山原中山峡谷岩溶水区（Ⅱ）	20192km²/务川、沿河、德江、怀仁、正安、道真、桐梓、习水、赤水	本区介于四川盆地与黔中丘原之间，为云贵高原向四川盆地过渡的斜坡地带，地貌类型为溶蚀-侵蚀的低中山及中山峡谷	本区构造由一系列北北东及北东向的宽缓褶皱构造组成。沉积建造以碳酸盐岩与碎屑岩相间为特点。由于河流的深切与碎屑岩的垫托常出现悬挂的地下河，含水组主要是二叠系和寒武系的石灰岩溶洞-管道系统，局部为娄山关群的溶洞-溶隙系统。地下河展布受岩性制约明显，岩溶发育不充分，以单管状为主
黔中丘原峰林、峰丛盆地谷地岩溶水区（Ⅲ）	42889km²/普定、安顺、平坝、贵阳、龙里、贵定、福泉、凯里、麻江、黄平、清镇、修文、开阳、息烽、瓮安、湄潭、凤岗、余庆、黔西、金沙、遵义、绥阳	本区位于贵州中部，地貌类型以岩溶丘原、溶丘盆地、峰林、峰丛谷洼地为主	本区构造复杂多样，东部以北北东向和南北向构造为主，西部则以北东向构造为主。含水层主要为寒武系白云岩、石灰岩溶隙-溶洞含水系统和二叠系、三叠系石灰岩溶洞-管道与溶隙-溶洞含水系统。本区多数地段岩溶水富水性较均匀，南部地区水资源较丰富，地下水径流模数大于 35×10^4 m³/(a·km²)，向北则地下水逐渐贫乏，地下水径流模数小于 25×10^4 m³/(a·km²)
黔南中低山谷地、洼地岩溶水区（Ⅳ）	33842km²/长顺、惠水、平塘、独山、兴义、兴仁、龙安、晴隆、关岭、镇宁、都匀、丹寨、三都、荔波、紫云、罗甸、望谟、册亨	本区位于苗岭以南的斜坡地带，地貌类型以岩溶峰丛中低山、峰林谷地为主，间有峰林盆地，岩溶地貌分布广，发育广泛	本区碳酸盐岩成片分布，含水层组主要为石炭系—二叠系的石灰岩溶洞-管道系统。地下河发育，水力坡度大，伏流多，地下水与地表水转换频繁。地下水露头数量少，流量大。本区岩溶水资源丰富，地下水径流模数最大可达 43.7×10^4 m³/(a·km²)，总体趋势是富水程度由东向西递减
黔东北低山丘陵溶水区（Ⅴ）	18369km²/思南、石阡、施秉、镇远、岑巩、铜仁、万山、玉屏、印江、江口、松桃、三惠、天柱、台江、剑河、锦屏、雷山、黎平	本区位于云贵高原向湘西丘陵过渡的斜坡地带，区内北部高山、深谷、陡坡，地貌类型以强烈切割的中高山和中山为主，而周围多低山丘陵及宽谷盆地。南部以低山、丘陵、洼地等岩溶地貌为主。溶蚀盆地和溶丘洼地发育	区内地下水埋藏浅，一般小于50m，主要含水组为娄山关群白云岩的溶孔-溶隙含水系统，富水性较均匀。另外，均布在清虚洞组石灰岩也存在溶洞-管道含水系统，出露有岩溶大泉和地下河，富水性强。本区岩溶地下水资源丰富程度中等，地下水径流模数一般 25.8×10^4 ~ 30.8×10^4 m³/(a·km²)

2.2.3　广西壮族自治区岩溶区概况

2.2.3.1　自然地理

广西壮族自治区位于云贵高原与两广丘陵平原之间，地理坐标为 20°54′~26°23′N，104°28′~112°04′E，境内面积 $23.6\times10^4km^2$，属于南亚热带岭南丘陵常绿阔叶林湿润季风气候区。

1. 气候

广西气候可分为三个区：桂西北岩溶山原丘陵地区地势较高，海拔一般多在 500~1000m，为华南高温区之一，全年日均温度在 10℃以上，降水量偏少，春旱严重；桂中宽谷丘陵地区位于大容山、六万大山以西，是寒潮的南北通道，冬季气温较同纬度地区低，年降水一般在 1500mm 左右；大容山、六万大山以东地区气温较高，夏长冬短，接近热带雨林生物气候特征，北部春雨多，南部秋雨多，年降水量为 1500~2000mm。

全区平均气温在 16.4~23℃，桂西南一般在 22℃以上，相对偏高；桂中北约 16.5℃，偏低。区内 7 月份气温为 27~29℃；1 月份气温 5.5~15.2℃；年总辐射量在 90~110kcal·$/cm^2$（1kcal=4186.8J），大部分地区年日照时数在 1400h 以上。夏季辐射量最大，占全年的 30%~36%，冬、春、秋分别占 15%~18%、21%~27%、25%~30%。

全区年降水量一般为 1200~2000mm。全年降水集中于 4~9 月，占年降水量的 60%~75%，冬雨少；全区降水年际变化较小，其变差系数一般为 0.15~0.25。蒸发量一般为 1500~1800mm，受地貌影响，山地年蒸发量多小于 1300mm，河谷平原年蒸发量多在 1800mm 以上。

2. 水文

广西多年平均天然径流量 $1880\times10^8m^3$，产流模数 $79.6\times10^4m^3/km^2$，水能可开发量 1737×10^4kW，属于珠江、长江和滨海三个流域，集雨面积大于 $50km^2$ 的河流有 937 条，河网密集度为 $0.144km/km^2$。

3. 地形地貌

广西地形复杂，西北高、东南低，四周多被山脉和高原所环绕，西、西北接云贵高原；北、东北为南岭山脉；东、南为华夏山脉；中部为岩溶地貌。四周山脉标高 1000~2000m，中部海拔多在 200m 以下，全区地形为一个东南倾斜的盆地，可大致划分为 7 个地貌区（表 2.11）。

表 2.11　广西境内地貌区划分

地区	区域特征
桂西北云贵高原边缘地区	该地区主要包括桂西的凌云、乐业、百色、德保、靖西以西地区，地势较高。山脉走向受构造控制，切割强烈，山高谷深。右江以北分布大面积峰丛洼地，海拔 1000~1500m，相对高差 200~400m，洼地深邃，落水洞、漏斗发育，消水迅速

地区	区域特征
桂西北高峰丛山区	主要分布于河池—环江以北至九万大山以西的岩溶地区。总的特征为由大面积峰丛洼地和少量低山、丘陵组成。红水河流经本区，深切300~400m，河谷多呈"V"形，落水洞发育，地下水垂直运移强烈，埋深较大，地下水系发育
桂中盆地峰林丘陵区	位于广西中部，由典型的岩溶盆地组成，自西向东由峰丛洼地递变为峰林谷地、孤峰平原，其间散布碎屑岩丘陵。西部峰林洼地海拔700~1000m，东部200~500m。红水河、柳江等大河贯穿其中，发育多级阶地
桂北山地区	属贵州高原南延部分，多断块山，北高南低，北部1000m以上；南部500~800m，河流深切，高差较大
桂东北山地峰林区	北部为南岭山地的一部分，海拔大于500m。向南逐渐过渡为海拔200m左右的典型峰林谷地和峰丛平原
桂西南峰丛山地区	位于广西西南部，地势西南高、东北低，除西大明山等为碎屑岩低山外，其余主要为峰丛谷地和洼地。谷地多沿西北及北东向构造线发育，谷地常见溶潭、岩溶泉
桂东南山地谷地区	山地与各地相间排列组成，北为浔江平原，东为低山丘陵，南临北部湾，西接左江岩溶谷地

从总体上看，岩溶水的富集程度与地貌组合形态类型关系密切，一般为岩溶平原优于峰林谷地，峰林谷地优于峰丛洼地。

2.2.3.2 自然资源

1. 矿产及能源

广西已探明矿产包括：锡、锰、锑、银、铝、锌、钛、铅、汞、金、硫铁、重晶石等，大部分分布在岩溶区。能源主要为水能，其次为少量煤、石油、天然气。水能理论蕴藏量 2133×10^4kW，可开发量 1737×10^4kW，主要分布于穿越岩溶区的红水河、郁江等河流中。

2. 旅游资源

广西旅游资源十分丰富，开发程度差异较大，以岩溶风光、洞穴资源及民族风情最为突出。最为著名、开发程度最高的是桂林岩溶山水风光，百色、河池地区的旅游资源开发程度较低，未能发挥应有的效益。

3. 土地资源

广西总面积 23.7×10^4km^2，其中山地占74.8%，岩溶区占49%。耕地总面积3867万亩，其中70%分布于东部和东南部平原及盆地中，西部及岩溶山区耕地零散。林地总面积18105万亩，园地242.4万亩，可利用草坡9750万亩，宜农荒耕地690万亩，占土地总面积的1.9%。

4. 水利

广西共有水利工程4536处，总有效库容 106.63×10^8m^3，塘坝水柜96700处，引水工程 138200 处，总引水量 1154m³/s。有效灌溉面积 2239 万亩，占耕地的 58%，解决 457 万和 278 万头牲畜饮水，年供水能力达 280×10⁸m³。

就全区而言，东部水利设施较好，有效灌溉面积达 70% 以上，而柳州、百色、河池三地区较差，不到 50%。水资源开发利用存在的主要问题包括：①重地表水开发，轻地下水开发利用，地下水开发程度低，方式单一，以引、提为主；②工程年久失修，部分不能使用；③坝体质量差，渗漏严重。

2.2.3.3　广西水文地质特征

1. 地质背景

地层岩性：广西地层发育较齐全，其中以古生界最为发育，总厚度 5000～6000m，沉积类型多，碳酸盐岩普遍。寒武系—三叠系分布最为广泛。中泥盆统至下二叠统灰岩、白云岩为主要岩溶水含水岩组。寒武系可分为东西两个相区，东部为碎屑岩，西部为碳酸盐岩。泥盆系下统为碎屑岩，中上统则以碳酸盐岩为主。石炭系下统分为四个相区：桂北区以碳酸盐岩为主；南丹—鹿寨为碎屑岩；桂西—桂中区主要为碳酸盐岩；合浦区为角砾灰岩、生物灰岩及泥灰岩。石炭系中、上统以碳酸盐岩为主。二叠系在桂中、桂西、桂北以碳酸盐岩为主，东部则多为硅质岩；三叠系下部以碳酸盐岩为主，向上过渡为碎屑岩，顶部为陆相红层。

构造：广西地处滨太平洋与特提斯—喜马拉雅两大构造域的复合部位，华南加里东褶皱系的西南端。广西准地台基底为元古宇和下古生界变质岩，泥盆系—三叠系构成盖层。其沉积环境受基底构造控制，岩性、岩相变化较大。根据地史和构造，可划分为桂北台隆、桂中—桂东台陷、云开台隆、钦州残余地槽、右江再生地槽、北部湾拗陷 6 个二极构造单元。

构造从区域上决定了可溶岩的分布格局，在岩性接触带常形成谷地或洼地，往往发育地下河岩溶大泉。另外，构造对岩溶发育程度和岩溶水赋存具重要的控制作用。一般在构造复合部位、张性断裂、褶皱变换部位岩溶化程度和赋水性均较高。

2. 地质灾害

广西地质灾害类型及其特征见表 2.12。

表 2.12　广西地质灾害类型及其特征

灾害类型	特征	成因分析
旱灾	主要分布在河池、百色、柳州三地区的峰丛地、峰林谷地和平原区	①地形切割强烈、山高水深，尤其在河池一带的峰丛洼地区；②岩溶渗漏，降水时空分布不均匀，在岩溶平原区最为突出；③生态环境破坏严重，降低了小气候调节能力；④水利设施合理性差，管理不善，年久失修等
洪涝	主要是河流型洪涝和岩溶型，每年都有不同程度的发生	岩溶型洪涝主要发生在暴雨、大雨后，因排水不畅，地下河道阻塞造成，一般洼地最为严重，部分平原也常见
岩溶塌陷	统计有 220 处，塌坑 6388 个，绝大多数分布在岩溶平原和谷地，桂林最为严重	以土层塌陷为主，多由抽、排水引起地下水位变动和地表水体渗漏，如水库、工厂排污沟，均可诱发

3. 水文地质特征及分区概况

根据广西岩溶水文地质条件，可将岩溶水划分为 7 个区（表 2.13）。

表 2.13　广西岩溶水文地质分区及基本情况一览表

分区及编号	岩溶区面积/分布	地貌特征	岩溶水文地质特征
桂西丛峰洼地岩溶水区（Ⅰ）	19966km²/隆林、西林、乐业、凌云、凤山、天鹅、南丹、东兰、巴马、都安、大化、马山	本区位于广西西北部，属红河流域，地处云贵高原边缘，地形高差大，河谷深切，地形复杂。基本岩溶地貌以高峰丛洼地、中低山、岩溶峰丛洼地为主	岩溶含水层主要为中生界碳酸盐岩地层，岩溶发育较均匀，储水空间以管道系统为主。由于断裂密布，地形切割强烈，岩溶水以快速管道流为主，多呈地下河系统分布，向河谷排泄。区内大泉、暗河广泛发育，流量最大可达10000L/s 以上，多出露于河谷，流量受气象影响，丰枯季流量变化可达百倍。区内地下水埋深普遍较大，一般在 50～200m，只是在局部洼地埋深较浅
桂中峰林、峰丛谷地岩溶水区（Ⅱ）	14395km²/环江、罗城、融水、融安、河池、宜州、怡城	该区位于广西中部，地处云贵高原向桂中盆地过渡的斜坡前缘，地势东高西低，地面标高由 700～800m 降至 200～250m。基本岩溶地貌主要为峰丛洼（谷）地和峰林谷地	岩溶含水层主要为中生界碳酸盐岩地层，岩溶发育极不均匀，储水空间以管道系统为主。由于地形落差较大，岩溶水以快速管道流为主，多呈地下河系统分布，向河谷排泄。地下水天窗较发育，以泉的形式出露，具有统一的水动力场，岩溶水位埋深在峰丛区较大，而在谷地较小，一般在 10m 左右。区内大泉、暗河发育，流量一般小于1000L/s，多出露于河谷，流量受气象影响，枯季经常断流
桂中岩溶平原岩溶水区（Ⅲ）	15866km²/来宾、宣武、合山、柳江、柳城、柳州、鹿寨、象州、上林、宾阳	本区地处桂中平原区，地形起伏不大，西部的峰林谷地和中东部的峰林平原、孤峰平原及岩溶平原为主，本区地表水切割较深，岩溶水丰富	岩溶含水层主要为中生界碳酸盐岩地层，岩溶发育较为均匀。在岩溶平原区，岩溶含水层以裂隙含水系统和溶洞–裂隙含水系统为主，具有统一的地下水位，分布较均匀，泉水出露较多，岩溶发育深度 150m 左右，地下水位埋深 10m 左右，单井涌水量大于 1000m³/d；在峰林谷地区岩溶含水层以管–洞–隙系统为主，地下河短小，明伏流交替，岩溶水分布极不均匀，地下水埋深大，开采难度高

续表

分区及编号	岩溶区面积/分布	地貌特征	岩溶水文地质特征
桂西南峰丛、峰林谷地岩溶水区（Ⅳ）	16062km²/南坡、靖西、德保、田阳、田东、天等、隆安、平果、大新、龙州、凭祥	本区位于桂西南，地貌上由西北向东南逐渐过渡，从峰丛洼地、峰丛谷地、峰林谷地向峰林平原、残峰平原过渡，大部分为峰丛谷地，峰顶标高由西北部的1000m降到东南部的300~500m	岩溶含水层主要为中生界碳酸盐岩地层，岩溶发育极不均匀，储水空间以管道系统为主。由于地形落差较大，岩溶水以快速管道流为主，多呈地下河系统分布，向河谷排泄。山区地下水天窗较发育，岩溶水位埋深在峰丛区较大，而在谷地较小。区内大泉、暗河发育，多出露于河谷，流量受气象影响，枯季经常断流
桂南岩溶平原溶水区（Ⅴ）	6667km²/崇左、扶绥、武鸣	本区以平原地貌为主，部分地区分布峰丛洼地	岩溶含水层主要为中生界碳酸盐岩地层，岩溶发育较均匀，储水空间以洞-隙系统为主，具有统一的地下水动力场，地下水埋深一般小于10m，地下水开采便利
桂东北峰林平原谷地溶水区（Ⅵ）	13047km²/兴安、全州、灌阳、灵川、临桂、阳朔、永福、桂林、荔浦、平乐、恭城、富川、钟山、贺县	本区位于桂东北，属湘江、西江流域，基本岩溶地貌以峰林平原为主	岩溶含水层主要为中生界碳酸盐岩地层，受构造控制，岩溶区呈条带状分布。岩溶发育较均匀，储水空间以洞-隙系统为主，地下60m内溶洞发育，具有统一的地下水动力场，地下水埋深一般小于10m，地下水开采便利。在大气降水的补给下，地下水多以溶洞-裂隙所组成的网状水系向邻近大河排泄，局部分布岩溶大泉，只有部分地区分布有地下河和伏流
桂东南岩溶平原盆地溶水区（Ⅶ）	7075km²/邑宁、横线、平南、南宁、贵港、平桂、玉林、岑溪	本区位于桂东南，属西江流域，基本岩溶地貌以沿江盆地和山间盆地为主，地势低平	岩溶含水层主要为中生界碳酸盐岩地层。岩溶发育强烈，储水空间以洞-隙系统为主，地下60m内发育多层溶洞，具有统一的地下水动力场，地下水埋深一般小于10m，地下水开采便利。在平原区有大泉和溶潭分布

2.2.4　湖南省岩溶区概况

2.2.4.1　自然地理

湖南省位于长江中游洞庭湖南，属中亚热带江南丘陵盆地常绿阔叶林气候区，西起雪峰山，东至幕阜山、武功山，南接南岭，北到洞庭湖平原，地理坐标为24°39′~30°08′N、108°47′~114°15′E。

1. 气候

全省四季分明，光热水同季，中部为典型的中亚热带气候，北部和南部气候分别向北亚热带和南亚热带过渡。水平地带和垂直地带性因素对气候的分异作用均较明显。

气温：湖南省年平均气温 15.8 ~ 18.6℃。

降水：湖南省年平均降水量 1200 ~ 2000mm，每年雨季为 4 ~ 9 月，降水量占 55% ~ 72%，其中 5 ~ 6 月最大，1 月或 12 月最小，仅占 3%。全省共 4 个多雨中心（武陵山区、雪峰山区、五岭山脉、幕阜山区）和 3 个少雨中心（洞庭湖区、衡—邵丘陵平原区、新晃—通道区），典型岩溶区年平均降水量为 1216 ~ 1539mm。

蒸发：湖南省蒸发量的空间分布受纬度、海拔和地形的影响，以雪峰山为界，以西地区较小，以东地区较大，岩溶区年平均蒸发量为 996 ~ 1644mm。雪峰山西部的 12 个县（市）年平均蒸发量约 1184mm，雪峰山东部的 14 个县（市）约 1376mm，五岭山脉一带为 1489mm。蒸发量年内差异甚大，1 ~ 4 季度分别为 178mm、375mm、584mm、234mm，其中 1 月最小，7 月最大。

日照：湖南省岩溶区年平均日照时数约 1500h，龙山县最低（1261h），桂阳县最高（约 1758h）。日照时数 12 月 ~ 2 月最低，7 ~ 8 月最高。从空间上看，雪峰山以东地区日照较高，且北部地区略高于南部地区。雪峰山以西地区较少。

主要灾害天气：湖南省岩溶区主要灾害性天气为旱灾，其次为倒春寒和秋季低温。在岩溶强烈发育地段，地表水渗漏严重等因素加剧干旱灾情。涝灾在岩溶洼地中时有发生，主要原因是降雨集中和洼地排水缓慢。

2. 水文

湖南省河网密布，地表水资源丰富，流域面积在 5000km² 以上的河流有 17 条，分属长江流域的湘江、资水、沅江和澧水四个水系，呈扇形状汇入洞庭湖。其河流走向与地貌、构造一致。年平均径流量分别为 $759 \times 10^8 m^3$、$239 \times 10^8 m^3$、$667 \times 10^8 m^3$ 和 $165 \times 10^8 m^3$，省内四大主要水系径流量年内分配极不均匀。雨季流量占全年总量的 70% ~ 80%，年内流量以 6 月份最大，12 月份最小，洪枯期水位变幅一般在 10m 左右。

3. 地形地貌

湖南省位于云贵高原向江南丘陵和南岭山地向江汉平原的过渡区，其西、南、东三面较高，地表水从西南、东南向的洞庭湖平原汇集。岩溶区主要分布在湘西北、湘西和湘中南 44 个县。地貌类型分述于下：

侵蚀构造地貌类型：主要分布于西、南、东部山区及衡山、大云山、龙山等地，由非可溶岩组成的中、低山，海拔 500 ~ 2000m，相对高差 200 ~ 800m。多为陡坡"V"形谷，坡度一般在 30° ~ 50°。

剥蚀构造地貌类型：主要分布在湘西北、湘西南等地，为非可溶岩组成的低山、丘陵，海拔 100 ~ 1000m，相对高差 3050m，多为缓坡"U"形谷。坡度一般在 10° ~ 30°，丘陵区更为平坦。

构造剥蚀地貌类型：主要分布在沅麻、衡阳红盆和宁乡、韶山、双峰等地。以红层丘陵为主，其次为砂页岩、碳酸盐岩低丘，海拔 100 ~ 200m，高差 50m 左右，地势平缓，阶地发育。

溶蚀构造地貌类型：广布于湘西北、湘中、湘东南，中低山、丘陵、峰丛均较发育，海拔 500~1400m，高差 300~800m。湘西北隆升地区高差较大，形成多级台地，台地周围为深切峡谷，岩溶发育，地表水缺乏。湘中南多为低山、溶丘，地表水较湘西北发育，洼地更为浅缓。

构造溶蚀地貌类型：主要分布在道县—江永—嘉禾、祁阳—永州等地，一般为溶丘、浅洼和宽缓谷地，海拔一般 150~500m，高差 20~100m。

河流堆积地貌类型：分布在湘江、资水、沅江、澧水及其支流沿岸，可见 6 级阶地，一般具二元结构，下为砂砾石，上为黏土或亚黏土。

湖泊堆积地貌类型：分布于洞庭湖平原地区，包括冲、洪积和湖积构成的岗地、平原。岗地活动 60~100m，高差 30~50m，平原多在 50m 以下，高差小于 10m，地势平坦。

4. 地貌对岩溶水的控制作用

湖南省岩溶水资源的分布、贮存、运移明显受地貌形态影响。岩溶丘陵、浅洼区降水 31% 转化为地下水，而红色丘陵区降水仅约 10% 转化为地下水；花岗岩中、低山区则由于植被保持较好，降水约有 31% 转化为地下水。地貌对岩溶水补、径、排起着控制作用。高级剥夷面以洼地、漏斗、落水洞为主，多为补给区，低级剥夷面以溶洞和地下河等为主，为排泄区，岩溶大泉和地下河发育。

2.2.4.2　自然资源

1. 矿产资源

湖南省盛产黑色金属、有色金属和非金属等 30 余种主要矿种。其中有色金属和非金属矿产均在国内占有重要地位，锰矿是本省的优势矿种。

黑色金属有铁、锰、钒 3 种，有色金属矿主要有钨、锑、铋、铅、锌、铜、锡、汞、镍、钵、钼、金、银等矿种；非金属矿有石灰石、白云石、硅石、黏土、萤石、磷、硼、砷、石膏、大理石、滑石、石墨等，其中萤石矿、磷矿、雄黄矿、石墨矿均为全国特大型甚至最大型矿床。

2. 能源资源

湖南省能源以煤炭和水能为主，水能的理论蕴藏量约 $600 \times 10^4 kW$，可开发利用的为 $270 \times 10^4 kW$，现已开发 $120 \times 10^4 kW$。煤炭资源主要分布在娄底、郴州、邵阳，总量近 $33 \times 10^8 t$。优质焦煤集中在邵阳东、娄底、涟源和宣章等县，优质无烟煤主要分布于耒阳、白沙、冷水江、渣渡等矿区。

3. 土地资源

湖南省岩溶区土地总面积近 $9 \times 10^4 km^2$，耕地约 1900 万亩，其中水田 1430 万亩，旱地 469 万亩，保灌面积 108 万亩。湘西北人均土地面积大，娄底最小。人口密度和土地类型造成了利用现状和开垦程度不尽相同。湘中地区垦殖率达 17%，湘南地区垦殖率为 13%，湘西地区垦殖率为 10%，以经济林木为主。

土地利用组合类型基本符合因地制宜的策略，如武陵山一带从山脚到山顶依次为水田—农作物经济林—用材林—灌丛草地牧区，形成"主体式结构"。

湖南省土地利用与经济发展方向不甚协调，局部地区利用现状不尽合理，缺乏科学性。

4. 水资源

湖南省目前水利工程存在的主要问题是渗漏和塌陷，病库、险库多。其次，水利工程配套不够，管理不善，尤其是大型水库。另外，水利工程在地域上分布不均，对中等干旱年，按保证率 $P = 75\%$，对近期岩溶县总需水量分析结果表明，总需水为 $138.4 \times 10^8 \mathrm{m}^3 / \mathrm{a}$，现有供水能力为 $107.59 \times 10^8 \mathrm{m}^3 / \mathrm{a}$，尚缺 $31 \times 10^8 \mathrm{m}^3 / \mathrm{a}$。

2.2.4.3 湖南省水文地质特征

1. 地质背景

湖南省地层发育齐全，从中元古界到第四系均较发育，其中岩溶分布面积28.44%，主要分布于湘西北、湘中、湘南一带，由上震旦统、寒武系、下中奥陶统、中上泥盆统、石炭系、二叠系及下三叠统碳酸盐岩组成。

构造体系主要有东西向、南北向、华夏系、新华夏系和山字型构造。断裂富水和向斜构造富水是主要特征，富水带均与区域性构造方向一致。湘东充水断裂主要是华夏系构造；湘南为南北向构造；会同一带以北东向充水断裂为主；安化—韶山、大庸—石门一带则为东西向北东东向断裂。

2. 地质灾害

湖南省主要表现为岩溶塌陷、旱涝、崩塌、滑坡、矿坑突水。

岩溶塌陷：岩溶塌陷为全省最主要的地质灾害，共143处，塌坑14330个，其中以人为塌陷为主，占86%。引起塌陷的主要原因是矿山排（突水）抽地下水和水利工程建设。自然塌陷主要是因为地表覆盖薄和岩溶发育强烈。

岩溶旱涝：全省典型岩溶旱片45处，涝片2处，其中最大旱片达84km²以上，旱片均分布在岩溶发育强烈地段，产生干旱的主要原因是岩溶地区蓄水保灌能力差。涝片则分布于低洼地带，地下和地表排水不畅是造成涝灾的主要原因。

崩塌与滑坡：主要分布于湘西北和湘西，多发生在寒武系、泥盆系、石炭系中，其他发生于非均一岩层及软硬相间夹层岩组和山体坡度较大地区。

2.2.4.4 水文地质特征及分区

根据湖南省岩溶水文地质条件，可将岩溶水划分为6个区（表2.14）。

表 2.14　湖南省岩溶水文地质分区及基本情况一览表

分区及编号	岩溶区面积/分布	地貌特征	岩溶水文地质特征
湘西北褶皱隆起中低山岩溶水区（Ⅰ）	15917km²/龙山、永顺、保靖、桑植、张家界、慈利、石门、凤凰、吉首、花恒	峰丛谷地、台原和峰丛洼地、峰丛台原和峰丛谷地为主	岩溶含水层主要为中生界碳酸盐岩，岩溶发育不均匀，储水空间以管-孔-隙系统为主，径流模数一般 $4.65 \sim 10.22$ L/$(s \cdot km^2)$。由于断裂密布，地形切割强烈，岩溶水以快速管道流为主，岩溶地下水径流短、流速快，水位埋深浅，水位动态变化大，水质良好。岩溶地下水多向河谷排泄，区内大泉、暗河广泛发育，多出露于沟谷边缘，流量受气象影响，丰枯季流量变化可达百倍
湘西复式背斜中低山岩溶裂隙水区（Ⅱ）	12769.8km²/怀化、辰溪、沅陵、桃源、桃江、安化、泸溪、麻阳、新晃、芷江、黔阳、会同、缓宁、靖州、通道、步城	峰丛洼地、溶丘洼地、岩溶谷地	岩溶含水层主要为中生界石灰岩、白云岩及少量硅质岩，岩溶发育差异较大：在低山丘陵区，岩溶发育好，富水性强，储水空间以管-孔-隙系统为主，径流模数一般 $5.98 \sim 8.02$ L/$(s \cdot km^2)$；在中山及盆地区，岩溶发育较差，储水空间以裂隙系统为主，富水性差。本区岩溶地下水径流较慢，水位埋深浅，水位动态变化稳定
湘中复式向斜低山丘陵岩溶水区（Ⅲ）	20571.41km²/新化、冷水江、涟源、娄底、双峰、新邵、洞口、武冈、新宁、隆回、邵阳、邵东、东安、冷水滩、永州、祁阳、祁东	峰丛洼地、构造溶蚀盆地和溶丘波状起伏的谷地和洼地	岩溶含水层主要为中生界碳酸盐岩及碳酸盐岩夹碎屑岩，岩溶发育不均匀，储水空间以溶洞-裂隙系统为主。岩溶水以慢速流为主，径流短、流速慢，水位埋深浅，水位动态稳定，水质良好，多以泉水形式排泄
湘南褶皱中低山丘陵裂隙－岩溶水区（Ⅳ）	16428.35km²/江水、道县、宁远、新田、常宁、永兴、资兴、桂阳、嘉禾、蓝山、临武、宣章、双牌、祁阳、江华、炎陵、桂东、汝城	中低山丘陵为主	岩溶含水层主要为中生界碳酸盐岩，岩溶发育不均匀，储水空间以洞-隙系统为主，径流模数一般 $5.88 \sim 8.41$ L/$(s \cdot km^2)$。由于断裂密布，地形切割强烈，岩溶水以快速管道流为主，岩溶地下水径流短、流速快，水位埋深浅，水位动态变化大，水质良好。岩溶地下水多向河谷排泄，区内大泉、暗河广泛发育，多出露于沟谷边缘

分区及编号	岩溶区面积/分布	地貌特征	岩溶水文地质特征
湘东褶皱中低山丘陵岩溶裂隙水区（V）	73471.74km²/临湘、岳阳、平江、宁乡、望城、长沙、浏阳、韶山、湘乡、湘潭、株洲、衡阳、衡南、衡山、衡东、安仁、茶陵、永兴	中低山、岩溶盆地	岩溶含水层主要为中生界碳酸盐岩，岩溶发育不均匀，储水空间以裂隙系统为主。岩溶水以慢速流为主，岩溶地下水径流短、流速慢，水位埋深浅，水位动态稳定。仅在岩溶盆地内的局部地区岩溶地下水有开采意义
湘北拗陷沉积平原孔隙水区（Ⅵ）	12km²/津市、常德、汉寿、安乡、南县、沅江、益阳、湘阴、汨罗、华容	平原区，地势平坦、低洼	区内地下水以孔隙水为主，岩溶水分布面积小，零星分布

2.2.5　广东省岩溶区概况

2.2.5.1　地理位置

广东省北部山区主要是岩溶石山地区，其地理坐标为 112°02′~114°18′E，23°32′~25°31′N，行政区域包括韶关市（市区、曲江区、乐昌市、乳源县、翁源县、仁化县）、清远市（清城区、英德市、阳山县、连州市、清新县、连南县）等以碳酸盐岩为主的12个县（市），总面积27679km²，约占全省总面积的15.6%。其中，碳酸盐岩分布区面积约为7342km²，约占全省碳酸盐岩总面积的69.0%。

2.2.5.2　气象水文

粤北岩溶石山地区属北亚热带南部湿润型气候，具有温暖、潮湿、多雨、旱雨季分明等气候特点。多年平均降水量为 1381~2643mm，4~8 月为雨季，降水量占全年67.5%~74.2%，11 月~次年 2 月为枯水期，降水量仅占全年降水量的 9.5%~15.2%；多年平均蒸发量为 1028~1986mm；多年平均气温为 19.3~20.6℃，极端最高气温为 42.0℃，位于韶关市区，极端最低气温为-6.9℃，出现于连州市区。

该区属珠江流域北江水系，由连江（小北江）、武江、滇江、南水河、翁江和滨江等主要干流组成。北江多年平均流入广东省的水量为 107m³/s；连江多年平均流量为 327m³/s（连州市高道水文站），年径流量 103×10⁸m³；翁江多年平均流量为 59.5m³/s（翁源水文站），年径流量 18.8×10⁸m³；连江、翁江、滇江、锦江、武江等流域共有水库面积约 126km²，大-中型水库的总库容为 21.8×10⁸m³。区内最大的水库为乳源县南水水库（总库容为 12.5×10⁸m³），较大的水库还有连州市潭岭水库、英德市长湖水库和曲江区小坑水库，库容分别为 1.91×10⁸m³、1.17×10⁸m³ 和 1.13×10⁸m³。

2.2.5.3　社会经济

2008 年，粤北韶关、清远两市所辖区域总人口数为 $728.9×10^4$，其中，农业人口数为 $492.5×10^4$。粤北岩溶石山地区涉及韶关、清远两个地级市的 11 个县（市、区）、165 个乡镇、12 个街道办、21738 个自然村，总人口约为 $569×10^4$ 人，其中农业人口约 $418×10^4$ 人，占总人口的 73.5%。

粤北地区矿产、林业、种植资源较丰富，通过资源开发已经形成一批地方特色产业。钢、有色金属冶炼及加工、大型水泥基地、木材加工、烟草、食品与药材加工等，均已成为北部山区地方经济发展的重要支柱。近年来，北部山区发展的环境日趋改善，为承接珠三角产业转移创造了有利条件。处于珠三角边缘的清远等市率先转变发展思路，开始较大规模地承接珠三角地区产业扩散和转移。纺织服装、食品饮料、金属制品、机械零部件、电子元器件生产及部分装配加工等劳动密集型产业是转移的重点。

2.2.5.4　地形地貌

粤北地区地势总体北高南低，最高山峰为与湖南省交界处的石坑崆，海拔 1902m，最低处为英德市区及其附近的岩溶准平原区，地面标高一般为 30～50m。

地貌类型主要为岩溶型侵蚀地貌、非岩溶型侵蚀剥蚀地貌两种类型。岩溶地貌类型包括岩溶山地、岩溶丘陵、岩溶准平原三类。除此之外，在粤北仁化县董塘盆地以南以及乐昌市坪石镇金鸡岭地区，还发育有以当地地名丹霞山命名的世界典型地貌单元——丹霞地貌，分布面积达 $300km^2$。

2.2.5.5　区域地质

1. 地层

粤北地区的岩层除志留系缺失外，自震旦系至第四系的其余各系均有分布。其中以碳酸盐岩类岩石分布最广，主要包括泥盆系东岗岭组、棋梓桥组、榴江组、融县组和天子岭组，石炭系孟公坳组、石磴子组、梓门桥组及壶天群，二叠系栖霞组、茅口组、长兴组，三叠系大冶组、四望嶂组等岩层。

2. 地质构造

粤北地区地质构造复杂，在漫长的地质时期经历了多次和多种性质的地壳运动，其中燕山运动和喜马拉雅运动最为强烈，并塑造了粤北地区现代地壳的轮廓。在东部为北东向隆起山岭夹狭长条或椭圆形状半开启式的拗陷盆地，受北东向断裂的控制明显；在西部主控断裂为北北东或近南北向且北西向断裂也起控制作用。地形以隆起的山岭为主，局部夹狭长条状洼地。总体上拗陷盆地的规模自西往东增大，发育其中的第四系厚度也从几米增加到几十米，岭的高程自东往西、自南往北有增大的趋势。

区域上地质构造属华南褶皱系的中段，南岭纬向构造带的南段；二级构造单元包括诸广隆起区、九连山隆起区及粤北、粤东北—粤中拗陷带；三级构造单元为粤北拗陷；四级构造单元包括连州凹褶断束、乳游、凹褶断束、翁源凹褶断束及和平凹褶断束。

从地质力学的观点划分构造体系，粤北地区地质构造可划分为粤北山字型构造、华夏系构造、新华夏系构造、弧形构造、经向构造体系和纬向构造体系，其中以新华夏系构造和山字型构造最发育，形迹明显，配套组合完整，经向和纬向构造体系仅分布于局部地段，这些构造体系由一系列褶皱和断裂带构成。

1）褶皱

粤北主要褶皱有沙坪向斜、董塘向斜、仁化向斜、大桥向斜、新村向斜、龙归向斜、马坝—大塘向斜、瑶岭背斜、石人嶂背斜、马坪背斜、小江向斜、黄岑复向斜、白石潭—太平墩倒转向斜、太平—横圩向斜、五点梅花倒转向斜、牛婆洞倒转向斜、黄思脑背斜、翁城向斜、翁源复向斜、古水向斜、珠坑向斜和清远向斜。

2）断裂

断裂带以 NE、NNE 和 NW 向为主，EW 向断裂多为山字型构造，SN 向断裂多为早期断裂。深大断裂有 F1 彬县—怀集大断裂带、F2 吴川—四会深断裂带、F3 恩平—新丰深断裂、F4 九峰大断裂、F5 曲江—宝贵东大断裂、F6 佛岗—丰良深断裂带。

其他主要断裂有连南断裂、连州断裂、潭下—谷车断裂、白莲圩断裂、水浸塘逆断裂、蒋家洞逆断裂、枚子坪逆断裂、瑶山—石牯塘断裂、汝城—乐昌断裂带、官坪逆断裂、水源山正断裂、自水矶断裂、青云山逆断裂、青莲断裂、锅底逆断裂和自石潭断裂。

以上深大断裂对粤北地区地下水的控水作用明显，同时也是该区地下水主要的导水通道。受断裂构造影响，该区裂隙主要发育方向为 NE、NNE 向，其次为 NW 向。

3. 地下水特征

受地层岩性及地质构造等条件所控制，该区地下水类型主要包括松散岩类孔隙水、基岩裂隙水及碳酸盐岩类裂隙溶洞水，其中碳酸盐岩类裂隙溶洞水分布范围最广，地下水资源最为丰富，具有较大的开发潜力。粤北岩溶石山地区岩溶发育较强烈，为岩溶地下水的赋存提供了良好的水文地质条件。在裸露型、覆盖型、埋藏型三种岩溶地下水中，以裸露型岩溶地下水分布最广。岩溶地下水富水性中等–丰富，但发育不均衡。

2.2.6　湖北省岩溶区概况

2.2.6.1　自然地理条件

湖北省岩溶区主要分布于湖北省西南部，包括整个恩施土家族苗族自治州（恩施、利川、咸丰、来凤、宣恩、鹤峰、建始、巴东）以及宜昌地区所辖的兴山县、秭归县、长阳县、五峰县和宜昌市夷陵区部分区域，土地面积约 $3.8 \times 10^4 km^2$，人口约 560×10^4 人，耕地面积约 $4200 km^2$，人均耕地面积约 $746 m^3/$ 人。

本区总体是由北部的大巴山脉南缘分支—巫山山脉，东南部和中部的苗岭分支—武陵山脉，西部的大委山山脉的北延部分—七醒山脉三大主要山脉组成的山地。地势呈北部、西北部和南部高，逐渐向中、东部倾斜。其地貌基本特征是：阶梯状岩溶地貌发育，由于受新构造运动间歇活动的影响，大面积隆起成山，局部断陷，山区形成多级夷面与山间河谷断陷盆地。境内普遍发育 2000～1700m、1500～1300m、1200～1000m、900～800m、

700～500m 五级面积不等的夷平面，并存在一至二级河谷阶地。呈现明显层状岩溶地貌与山间谷地星罗棋布的地貌景观。

全区碳酸盐岩类面积约占总面积的 50% 左右，裸露的碳酸盐岩受温暖多雨气候的影响，岩溶洼地、岩溶槽谷、石芽、溶洞、漏斗、盲谷、伏流等岩溶地貌形态十分发育。

该区地表、地下水系发育，主要有清江、长江三峡段以及乌江和潭水的一、二级支流，水资源总量较丰富，但是时空分布不均匀，年平均降水量为 1200～1800mm，是湖北省暴雨中心，因水引发的地质灾害较为常见，如旱、涝、滑坡、岩溶塌陷等。

2.2.6.2 地质背景条件

湖北省岩溶区大地构造位置属于扬子准地台的鄂湘黔台褶带之东北部。在构造体系上，为新华夏系鄂西隆起带的南段。该隆起带属中国东部新华夏系第三隆起带的一部分，它东邻鄂中沉降带；西接第三沉降带的四川盆地。其构造格局主要定型于距今约 1.4 亿年的侏罗纪末的燕山运动第三幕。

新华夏系主体构造呈北北东向展布，受基底北西西向构造的牵制及区域性东西向构造带的联合作用等因素的影响，这一在中生代形成的褶皱在黄陵背斜的西南侧成为向北西凸出的弧形构造——恩施弧形褶皱带，它主要由一系列低序次的褶皱构成。在不同部位，褶皱构造的走向及展布特征差别较大，大致以巴东—鹊峰一线为界，此线以西为北北东—北东向隔挡式褶皱展布区，表现为宽缓的向斜构造与紧闭的背斜构造相间排列；该线以东表现为以近东西向宽缓复式背斜构造为特征。在上述区域地质构造的控制下，本区岩溶岩组在空间上也表现出东西两大差异，东部以古生界寒武系—奥陶系岩溶含水岩组为主，分布于长阳复背斜的核部，并总体呈东西向展布；西部以上古生界下二叠统和中生界下三叠统岩溶含水岩组为主，呈北东—北北东向带状分布。自中生代末期以来，鄂西地区地质构造运动以间歇性的掀斜式抬升运动为主，形成了五级岩溶台面。

一级岩溶台面：分布于清江与长江以及清江与潭水的分水岭地带，台面高程 1700～2000m。此级台面的形成时代最老（白垩纪末），经后期岩溶作用的时间也最久，台面已不复存在，呈现溶丘和丘丛地貌。在丘丛之间发育溶蚀洼地和岩溶槽谷。丘洼比差多在 100m 以内，局部为 100～200m，因此多呈浅切洼地和开阔谷地，地下岩溶洞穴系统受后期侵蚀剥蚀一般已被破坏或分离，由于该岩溶台面上的地下溶洞或暗河目前通常已经停止发育，且位置高，故常表现为干溶洞。

二级岩溶台面：主要分布于巴东野三关、建始花坪、利川盆地周围等，台面高程 1300～1500m，形成于古近纪末。经后期岩溶作用破坏、改造，台面已支离破碎，呈峰丛、丘丛地貌，丘（峰）丛间为溶蚀洼地和岩溶谷地，丘洼比差 100～200m，丘洼差 400～500m。该级岩溶台面内发育有大型岩溶谷地，谷地中间又有残留孤峰，孤峰高程低于周围山丘高程，形成"盆中盆"现象，是该级台面形成后又经历过多次地壳抬升的结果。

三级岩溶台面：主要分布于恩施三岔—凉风、利川盆地周围及野三河两岸，台面高1000～1200m，形成于新近纪—早更新世。该级岩溶台面在本区十分发育，以峰丛洼地、槽谷和坡立谷地貌为主，地表、地下岩溶极为发育。经后期破坏改造，台面已支离破碎，呈浑圆状峰丘地貌，丘顶较开阔，高程较一致，丘间为溶蚀洼地。丘洼比差在 100m 以下，多呈浅切洼地。

四级岩溶台面：主要分布于恩施白杨坪吉心、天桥—干溪及清江北侧大扩—凤凰一带，台面高程 800～900m，形成于早更新世。该级岩溶台面在本区较发育，以峰丛洼地、槽谷、坡立谷地貌为主，地表、地下岩溶较为发育，地下水平岩溶管道、暗河极为发育。

五级岩溶台面：该级岩溶台面分布范围较局限，仅在恩施盆地周边，清江沿岸等地有分布。台面高程 350～700m，形成于早更新世末，经后期破坏改造，台面也已支离破碎。呈丘丛和峰丛地貌，丘丛间为浅切洼地和小型槽谷，比差在 100m 以内。以水平岩溶管道、地下暗河为主，规模较大。

本区受西升东降的掀斜式抬升格局以及第四纪冰期海平面下降的控制，长江不断向西溯源侵蚀，逐渐切穿大别—江南隆起以及鄂西隆起，长江贯通，江汉湖盆和四川湖盆以及一些中小型湖盆（恩施、利川、建始等）中的水体大量东泄，地表水系快速下切，此前形成的多级剥夷面被长江、清江及其支流切割分离，形成了深切峡谷与高位岩溶剥夷面共存的岩溶地貌景观。

鄂西地区地层出露比较齐全，根据本区不同时代地层的岩石类型、矿物成分、化学成分、结构构造及组合特征，可以划分为震旦系、寒武系—奥陶系、二叠系和三叠系四大套，八个岩溶岩组：

①震旦系灯影组厚–巨厚层纯白云岩；
②下寒武统石龙洞组厚层纯灰岩；
③中寒武统覃家庙群中薄层不纯碳酸盐岩；
④上寒武统三游洞群厚层纯白云岩；
⑤下奥陶统厚层纯灰岩；
⑥中奥陶统中厚层不纯碳酸盐岩；
⑦下二叠统厚层纯灰岩；
⑧下三叠统中–厚层纯灰岩，其间为非碳酸盐岩相对隔水层。

根据本区不同岩溶形态、规模、数量及发育层位的调查分析，本区碳酸盐岩地层岩溶化程度的高低，又可以分为强、中、弱三个等级，即强岩溶化岩组、中等岩溶化岩组和弱岩溶化岩组，其中上寒武统三游洞群厚层纯白云岩、下二叠统厚层纯灰岩和下三叠统中–厚层纯灰岩这三套纯碳酸盐岩地层的连续厚度较大，岩溶化程度最高，为强岩溶化岩组；震旦系灯影组厚–巨厚层纯白云岩、下寒武统石龙洞组厚层纯灰岩和下奥陶统厚层纯灰岩这三套纯碳酸盐岩地层的连续厚度较小，岩溶化程度稍弱，为中等岩溶化岩组；中寒武统覃家庙群中–薄层不纯碳酸盐岩和中奥陶统中厚层不纯碳酸盐岩这两套碳酸盐岩地层泥质、硅质含量高，连续厚度薄，岩溶化程度较低，为弱岩溶化岩组。此外，其他各套地层有的为碎屑岩，有些地层为碎屑岩中夹有少量碳酸盐岩，一般不发育岩溶，可以视为相对隔水层。对本区岩溶及岩溶水系统起到重要控制作用的相对隔水岩组有：下寒武统水井沱及石牌组泥页岩；志留系—泥盆系页岩、砂岩；上二叠统吴家坪组煤系地层以及三叠系大冶组底部页岩。它们分别将上震旦统、中上寒武统—奥陶系、下二叠统、下三叠统四大套岩溶含水岩组隔离开来，在没有断裂构造切割的情况下，它们具有很好的隔水性能。

2.2.6.3　岩溶水系统特征

在区域地质构造和新构造运动的控制下，地表水和地下水对碳酸盐岩的长期溶蚀侵蚀作用，形成了规模不等、形态复杂、类型各异的岩溶水系统类型，以岩溶水赋存和运移特征可以划分为：裂隙-溶隙分散排泄岩溶水系统和岩溶管道-暗河集中排泄型岩溶水系统两大类。

1. 裂隙-溶隙分散排泄岩溶水系统

这类岩溶水系统主要出露在一些不纯碳酸盐岩地层或碳酸盐岩地层连续厚度不大且与非碳酸盐岩地层呈互层或夹层状态分布的情况，如三叠系巴东组第三段、二叠系长兴组、栖霞组、奥陶系、寒武系中统覃家庙群、寒武系下统天河板组、水井沱组等，由于这类岩溶水系统岩性不纯、连续厚度不大，往往无法形成规模巨大连通性较强的地下岩溶管道，其溶洞（穴）-溶隙介质起到了分散储存和运移地下水的特点，虽然地下水资源总量并不十分丰富，但是地下水的调节能力相对较强，这类岩溶水地区一般石漠化、旱涝灾害、岩溶地面塌陷、岩溶突水突泥灾害等问题相对不突出，却是滑坡地质灾害的多发区。

2. 岩溶管道-暗河集中排泄岩溶水系统

这类岩溶水系统主要出露在一些连续厚度大、分布广的纯碳酸盐岩地层中，如三叠系大冶组、嘉陵江组、上寒武统三游洞群等，由于这类岩溶水系统岩性纯、连续厚度大、出露面积广，在漫长的地质历史过程中，遭受了强烈的岩溶化作用，差异溶蚀作用使得其岩溶高度分异，发育有大型的岩溶管道和地下暗河。这种管道和地下暗河的发育，进一步导致了地下水资源在时间和空间上的不均匀，即在时间上和空间上都相对集中，结果导致该地区虽然地下水资源总量十分丰富，但是调节能力极差，往往是石漠化、旱涝、岩溶突水突泥等灾害的多发区。

2.2.7　四川省岩溶区概况

2.2.7.1　自然地理条件

四川省辖区面积 $49.2 \times 10^4 \mathrm{km}^2$，居中国第五位，辖 1 个副省级市，17 个地级市，3 个自治州，183 个区市县。四川介于 $97°21' \sim 108°33'E$ 和 $26°03' \sim 34°19'N$ 之间，位于中国西南腹地，地处长江上游，东西长 1075km，南北宽 921km，是西南、西北和中部地区的重要结合部，是承接华南华中、连接西南西北、沟通中亚南亚东南亚的重要交汇点和交通走廊。

四川位于中国大陆地势三大阶梯中的第一级和第二级，即处于第一级青藏高原和第三级长江中下游平原的过渡带，高低悬殊，西高东低的特点特别明显。西部为高原、山地，海拔多在 3000m 以上；东部为盆地、丘陵，海拔多在 500 ~ 2000m。全省可分为四川盆地、川西高山高原区、川西北丘状高原山地区、川西南山地区、米仓山大巴山中山区五大部分。四川地貌复杂，以山地为主要特色，具有山地、丘陵、平原和高原四种地貌类型，分别占全省面积的 74.2%、10.3%、8.2% 和 7.3%。土壤类型丰富，共有 25

个土类、63 个亚类、137 个土属、380 个土种，土类和亚类数分别占全国总数的 43.48% 和 32.60%。

四川气候总的特点是：区域表现差异显著，东部冬暖、春旱、夏热、秋雨、多云雾、少日照、生长季长，西部则寒冷、冬长、基本无夏、日照充足、降水集中、干雨季分明；气候垂直变化大，气候类型多，有利于农、林、牧综合发展；气象灾害种类多，发生频率高，范围大，主要是干旱，暴雨、洪涝和低温等也经常发生。

四川省由于受地理位置和地貌的影响，气候的地带性和垂直性变化十分明显，东部和西部的差异很大，高原山地气候和亚热带季风气候并存。四川盆地亚热带湿润气候区，年均温 16～18℃，年降水量 800～1200mm；川西南山地亚热带半湿润气候区，年均温 17～21℃，年降水量 800～1200mm；川西北高山高原高寒气候区，年均温 7～9℃。

四川省土地面积约 49.2×10⁴km²，碳酸盐岩出露面积约 87831km²，占四川土地总面积的 18.07%，集中分布面积约 5.3×10⁴km²，主要分布于攀枝花市、乐山市、凉山彝族自治州、雅安市等，其碳酸盐岩分布面积占土地总面积的 46.01%、41.27%、41.00%、36.10%，其中凉山彝族自治州碳酸盐岩的出露面积最大，达 24772km²。

2.2.7.2 地质背景条件

四川省地跨太平洋、古亚洲及喜马拉雅三个构造域，区域地质构造情况复杂多样。四川的地层发育齐全，从新太古界到第四系均有。全省具双层结构特点的前震旦系基底。在晚震旦世—三叠纪，四川东、西部地区地质发展迥然不同，东部地区进入地台发展阶段，而西部仍处于地槽活动状态。变质岩主要分布在西部及东部的西边缘。东部仅有前震旦系变质，而西部三叠系以下地层均已变质。晋宁、印支、喜马拉雅运动是四川重要的构造运动。全省可分为四个一级大地构造单元：扬子准地台、松潘—甘孜褶皱系、三江褶皱系和秦岭褶皱系。扬子准地台自震旦纪开始进入地台发展阶段，松潘—甘孜褶皱系与三江褶皱系经历两次地槽发展阶段。

震旦系分布广泛。下统在平武、城口以北为海相沉积，其余为陆相沉积；上统均为海相沉积。东部地区本系厚 1000～7000m。西部高原及北大巴山地带的震旦系厚 1580～7000m，均已变质。

下古生界厚 1700～23000m。寒武纪三叶虫有滇东型、峡东—黔北型、混合型及华北型。奥陶纪生物属扬子型，但混有北方型（祁连型）与太平洋型（东南型）分子。

上古生界厚 150～18200m。东部地区的泥盆—石炭系以北川—宝兴发育齐全。西部地区的上古生界多沿大断裂带出露。汉川、康定、盐源的上古生界具东、西部过渡特征。

三叠系在东部地区厚 2200～7700m，西部地区的三叠系厚 920～19800m。

侏罗—白垩系只发育在东部地区。除上白垩统灌口组、小坝组局部见含海相有孔虫地层外，其余均为陆相地层。侏罗系厚 1548～7450m，侏罗纪生物以脊椎动物恐龙类最具特色。白垩纪介形类繁盛。

第四系以河流相为主，次为湖沼、洪积、冰川、风成等堆积。大多为阶地堆积，含脊椎动物化石。第四纪冰川活动主要发育在西部高原，东部地区也有冰水沉积物。更新世冰川为大陆冰川，全新世为山谷冰川。

四川的地壳具明显的成层性和不均一性。据物探资料,在阿坝—双流—庐州方向上,地壳可分为上、中、下三层,由东向西地壳厚度与莫霍面深度加大。在攀枝花—会理—会东一线,地壳亦具清楚的成层性,但莫霍面呈波状起伏。大足为一地幔隆起区。

2.2.7.3　岩溶水系统特征

在四川区域地质构造和新构造运动的控制下,地表水和地下水对碳酸盐岩的长期溶蚀侵蚀作用,形成了规模不等、形态复杂、类型各异的岩溶水系统类型,致使四川形成了许多巨型天坑和岩溶管道-暗河。

据统计,四川地区地下河共有 168 条,从区域构造来看,主要分布在准扬子地台的上扬子台坳、四川台坳、龙门山—大巴山台缘拗陷、康滇地轴等;从行政区划来看,主要分布于古蔺县、叙永县、筠连县、邻水县、盐源县等地。四川省各构造部位地下河情况统计见表 2.15。

表 2.15　四川省各构造部位地下河特征

构造部位	地下河数量/条	条数比例/%	碳酸盐岩面积/km²	碳酸盐岩面积比例/%
II₁康滇地轴	24	0.14	7689	16
II₂盐源—丽江台缘拗陷	11	0.07	12994	26
II₃龙门山—大巴山台缘拗陷	29	0.17	9545	19
II₄上扬子台坳	69	0.41	11417	23
II₅四川台坳	33	0.20	6114	12
II₆北大巴山冒地槽褶皱带	2	0.01	1688	3
合计	168	1.00	49447	100

由于受到区域环境条件如岩性、构造、气温及降雨等因素的影响,四川地区地下河发育的程度大小不一,长可达数十千米,短则几百米。通过对研究区 168 条地下河中可知长度的 159 条地下河的统计分析得出下表,超过 20km 长的地下河只占 0.63%,小于 5km 的达 67.92%,总体来说,四川省岩溶地下河以中、短型为主 (表 2.16)。

由于地下河发育背景不同,流量差异大,且时空分布不均,开发利用困难。对四川地区 168 条地下河进行统计分析得知,小于 200L/s 的地下河数量为 83 条,占总量的 49%。总体来说,四川地区地下河以中、小流量为主 (表 2.17)。

表 2.16　四川省岩溶地下河发育长度特征

地下河长度/km	<5	5~10	10~20	>20
数量/条	108	35	15	1
比例/%	67.92	22.01	9.43	0.63

表 2.17　四川省岩溶地下河发育数量特征

地下河流量/(L/s)	<200	200~500	500~1000	>1000
数量/条	83	38	26	22
比例/%	49.40	22.62	15.48	13.10

据初步统计,四川省岩溶地下河共 168 条。从地下河所在的地理位置来看,其主要分布于古蔺县、叙永县、筠连县、邻水县、盐源县等地。从构造上看,地下河主要分布在准扬子地台的上扬子台坳、四川台坳、龙门山—大巴山台缘拗陷、康滇地轴等。从地层上看,由于

二叠系和三叠系地层中碳酸盐岩分布广泛，沉积厚度大，地下河数量大，占总数的77.39%，其余地层中数量相对较少。四川地下河主管道总长度>77.23km，多年平均枯季流量为470.02L/s，地下河发育密度为0.88m/km²，多年平均径流模数为9.52L/(s·km²)。四川地下河长度以中、短型为主，长度小于5km的占67.92%。地下河流量以中、小流量为主，流量小于200L/s的地下河占总量的49%。

2.2.8　重庆市岩溶区概况

2.2.8.1　自然地理条件

重庆市位于中国内地西南部、长江上游地区，地跨105°17′~110°11′E、28°10′~32°13′N的青藏高原与长江中下游平原的过渡地带。辖区东西长470km，南北宽450km，面积82402.95km²。

重庆地处中国西南部，长江上游地区，其北部、东部及南部分别有大巴山、巫山、武陵山、大娄山环绕。地貌以丘陵、山地为主，坡地面积较大，有"山城"之称。重庆地势由南北向长江河谷逐级降低，西北部和中部以丘陵、低山为主。

重庆市年平均气温16~18℃，长江河谷的巴南、綦江、云阳等地达18.5℃以上，东南部的黔江、西阳等地14~16℃，东北部海拔较高的城口仅13.7℃，最热月份平均气温26~29℃，最冷月平均气温4~8℃，采用候温法可以明显地划分四季。

重庆市年平均降水量较丰富，大部分地区在1000~1350mm，降水多集中在5~9月，占全年总降水量的70%左右。重庆市年平均相对湿度多在70%~80%，在中国属高湿区。年日照时数1000~1400h，日照百分率仅为25%~35%，为中国年日照最少的地区之一，冬、春季日照更少，仅占全年的35%左右。重庆市的主要气候特点可以概括为：冬暖春早，夏热秋凉，四季分明，无霜期长；空气湿润，降水丰沛；太阳辐射弱，日照时间短；多云雾，少霜雪；光温水同季，立体气候显著，气候资源丰富，气象灾难频繁。

重庆境内江河纵横，水网密布，水及水能资源十分丰富，重庆市年平均水资源总量5000×10⁸m³，其中地表水资源占绝大部分，具有重要的开发价值。重庆市理论水能蕴藏总量1440×10⁴kW，其中可供开发的水能资源750×10⁴kW。重庆石灰岩地质地貌突出，溶洞较多，其中岩溶区（含碎屑岩夹碳酸盐岩）分布面积约3.0×10⁴km²，占全市总面积的36.49%。

重庆地区岩溶从中国岩溶区划来讲属于热带、亚热带湿润气候型岩溶区。在季风气候控制下，水热配套条件较好，碳酸盐岩致密坚硬；加之，重庆地区新构造运动以来，区域大面积、大幅度间歇性地上升，而河流级级下切，给岩溶发育创造了良好的条件。另外，碳酸盐岩与非碳酸盐岩的间互状分布，使得在各个不同的海拔上发育了丰富多样的岩溶形态。其主要的宏观岩溶形态有溶丘—洼地、峰丛—洼地、垄脊—槽谷、垄岗—谷地、地下河、大型洞穴、天坑等。

2.2.8.2　地质背景条件

重庆岩溶区主要分布在渝东北大巴山褶皱山地和渝东南巫山—大娄山褶皱山地一带，

其次分布在中西部平行岭谷区的背斜轴部。重庆市巫山、巫溪、彭水、城口、酉阳、武隆、奉节 7 县碳酸盐岩分布面积在 60% 以上，其中巫山、巫溪两县甚至超过了 90%。从大地构造上来看，重庆地区的碳酸盐岩归属于扬子准地台区和秦岭地槽区，前者占 90% 以上。分布的地层主要是寒武系、奥陶系、二叠系和三叠系。寒武系碳酸盐岩主要分布在渝东南大部分地区和渝东北巫溪、城口等地区，岩性以白云岩为主，总共出露面积约 $0.5 \times 10^4 km^2$；奥陶系碳酸盐岩主要分布在渝东南大部分地区和渝东北巫溪、城口等地区，岩性以灰岩为主，总共出露面积约 $0.34 \times 10^4 km^2$；二叠系碳酸盐岩在扬子地层区中广泛出露，岩性以灰岩为主，总共出露面积约 $0.43 \times 10^4 km^2$；三叠系碳酸盐岩在扬子地层区中出露面积最大，岩性以灰岩为主，总共出露面积 $1.73 \times 10^4 km^2$。

寒武系以白云岩地层为主，一方面其溶解速率远远低于灰岩，一般只在河谷地带和断裂带等地下水强烈循环带，溶蚀作用才较明显，也才有地下河或溶洞出现；另一方面是白云岩抗压、抗拉、抗剪强度都低于灰岩，孔隙较灰岩发育，含水性比较均匀，多具有孔隙水的特征，导致其地下河不发育。其余年代地层以灰岩为主，岩溶作用强烈，地下河较为发育。但在奥陶系、二叠系和三叠系中，又以三叠系的地下河数量最多，而奥陶系的地下河数量最少；这和碳酸盐岩厚度和分布面积有很大关系。前已述及，三叠系碳酸盐岩较其余碳酸盐岩地层出露面积广、厚度大，因此，三叠系中地下河分布数量多是有其物质基础的。

总体来看，重庆地区岩溶发育及地下河展布的方向受到秦岭—昆仑纬向构造体系大巴山弧、川黔经向构造体系、华夏系和新华夏系的控制。大多数岩溶地下河的展布方向和区域的构造线方向相吻合。在渝东北地区受秦岭—昆仑纬向构造体系大巴山弧影响，地下河管道主要呈北西—南东展布；而在渝东南地区由于受到华夏系和新华夏系影响，地下河管道主要呈北东—南西展布。在川东褶皱带内由于地下河多位于背斜核部的碳酸盐岩中，因此地下河管道主要沿背斜呈纵向展布（主要为北东向、北北东向、南北向）。在一些构造复合部位由于断裂、裂隙高度发育，地下河管道分布情况比较复杂。具体来看，构造对岩溶地下河的影响主要分为三类：褶皱、构造复合部位及断裂。

2.2.8.3　岩溶水系统特征

重庆市地下水资源丰富，资源量约 $160.7 \times 10^8 m^3/a$，以岩溶水为主。岩溶水资源量约 $118.35 \times 10^8 m^3/a$，占地下水资源量的 73.65%，主要分布在重庆市东北部和东南部。区内分布有岩溶地下河 380 条，水资源量约 $47.77 \times 10^8 m^3/a$。

根据重庆地区岩溶地下河所处的地貌、构造条件和岩组结构、岩溶发育程度的差异，以及岩溶地下河水的循环条件与水动力特征的不同，可将重庆地区的地下河水分为汇流型、分流型、平行流型三大类。

1. 汇流型

该类型在构造上多位于向斜地区及宽缓背斜地区。地下水向轴部汇聚，多在轴部顺构造线发育大型地下河，而在两翼多有地下河支管道分布。其特点为区域地下河数量多、规模大、流量稳定、地下河调蓄功能强。渝东南地区的彭水县桑柘坪向斜、靛水向斜，黔江区的马槽坝向斜、筲箕滩背斜，渝东北奉节地区的茅草坝向斜、八阵图背斜，巫溪的上磺坝向斜等均属于此类。在一些穹隆构造中，两翼为非可溶岩环绕，而核部碳酸盐岩被溶蚀形成低地，也可发育此类型地下河。

另一种汇流型地下河主要分布在背斜构造控制的垄脊槽谷地区，其背斜核部碳酸盐岩被溶蚀以后形成槽谷，而槽谷内部地表水系缺乏，区域性的地表水、降水等大都通过地表注地、落水洞等向地下汇集，通过地下管道，纵向排泄，形成地下河。地下河水的水量主要取决于补给面积，但流量不稳定，调蓄功能较前述向斜地区差。重庆地区川东褶皱带内的地下河大多属于此类。

2. 分流型

该类型在构造上多位于背斜地区。降水渗入地下后，受构造和地貌控制，由核部向两翼运动，排泄于背斜边缘的河谷、沟谷中，也可在背斜的一翼排泄。在这样的水文地质条件下，地下河管道既可以横向展布也可以纵向展布，管道既可以位于核部也可以在翼部，十分复杂。

在一些向斜台原地区，其地形上为一中山波峰台原，岩性为二叠系灰岩，地表水通过落水洞、漏斗等渗入地下，在灰岩内部由于下伏志留系页岩的隔水作用，地下水向四周运动，以地下河或泉的形式在四周崖壁排泄，地下水的循环条件较好。该种类型在渝东南地区分布相当普遍，为重庆地区的另一大特色。如南川的金佛山，秀山境内平阳盖、川河盖，酉阳境内木桶盖、毛坝盖、炭山盖、广沿盖等。由于溯源侵蚀的影响，二叠系灰岩高高地隆起于周边地区，而下伏志留系页岩起到很好的隔水作用，使得地下河多分布于较高的海拔上。如金佛山水房泉，秀山平阳盖的长岗地下河、羊桥湾地下河等。

3. 平行流型

受可溶岩与非可溶岩相间分布的影响，在紧密褶皱中，两翼岩层倾角较陡，地貌上多见峰丛排列形成的垄岗，垄岗之间为一些小型条带状注地形成谷地地形，多见落水洞、漏斗等分布，垂直岩溶形态发育。部分降雨通过落水洞等渗入地下，先是顺岩层倾向运动，到达一定深度以后，由于岩溶不发育或受到隔水层顶托，而折向纵向运动。此处，因含水岩组夹非可溶岩，在相邻的多个含水层中发育了数条彼此平行的地下河。如濯河坝向斜重庆黔江境内，可以见到彼此平行的地下河 21 条，合计流量可达 2400L/s。对于一些受到断裂带控制的水文地质单元，若断裂本身阻水或一盘为非可溶岩、另一盘为可溶岩，则可在可溶岩一盘沿断裂带发育地下河。如涪陵焦石坝地区的几条地下河。

几种类型的地下河比较起来看：汇流型地下河源远流长，规模大，流量较稳定，在重庆地下河中数量多；分流型地下河流程短，比降大，但长度和流量较汇流型小，流量不稳定，数量较汇流型少；平行流型地下河受到重庆地区线状特殊地质构造条件的控制，其分布也较广泛，流量大于分流型地下河。

2.3　中国西南岩溶地下河系统特征

中国西南岩溶区，岩溶地下河系统的时空展布规律、水文过程和水流运动特征等均与地表河流相似。如果把在碳酸盐岩中发育的岩溶地下河系统和在非碳酸盐岩中发育的地表河流联系起来看，可以发现他们也是地表河流中的一个组成部分，只不过其河道在地下。同时，因岩溶地下河系统的发育，抑制了地表水文网的发育，二者具有相互消长的关系。在中国西南岩溶区内，岩溶地下河系统分布密集的地区，几乎无一地表河溪，或仅在雨季有临时性地表溪流；反之，在地表水系发育的地区，岩溶地下河系统的数量便大为减少。

　　西南岩溶地下河主要分布于秦岭的南部、云南昆明的东部、桂林—宜昌一线的西部地区，其中，贵州、广西和云南等地区的岩溶地下河最为发育，具有分布广泛、类型多样、规模多变等特点。因岩溶地下河系统间常有"穿（跨）跃"现象存在，加之其域面积和分枝数目多呈季节性变化和输入输出多端多样化等，造成其统计数目有异，时空定位难度较大。据中国地质科学院岩溶地质研究所的 2006 年的统计资料，中国西南八省（区、市）的岩溶地下河约有 2533 条（图 2.6）。

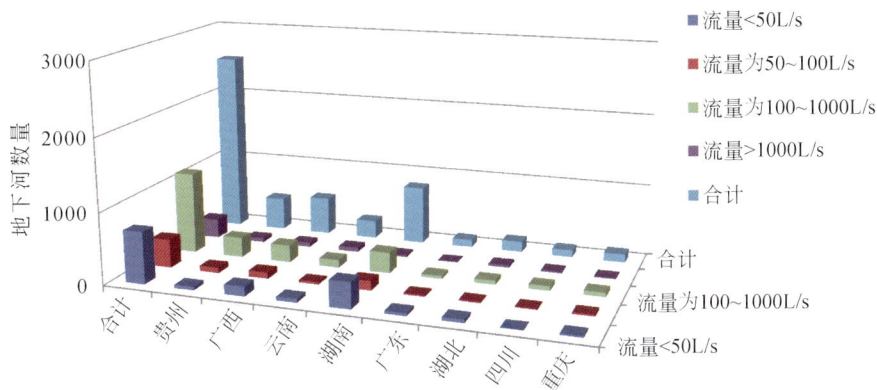

图 2.6　中国西南八省（区、市）岩溶区岩溶地下河分布情况

2.3.1　基本特征

2.3.1.1　发育演化

　　岩溶地下河系统是指在一个流域范围内，形成的具有完整的补给、径流和排泄条件，并且类同于地表水系，存在主、支流的基本轮廓，径流管道在地表上有所反映（如天窗、落水洞等）的地下水流域系统。

　　岩溶地下河系统的形成是一个极其漫长的过程，非常具有岩溶发育的典型性和特殊性，水流在其中起到了至关重要的作用。理想的岩溶地下河系统形成演化的水动力过程大致可分为四个阶段：最初的岩溶发育→局部岩溶水系统形成→岩溶水系统袭夺→完整的岩溶地下河系统形成（表 2.18；何宇彬，1997）。

表 2.18　岩溶地下河系统形成演变的水动力过程

阶段	过程描述
岩溶发育初期	 碳酸盐岩岩体形成局部与区域地下水流动系统时，地下水在原有的孔隙-裂隙中流动
局部岩溶水系统形成	 随着差异性溶蚀的进行，岩溶水自组织现象出现。当裂隙溶蚀扩展到一定程度，便形成与局部地下水流动系统相适应的多个地下岩溶管道系统，即岩溶地下河系统
岩溶水系统袭夺	 侵蚀基准较低的岩溶地下河系统势能较低，构成较强的势汇，吸引较多的水流，使地下分水岭不断向另一侧迁移。溯源溶蚀不断发展，岩溶地下河系统不断扩展。当低势主干岩溶地下河系统扩展到与另一侧的岩溶地下河系统相通时，便袭夺后者使之成为低势岩溶地下河系统的一个部分

阶段	过程描述
完整的岩溶地下河系统形成	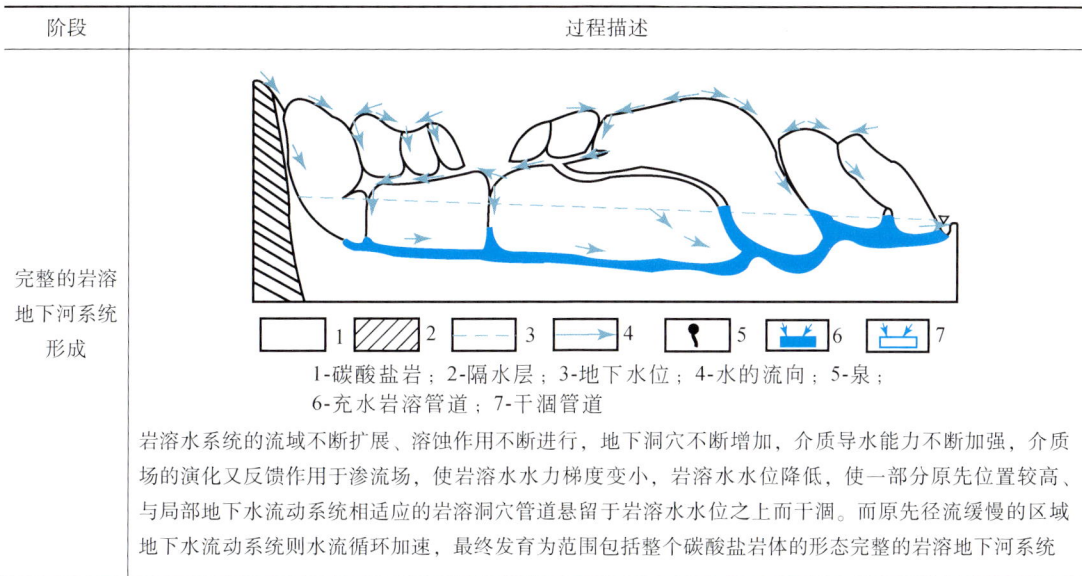 1-碳酸盐岩；2-隔水层；3-地下水位；4-水的流向；5-泉； 6-充水岩溶管道；7-干涸管道 岩溶水系统的流域不断扩展、溶蚀作用不断进行，地下洞穴不断增加，介质导水能力不断加强，介质场的演化又反馈作用于渗流场，使岩溶水水力梯度变小，岩溶水水位降低，使一部分原先位置较高、与局部地下水流动系统相适应的岩溶洞穴管道悬留于岩溶水水位之上而干涸。而原先径流缓慢的区域地下水流动系统则水流循环加速，最终发育为范围包括整个碳酸盐岩体的形态完整的岩溶地下河系统

岩溶地下河系统的形成和演化是在岩溶多重介质环境中进行的，其主干空间展布、水体贮存、水流运动、水循环等规律的变化具多因多果性。在中国南方岩溶区，岩溶地下河系统是岩溶多重介质环境水循环的调控中心；另外，岩溶地下河系统形成演化极具岩溶发育的特殊性和典型性（见表 2.19 和图 2.7），并始终处于质能快速转换过程中，致使其自身的整体性、调节性、稳定性始终处于动平衡态。

表 2.19　岩溶地下河系统发育演变的相关条件

条件	介质	说明
岩石与地层条件	（1）质地较纯而坚硬的碳酸盐岩； （2）纯质亮晶灰岩为佳，白云岩次之； （3）有足够大的连续沉积厚度，多在 2000～4000m； （4）属泥盆系、石炭系、二叠系和三叠系； （5）碳酸盐岩的平均溶解率为 60～90mm/ka； （6）具有一定的分布面积，一般应在 100～1000km^2	岩溶地下河系统发育的物质基础
适宜的地壳运动及地质构造条件	（1）地壳抬升或基准面下降，特指第四纪的新构造抬升或下降运动； （2）平缓的褶皱轴部（背斜与向斜）构造及相关部位； （3）特殊的地质构造，大型逆冲断层系	岩溶地下河系统发育的特殊部位（何宇彬，1997）
水热条件	（1）热带至亚热带季风气候，年均降水量 1300～2500mm，年均温度 14～25℃，旱、雨季分明； （2）有足够产生 CO_2 的生物种群	岩溶地下河系统质能转换的动力条件

条件	介质		说明
地貌形态组合条件	(1) 峰丛区，可分高位峰丛、中位峰丛和低位峰丛；由丛聚而连座的峰群，间以大量的落水洞、竖井、漏斗、洼地、谷地构成； (2) 峰林区，有峰林谷地、峰林坡谷、峰林平原及孤峰平原等类型，由离立分散的石峰和块状、岛状、条带状连座石峰，散布于较平展的地面上构成		岩溶地下河系统发育的岩溶环境（峰丛山区是大型、复杂岩溶地下河系统发育区，峰林平原是小型、简单岩溶地下河系统发育区）（卢耀如，2003）
地下水赋存与地下水径流条件	峰丛山区	(1) 地下水位深埋，一般距地表 $n\times10^1\sim n\times10^2$ m； (2) 包气带巨厚，一般在 $n\times10^1\sim n\times10^2$ m； (3) 饱水带有一定厚度，一般在 $n\times10^1\sim n\times10^2$ m； (4) 地下水径流（垂直与水平）强度大，即渗透流速大，可达到一定的起始常量值； (5) 有完整的地下水赋存分带（表层带、包气带、季节变动带和饱水带（浅饱水带和深饱水带））； (6) 岩溶含水介质个体多为垂直与水平分布的裂隙、管道与溶洞，其组合为相互连通、可分层的"岩溶通道"	岩溶地下河系统发育的"内水动力"条件
	峰林平原区	(1) 地下水层浅埋，一般距地表 $0\sim n\times10^0$ m； (2) 缺失包气带或包气带极薄； (3) 饱水带厚度大，一般在 $n\times10^1\sim n\times10^2$ m； (4) 地下水径流（水系）强度大； (5) 无完整的地下水赋存分带； (6) 岩溶含水介质个体多为水平分布的裂隙、管道与溶洞，其组合为相互连通的"岩溶网络"	
外源水与过境河	(1) 非岩溶区的地表径流进入岩溶区内，称为"外源水"，具超强的化学溶蚀性和物理侵蚀效率； (2) 流经岩溶区的地表河流，在多数情况下，为岩溶地下水动力活动的主要控制因素，以及其排泄的基准面（郭纯青、李文兴，2006）		岩溶地下河系统发育的"外水动力"条件

2.3.1.2 发育特征

一个岩溶地下河系统的形成，经历了垂向和横向、单向与多向的复杂岩溶作用过程，属于地下岩溶发育的较高级阶段。岩溶地下河系统的发育程度与规模取决于岩性和构造运动对岩体破坏的程度，发育的多样性则取决于可溶性的碳酸盐岩分布面积的大小。在此基础上形成的岩溶地下河系统，发育特征具有明显的地带性，特征变化则充分体现在长度、汇水面积、埋深、水力坡度和结构形态等方面（表2.20）。

a

b

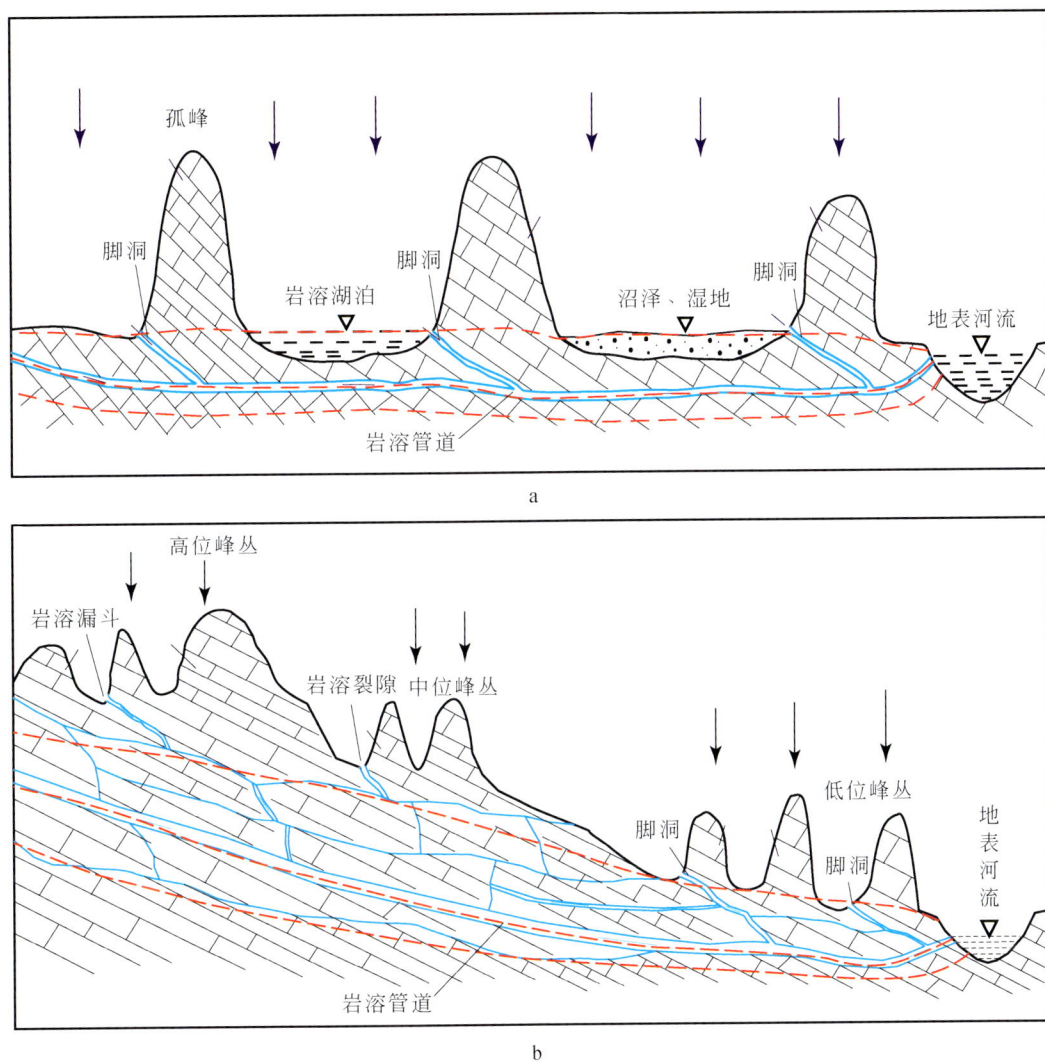

图 2.7　岩溶地下河系统形成演化示意图

a. 岩溶峰林地区；b. 岩溶峰丛地区

表 2.20　不同分布地带中国西南岩溶地下河系统的发育特征（杨立铮，1985）

分布地带	涵盖地区	地区特性	岩溶地下河系统发育特征
云贵高原向广西盆地过渡的地貌斜坡地带	云南东南部、贵州东南部、广西西部等部分地区	碳酸盐岩大面积出露，褶皱平缓，地形切割强烈	（1）流程长，汇水面积大，主流长达 $n \times 10^4$ m，汇水面积达 $n \times 10^2$ km² 的几乎全都分布在这些地区； （2）岩溶地下河系统埋深大，地下水垂直循环带厚，一般都在 $n \times 10$ m ~ $n \times 100$ m；水力坡度陡，大者可达 20%； （3）结构形态复杂，树枝状岩溶地下河系统分布普遍，主、支流清晰，管道明显，规模壮观； （4）集中排泄水量大，岩溶地下河系统水资源丰富，常为地表河的源头

分布地带	涵盖地区	地区特性	岩溶地下河系统发育特征
长江和珠江分水岭地带	贵州中部都匀到贵阳至安顺一带	短轴背、向斜发育，地形切割不强烈，地势平坦	(1) 源近流短，规模不大，主流长度一般 $n \times 10^3$ m，少数超过 10^4 m，汇水面积一般为 $n \times 10$ km^2； (2) 地下河流量小，枯季流量大多为 $n \times 10^2$ L/s； (3) 埋藏浅，水力坡度小，地下水垂直循环带厚度薄，一般小于 20m，埋藏浅者只有数米，仅在大河谷坡地带埋深可超过百米； (4) 岩溶地下河系统与地表河流明暗交替，形态多样，袭夺频繁
川黔线状褶皱带	四川东南、贵州北部、云南东北部、湖北西部和湖南西部等地区	碳酸盐岩与非碳酸盐岩相间，呈带状分布，多为条形谷地	岩溶地下河系统基本上沿构造线延伸，以单一管道岩溶地下河系统为主，长度短小，一般在 $n \times 10^3$ m 范围内
广西岩溶峰林平原带	广西岩溶峰林平原地区	石峰山体占地面积小，边坡陡立，平地拔起	岩溶地下河系统发育在平原面附近的浅侵蚀基准面，埋藏浅，分支多，流程短，水力坡度平缓，出现虹吸承压管道，岩溶地下河系统的发育深度不受当地侵蚀基准面控制

2.3.2　岩溶管道结构形态

2.3.2.1　岩溶管道结构特征

岩溶地下河系统主要是由纵横交错的岩溶管道组成，岩溶管道的结构特征影响和控制着岩溶地下河系统的分布与发育规模，特别是水流的贮存、径流和排泄。岩溶管道的形态、展布以及组合复杂多变，呈现高度的有序结构，主要表现在管道断面几何形态、连接方式、空间配置和宏观展布上的变化（表 2.21）。

表 2.21　岩溶地下河系统管道的结构特征（郭纯青等，2004a）

类型	描述
管道断面几何形态	按极端形态分为两大类，类圆形（含大量的椭圆形）与裂缝-峡谷型。管道断面形态的多样组合以及断面面积的大小不一对水流运动影响至为关键，断面面积沿纵向的复杂多变，相邻断面的面积比通常超过两个数量级（数百倍以上） （A）圆形　（B）椭圆形　（C）矩形　（D）半椭圆形　（E）钥匙形　（F）峡谷形　（G）倒"T"形　（H）飞碟形　（I）不规则形

类型	描述
管道间连接方式	 上游分叉型　下游发散型　交叉型　串联型 并联型　跨越型　支干型　综合型　综合型
管道在空间上配置	包括垂向管道（主要在补给区），斜向和水平管道（主要在径流排泄区），倒虹吸管（主要在排泄区）
管道宏观展布	可划分为主干管道型（云南南洞岩溶地下河），并存管道型（湖南洛塔岩溶地下河），梳妆管道型（广西地苏岩溶地下河），网络或迷宫型以及多层叠置型

2.3.2.2　岩溶管道平面展布形态

中国西南岩溶区内，岩溶地下河系统中岩溶管道的平面展布形态多样，主要有：单一管道状、平行管道状、叶脉状、网格状、侧枝状、树枝状和扇状等（图2.8）。

岩溶地下河系统中岩溶管道的平面展布形态受地质构造、地表水文网以及地形地貌等多种因素的制约。因此，可以从特定的岩溶环境中探明岩溶管道的平面展布形态：

（1）背斜、向斜轴部、断裂走向以及连续型碳酸盐岩岩体等，可能成为岩溶地下河系统岩溶管道空间展布的轨迹；

（2）呈线状或者带状分布的岩溶地表形态，如岩溶洼地、岩溶谷地、漏斗、天窗、天坑、落水洞、竖井等，往往可以指示岩溶地下河系统中岩溶管道的平面展布形态；

（3）明暗交替、时隐时现的岩溶地表水系，通常是岩溶地下河系统主干岩溶管道的发育方向；

（4）不同类型岩溶地貌单元组合的区域，如峰林谷地–峰丛山区、峰林平原–峰丛谷

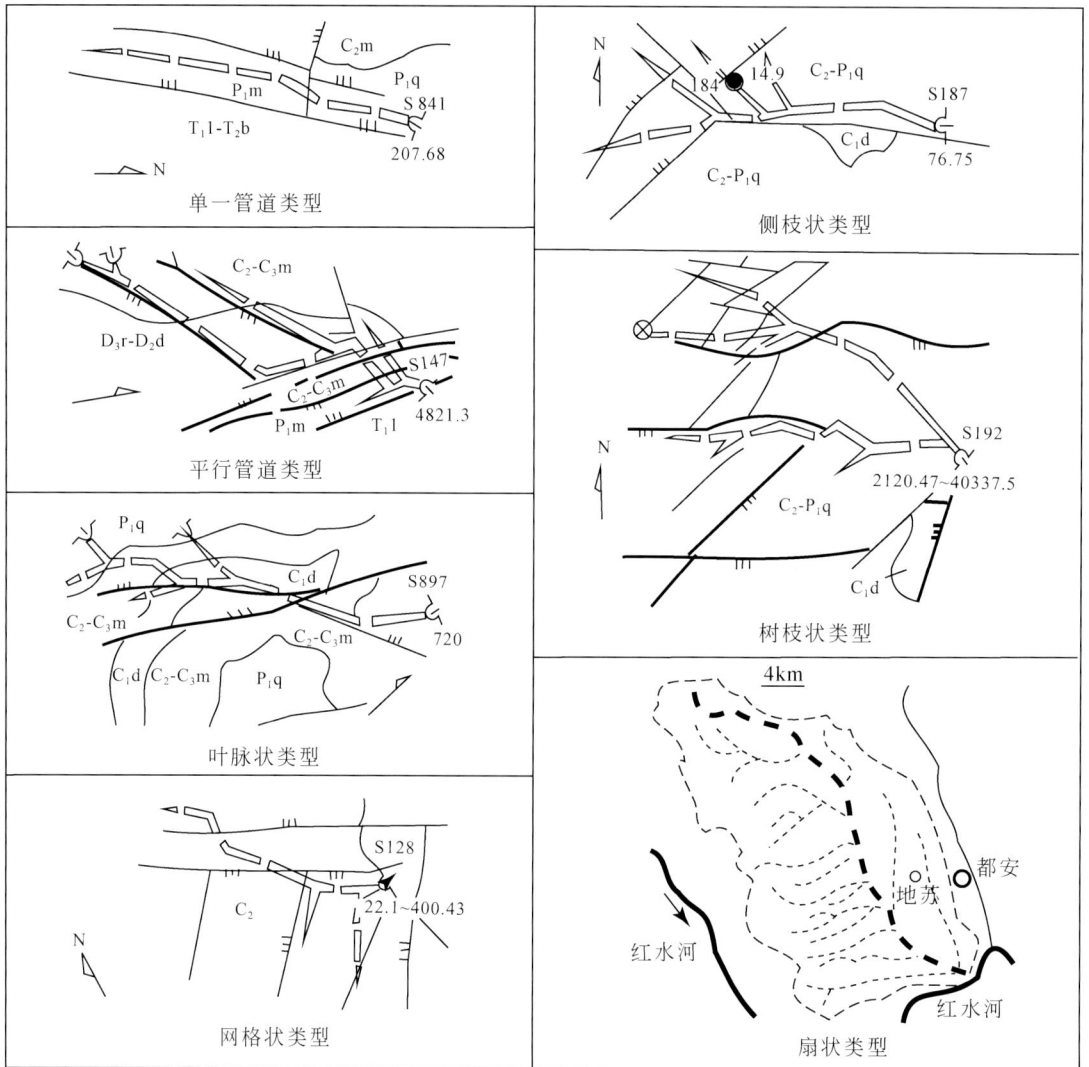

图 2.8 中国西南岩溶地下河系统平面展布形态（郭纯青等，2004a）

地等交界部位，都可能成为岩溶地下河系统平面展布的有利场所。

2.3.2.3 剖面形态

在中国西南岩溶区内，岩溶地下河系统的岩溶管道剖面形态极其复杂多变，表现在局部形态多样，有垂直状、水平状、多层状和阶梯状等；整体形态组合多变，大体可分为均衡剖面和反均衡剖面：

（1）均衡剖面：其特点是上游坡降较陡，下游坡降十分平缓，一般接近水平状态，介于 1‰~5‰ 之间，大部分岩溶地下河系统的岩溶管道剖面形态属于这一类型；

（2）反均衡剖面：其特点是岩溶管道中上游坡降较缓，下游坡降突然变陡，这一类型岩溶管道剖面形态常见于发育规模较大的岩溶地下河系统，且情况更复杂，呈多级反均衡剖面，从上游到中上游，再到下游，岩溶地下河系统主干岩溶管道纵剖面形态由缓倾斜变急倾斜，再过渡到倾斜，最后为陡倾斜（图2.9）。

此外，一些岩溶地下河系统与地表水系明暗交替，混为一体，其相互转化的剖面形态，形成了中国西南岩溶区特有的水文现象。

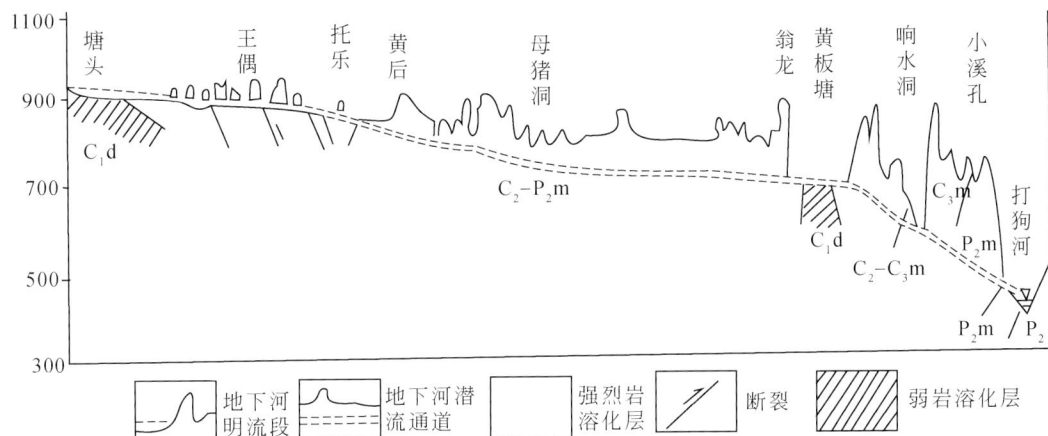

图 2.9　广西黄后岩溶地下河多级反均衡纵剖面示意图（郭纯青等，2004a）

2.3.2.4　含水介质特征

在中国西南岩溶区，岩溶地下河系统含水介质具有高度的非均质性，既有规模巨大的岩溶洞穴、延伸长达 $n \times 10$km 的岩溶管道，也有十分细小的岩溶裂隙甚至岩溶孔隙。因此，岩溶地下河系统是以岩溶管道和岩溶洞穴为主，岩溶孔隙、岩溶裂隙和岩溶裂缝等为辅，形成的完整地下储导水系统。这些组成岩溶地下河系统的多重岩溶空隙介质，根据其个体形态尺寸，类型可分为：基质空隙、溶隙介质、溶缝介质和溶洞介质；根据其导水性及其在系统水运动过程中所起的功能作用，又可进行如下分类表述（表2.22）：

（1）蓄水介质：主要由广泛分布的、细小的、导水性差但总容积大的岩溶孔隙和岩溶裂隙组成，还包含一些具有大蓄水空间但连通性弱的岩溶洞穴；

（2）输蓄水介质：主要由具有一定蓄水空间和输水能力的岩溶裂缝网络组成；

（3）输水介质：主要由局部分布的、相互连通性好的岩溶管道、岩溶洞穴以及开阔的岩溶裂缝组成。

表 2.22　岩溶地下河系统含水介质的分类（郭纯青等，1996）

岩溶形态	类型	尺寸/cm	水流特征	导水性	功能作用
岩溶孔隙	基质空隙	$10^{-6} \sim 10^{-3}$	以层流为主	差	蓄水介质
岩溶裂隙	溶隙	$10^{-3} \sim 10^{-1}$	以层流为主	差	蓄水介质
岩溶裂缝	溶缝	$10^{-1} \sim 1$	层流–紊流	一般	输蓄水介质
岩溶管道和岩溶洞穴	溶洞	$1 \sim 10^{4}$	以紊流为主	好	输水介质

岩溶地下河系统中多重含水介质导水性及其系统水运动过程中所起功能作用的明显差异，对系统中水流运动有重要的影响。

2.3.3　补给、径流和排泄

1. 补给

在中国西南岩溶区，岩溶地下河系统的补给源以大气降水为主，辅以天然地表水体和人工蓄水体等。补给方式多样，按水流方式分类，主要有渗入式、灌入式、渗透式、渗漏式、流入式和倒灌式等，按接触面特点分类，主要有点状补给、线状补给和面状补给（郭纯青等，2004a；图2.10）。

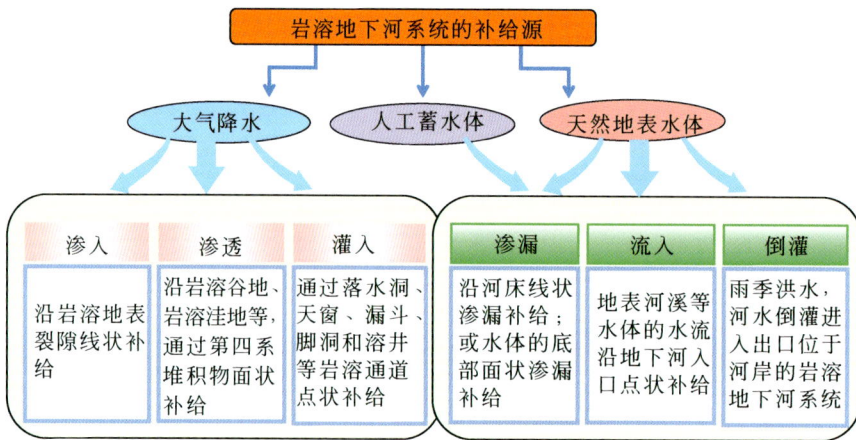

```
┌─────────────────────────────┐
│      岩溶地下河系统的补给源      │
└─────────────────────────────┘
```

| 大气降水 | 人工蓄水体 | 天然地表水体 |

渗入	渗透	灌入	渗漏	流入	倒灌
沿岩溶地表裂隙线状补给	沿岩溶谷地、岩溶洼地等，通过第四系堆积物面状补给	通过落水洞、天窗、漏斗、脚洞和溶井等岩溶通道点状补给	沿河床线状渗漏补给；或水体的底部面状渗漏补给	地表河溪等水体的水流沿地下河入口点状补给	雨季洪水，河水倒灌进入出口位于河岸的岩溶地下河系统

图2.10　岩溶地下河系统的补给源与补给方式

2. 径流

岩溶地下河系统受到不同强度降雨补给时，多重含水介质对系统水流调节功能的明显差异，导致岩溶地下河系统内部径流成分有快速流和慢速流之分，二者存在于岩溶地下河系统的不同部位，具有不同的补给来源和运动特点，不同时期的组合与分配，决定了岩溶地下河系统的功能转换（郭纯青等，1985；王大纯等，2006）（图2.11）。

岩溶地下河系统中快速流和慢速流的组合与分配，决定了岩溶地下河系统在雨季以排水为主要功能，在枯季以蓄水为主要功能。结果常常导致中国西南岩溶区水资源时空分配不协调，雨季岩溶地下河向地表河网排泄水量增多，加剧洪涝程度；枯季地表水源漏失，流入岩溶地下河系统中深埋，造成无水可用，加剧旱情。

3. 排泄

在中国西南岩溶区，大部分岩溶地下河系统，多数情况下是通过岩溶地下河出口集中排泄，特别情况下，当系统因来水量骤增（短时的强降雨补给、水库渗漏补给或者地表水回灌等）导致排泄不畅时，天窗和落水洞等也可能成为其临时的排泄通道。此外，岩溶地下河系统的补给源类型与内部含水介质的水量调蓄功能，也会影响系统的排泄方式和排泄水量（图2.12）。

多重含水介质对系统调节作用的明显差异	细小的岩溶孔隙与岩溶裂隙以及岩溶洞穴主要起贮水的作用；岩溶洞穴、岩溶管道与开阔的溶蚀裂隙主要起导水作用；规模介乎两者之间的岩溶裂缝网络兼具贮水与导水作用		
	径流类型	补给来源	径流特点
系统内部产生两种不同流速的径流成分	快速流：岩溶地下河系统溶洞介质中以洪水波形式流动的径流成分	主要是大气降水通过落水洞、天窗、竖井、脚洞、溶井等通道灌入的点状补给	传播速度快，排泄集中，流量变化大
	慢速流：经岩溶地下河系统调节而滞后的释放的径流成分	主要是大气降水沿包气带中的岩溶裂隙和岩溶孔隙等介质缓慢渗入的面状补给	径流途径长，流动缓慢，流量稳定
快速流和慢速流的组合与分配	快慢速流排出水流体积的比值，在雨季可达9:1，在旱季则为0:10；快慢速流全年排出水流总体积的比值变化区间介于7:3与3:7之间		
岩溶地下河系统的功能转换	在雨季，岩溶地下河系统的主要功能是排水；在旱季，其主要功能是蓄水		

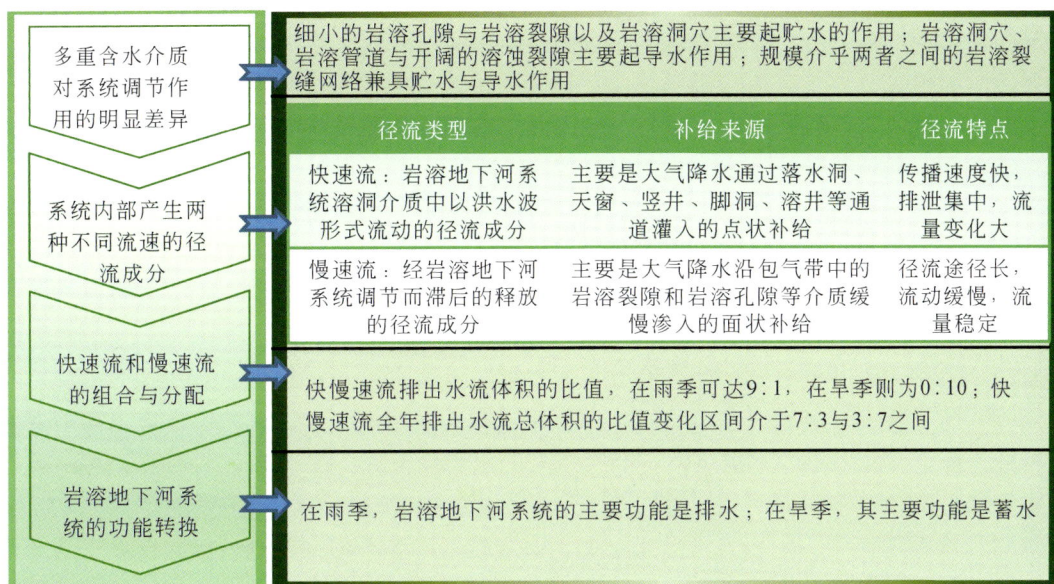

图 2.11　岩溶地下河系统的径流成分及组合

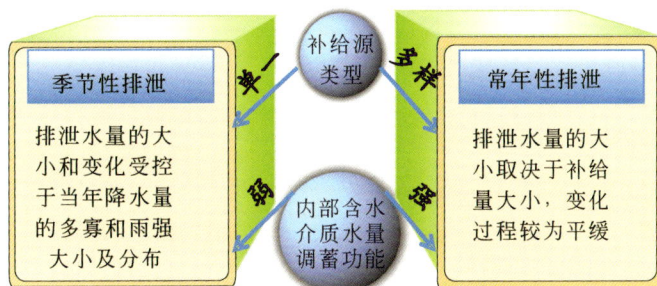

图 2.12　岩溶地下河系统的排泄方式及其影响因素

2.3.4　水流运动特征

一般情况下，天然岩溶地下河系统中的水流属于明渠流，可以沿用水力学中明渠流的相关结果与计算公式。但在雨洪期，岩溶地下河系统中过水通道被水流全充满，具承压性，属固、液、气三相流时，问题复杂化，难以运用传统的水力学和河流动力学理论和方法进行解释。岩溶地下河系统水流具有如下 8 种基本特性。

（1）水流具一相流、二相流和三相流多重特性。一般情况下，可视为清水明渠流运动，属于一相流；在雨洪期间，可视为挟泥沙明渠流运动，属于二相流；在特大雨洪期间，且雨强高、雨量大、历时短，岩溶地下河系统内洪水量快速增大，河道内空气被压缩或混入水中，并有大量固体物质出现，易形成液气固三相流，并在河道内岩体易损部位发生气爆。

三相水流的存在，对岩溶地下河系统水流速度和流量影响显著，可促使其水流运动的流线和流态趋于复杂化，对岩溶地下河系统整体起到耗能效应。

（2）水流的三维性。岩溶地下河水流同地表河流一样，是由河道和水流两部分相互作用下的水流运动。地表河道和岩溶地下河道都是水流运动的固体边界。地表河道一般由泥土、砂砾、卵石和砾石等组成，统称为泥沙，有些局部流段也可以是坚固的基岩。岩溶地下河道主要由坚固基岩组成，局部地段由泥土、砂砾、卵石和砾石等组成（郭纯青等，1996）。

通常，地表和岩溶地下河道的过水断面是不规则的，其程度取决于河道在河流不同的河段，上游（山区）为最大，下游（平原）为最小；致使地表和岩溶地下河道水流为三维流动。另外，河道水流三维性与过水断面的宽深比相关联，并存在反比关系。

（3）水流的非均匀性。岩溶地下河系统水流与地表河流一样，其非恒定性包括了来水来沙的不恒定性和边界的不恒定性，严格意义上属非均匀流，即水流运动的各物理量沿程均可能发生变化。

（4）水流的流型。与地表河水流对比，岩溶地下河水流的雷诺数一般比较大，其流型一般居于阻力平方区（郭纯青等，1993）。

（5）水流的主流与副流。岩溶地下河系统水流与地表河流相同，可分为主流和副流；主流为水流沿河道主方向的流动，副流为水流内部产生的一定规模的水流旋转运动。

（6）水流的连续与非连续。复杂的岩溶地下河系统水流运动受岩溶通道形态变化的影响，存在多种连续水流模式。同时，也可存在下列3种不连续水流状态：①承压状态下出现水流不连续态（虹吸水流）；②承压转无压状态下岩溶通道出现的不连续态（跌水）；③无压岩溶通道陡坎处水流发生的不连续态（小瀑布现象）。

（7）水流的快慢速流。因为岩溶地下河系统中存在多重含水介质组构，所以岩溶地下河系统水流有快速流（管道或大裂隙水流）和慢速流（小裂隙水流）之分，并存在时空分布的差异性。部分统计资料表明：岩溶地下河系统水流快慢量值比，在雨季可达9∶1，在枯季则为0∶10。岩溶地下河系统水流的快速流部分，具有强大的侵蚀、搬运和沉积营力外，还可产生岩溶地下河系统特有的气蚀、气爆、紊蚀（紊流溶蚀）等作用，不断地改造和建造岩溶通道，体现了岩溶地下河系统水流特有的自组织结构功能（郭纯青等，1993）。

（8）变参流。基于岩溶地下河系统在时变上存在高位能的快速流和多相流；当系统的输入处于剧烈的瞬变状态，即暴雨产生大强度的补给时，其内部结构与边界条件就会出现季节性（经常发生）和偶发性，致使水流特征呈变参流。

当降雨超过某一区间强度，岩溶地下河系统则会接受不同岩溶洼地汇水的补给，扩大了补给范围；或是降雨强度加大，地下水分水岭季节性迁移；或是随着水位升高，上部溢洪道出水排向另一岩溶地下河系统，或接受另一岩溶地下河系统的溢洪补给。此类变化都属于岩溶地下河系统内部结构季节性可重复出现的变参现象。

当岩溶管道出现快速流时，部分已经充填的管道被冲开打通，或固相沉积物堵塞岩溶管道，迫使水流另谋新通道。快速流与多相流作用的叠加，大大加强了岩溶管道水流的综合营力，也加剧了系统内的差异性溶蚀。当岩溶发育至地下河阶段，岩溶管道水的向源侵蚀、干流与支流的改道，以及岩溶地下河系统间的袭夺（虽列为偶发现象）都会造成岩溶地下河系统内部结构和参数的重大改变（表 2.23）。

表 2.23　岩溶地下河系统内水流运动的四大基本特征及演变规律

特征与规律	宏观表述	微观表述
水流运动方向的多重性	特殊的地表岩溶形态组合，形成地表水流运动通道与空间的特殊性	系统内，地表岩溶正负地形多为峰丛山区、峰林平原、高低和深浅洼地、各类谷地、落水洞、竖井、溶潭、天窗、溶沟、溶痕、溶盘、脚洞及大量层次化洞穴等，大气降水经产汇流形成了峰丛山区汇水，谷地输水，洼地、溶潭蓄水，落水洞、竖井、天窗漏水（排水）的地表水循环模式，导致系统内的水流运动方向为垂直—水平—垂直多重性
水流运动速度的多变性	特殊的地下岩溶介质体，构成地下水流运动通道与空隙空间的特殊性	据岩溶含水介质组合的复杂多变性，按介质空隙空间的连通程度与空隙空间的大小及输蓄水能力，岩溶含水介质组合功能可分三种类型： （1）慢速通道，主要由岩溶孔隙、岩溶裂隙和岩溶洞穴组成，有很大的蓄水空间，但连通性多受控于岩溶裂隙，一般占系统地下岩溶含水介质体总空间的大部分（约占 60%~70%）。在其内的水流运动速度较慢，为慢速水流。 （2）中速通道，具有一定的蓄水空间和输水能力，包括岩溶洞穴和岩溶裂隙之间的组合及少量的岩溶管道等，在其内的水流运动速度适中，为中速流。 （3）快速通道包括岩溶大裂缝、岩溶主管道和相互连通的岩溶洞穴等，一般占系统地下岩溶含水介质体总空间的小部分（约占 15%~20%），主要作用是汇水和输水，有时仅起输水作用。在其内的水流运动速度较快，为快速流
水流运动地表地下方式的转化性	特殊的地质、水文和气候条件组合，产生特殊的"三水"界面物质交换方式，形成水流运动方式的特殊性	系统内，降雨—径流（地表、地下）—调蓄效应，形成降雨产流、地表河川汇流、地下河道汇流相互转化出现的水流运动方式
水流运动时空配置的多样性	特殊的四维时空组构，决定了系统水流运动时空分布的特殊性	系统内，水源补给域时空分布的不稳定性、补给量时空变化的随机性、补给方式时空配置的特殊性和多样性（"点"、"线"、"面"、"快"、"慢"、"渗"、"流"、"灌"等方式），决定系统内水流运动时空分布的特殊性。 水流运动方式的时空分异性，构成有"汇流"（地表河流、地下河流、河谷流、管流等）和"散流"（坡面流、渗流）之分，并存在"跨越"、"悬托"和"改造"等现象，决定系统内水流运动时空分布的特殊性。 水流运动空间与组成部分（气、液、固）的时空不均匀性，产生水流组分和存在状态有"快速"、"中速"、"慢速"、承压、无压、连续、非连续及多相之分，致使其水力运动参数有渐变、突变、线性和非线性等多种性质，决定水流运动时空分布的特殊性

续表

特征与规律	宏观表述	微观表述
水流运动演变规律	系统水流运动充分表现了其开放性、多源性、相关性和多变性等特点。以系统内地质、水文、气候等条件的特别组合为基础的循环式演变，周期长短不一，具多重时间标度、多种控制参量和多样的作用过程，形成"三水"一体的、有特定的时空分布的多种水流运动方式	在系统水流运动形成演变过程中，作为基础的碳酸盐岩岩溶化地表地下双重复合结构，在系统内外各种因素的影响、作用下，自身发生大量的物质流动并产生质变，为其水流运动演变提供了足够的变化空间和传输通道。从微观尺度看，系统水流运动及其效应，可大体归结为两大互逆转化过程： (1) 水流运动的分散与汇集的可逆转化，是指分散的水流运动在运动和变化中汇集，汇集的水流运动在运动和变化中分散； (2) 水流运动合成与分解的可逆转化，则指"三水"水流运动的合成，产生复合的水流运动，水流运动的分解生成基本水流运动

岩溶地下河系统水流变参的另一重要方面，当系统内部水位升降时，随着不同高度的岩溶通道进出水口淹没与出露，或水位超过或低于虹吸管的顶端高度，就有另一组岩溶通道有水流通过或断流，其过水能力决定于岩溶通道过水断面变化、岩溶管道空间配置状态与岩溶管道间组合方式（郭纯青等，2004a）。

综上所述，岩溶多重介质环境内岩溶地下河系统水流运动特点是由独特的系统结构和所产生的功能效应所致。鉴于此，根据不同原则，尝试为岩溶地下河系统水流运动方式分类（表2.24），以力求更好地研究其运动规律。

表2.24　根据不同原则的岩溶地下河系统水流运动方式分类

分相数（固、液、气）	一相水流（清水水流）	二相水流（含沙水流）	三相水流（含沙和气体水流）
分元（维）数	一元水流	二元水流	三元水流
分速度	慢速水流（小裂隙水流）	中速水流（大裂隙水流）	快速水流（管道和洞穴水流）
分压力	无压水流	有压水流	高压水流
分连续	连续水流	周期水流	不连续水流
分流态	线性流	准线性流	非线性流
分明渠	顺坡水流	平坡水流	逆坡水流
分管道	无压充满管流	有压充满管流	高压充满管流
分层流	泥沙异重流	温差异重流	溶质异重流
分射流	动量射流	浮力羽流	浮射流
分偏流	一级偏流	二级偏流	多级偏流

2.4　本　章　小　结

中国西南岩溶区位于 97°22′～117°59′E，21°74′～34°10′N，涵盖八省（市、区）范围，涵盖广西、贵州、云南、四川、重庆、湖北、湖南和广东的连片岩溶区，是多民族居住的"老、少、边、穷"地区。整体上，该区跨越了由西到东三大阶梯单元，平均海拔介于 1000～2000m 之间，岩溶地貌类型多样，包含峰丛洼地、峰林洼地、孤丘平原、岩溶丘陵、岩溶槽谷、岩溶断盆、岩溶山地以及岩溶峡谷等。碳酸盐岩地层从寒武系到三叠系均有分布，在显生宙内不同的地层年代皆有沉积。地质构造形成交错纵横的构造裂隙网络体系，成为岩溶地下水重要的流动场所，逐步发育演化形成了区内大量分布的岩溶地下河系统，形成了区内地表地下双层水文网的特殊岩溶水文地质结构，其特点是地表水地下水联系紧密，岩溶水空间分布不均和水源容易漏失，是中国西南岩溶旱涝灾情加剧的独特因素。

中国西南岩溶区地处亚热带暖湿–温湿季风气候区，年平均气温多在 15℃以上。降水量十分充足，但时间和空间分布不均匀，是诱发岩溶旱涝灾害的主要因素。区内地表河流主要分属长江流域和珠江流域两大水系，大多数属源发性河流，以大气降水补给为主，下游多为岩溶地下河的排泄基准面；岩溶地下河主要分布于秦岭的南部、云南昆明的东部、桂林—宜昌一线的西部地区，具有分布广泛、类型多样、规模多变等特点，是地下水赋存和运动的重要场所。

通过研究中国西南岩溶地下河系统作为一个完整的地下水流域系统，其形成演化的过程、发育的特征、形态结构和含水介质的特征，认识到：

（1）岩溶地下河的系统形成演化是一个极其漫长的过程，极具岩溶发育的典型性和特殊性，水流在其中起到了至关重要的作用。

（2）在岩性和构造运动对岩体破坏的程度，以及可溶性的碳酸盐岩分布面积大小的影响下，形成的岩溶地下河系统，发育程度与规模各异，特征具有明显的地带性，特征变化则充分体现在长度、汇水面积、埋深、水力坡度和结构形态等方面。

（3）岩溶地下河系统管道结构形态复杂多变，表现在：①岩溶管道呈现高度的有序结构，其断面几何形态、连接方式、空间配置和宏观展布复杂多样；②岩溶管道的平面展布形态多样，主要有单一管道状、平行管道状、叶脉状、网格状、侧枝状、树枝状和扇状等，其多样性主要受地质构造、地表水文网以及地形地貌等多种因素的制约；③岩溶管道的剖面形态的复杂多变，表现在局部形态多样，有垂直状、水平状、多层状和阶梯状等，整体形态组合多变，可分为均衡剖面和反均衡剖面。

（4）岩溶地下河系统的含水介质具有高度非均质性，其导水性和在系统水运动过程中所起的功能作用差异明显。

通过研究中国西南岩溶地下河系统的补给、径流和排泄过程，以及水流运动的特征，发现：

（1）岩溶地下河系统的补给源以大气降雨为主，辅以地表水体，补给方式多样。

（2）岩溶地下河系统内部径流有快速流和慢速流之分，二者的组合与分配，决定了系统功能在雨季以排水为主，在旱季以蓄水为主。

（3）岩溶地下河系统以集中排泄为主，排泄方式和排泄水量主要受补给源类型与内部含水介质的水量调蓄功能的影响。

（4）岩溶地下河系统水流具有以下一般特性：①多相性；②三维性；③非均匀性；④连续与非连续性；⑤流速有快慢之分；⑥变参流。

水流运动方向具有多重性，运动速度具有多变性，运动方式具有特殊性，时空分布具有多样性。

第3章 中国西南岩溶区旱涝灾害分析

3.1 中国西南岩溶区旱涝灾害及成因分析

中国西南岩溶区旱涝灾害历来比较严重，根据"喀斯特数据中心"提供的最新数据资料（中国五百年旱涝分布图集、1991～2012年中国旱涝等级资料、1980～1991年旱涝分布图）及相关官网公布的简报，对西南岩溶区的旱涝灾情进行统计并进行分区。

对西南八省（区）1900～2012年旱涝数据资料等值线图进行统计（仅统计岩溶区），并对灾情相近地段进行重新区划，分区如图3.1所示。其中1区主要为四川省中北部，2

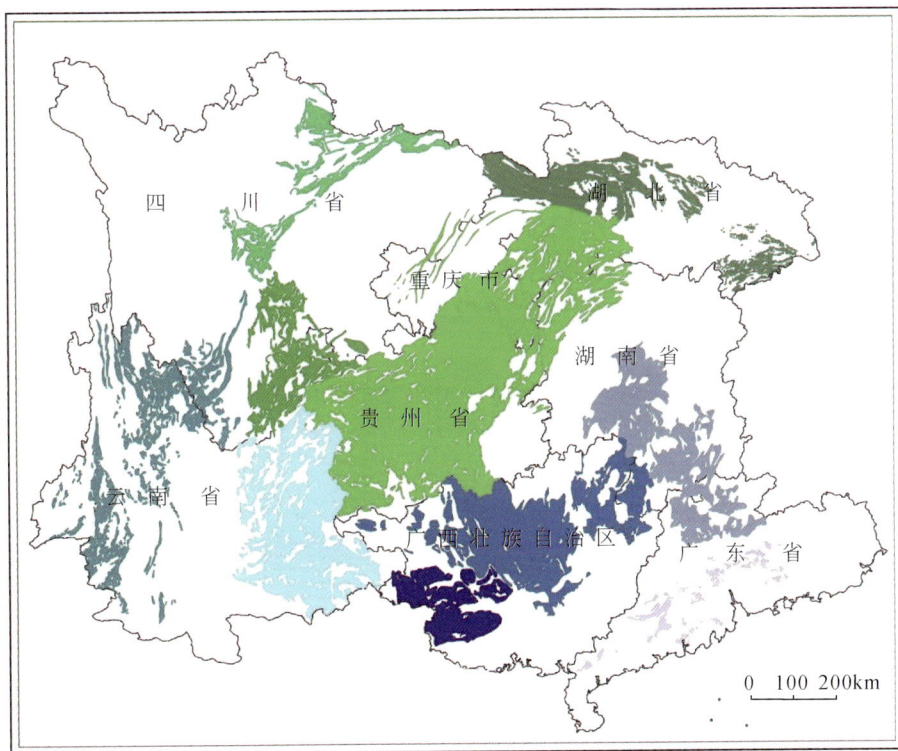

1区(四川省中北部)	2区(四川省南部)	3区(湖北省中北部)
4区(贵州省与湖北省南部)	5区(云南省西部与四川省西南部)	
6区(云南省东部)	7区(广西壮族自治区中北部)	8区(广西壮族自治区南部)
9区(湖南省与广东省北部)	10区(广东省大部)	

图3.1 中国西南岩溶区旱涝灾区分区图

区为四川省南部，3区为湖北省中北部，4区为贵州省与湖北省南部，5区为云南省西部与四川省西南部，6区为云南省东部，7区为广西壮族自治区北部与中部，8区为广西壮族自治区南部，9区为湖南省与广东省北部，10区为广东省大部（图3.1）。

3.1.1　1900～2012年旱涝情况统计分析

根据"喀斯特数据中心"提供的历年旱涝分布图集以及2009～2012年气象灾害简报，对西南八省（市、区）十分区1900～2012年113年间旱涝灾害严重程度进行统计，根据文献将1、2级定为涝，3级定为正常，4、5级定为干旱，其中1为特涝，5为特旱。统计情况见表3.1所示。

表3.1　中国西南岩溶区分区旱涝灾害严重程度统计表

等级	1区	2区	3区	4区	5区	6区	7区	8区	9区	10区
1	20	15	13	27	8	18	18	16	19	17
2	32	39	24	45	30	60	46	24	31	22
3	30	42	36	55	43	70	59	32	47	29
4	19	32	46	52	40	42	50	28	36	30
5	12	7	13	19	5	16	19	14	13	16
总数	113	135	132	198	126	206	192	114	146	114

注：因为每年的旱涝灾害事件都属独立事件，所以在113年间旱涝总数会大于113，且总数与113之差越大，表明旱涝交替越频繁，该年旱涝越严重。

根据表3.1所得结果，可知西南岩溶区各分区1900～2012年113年间4区（贵州省与湖北省南部）、6区（云南省东部）、7区（广西壮族自治区北部和中部）旱涝灾情显著，交替频繁。单独分析历年的洪涝和干旱灾情，可分别得到中国西南岩溶区特大洪涝次数统计图（图3.2），由图3.2可知，中国西南岩溶区八省（市、区）的洪涝次数也存在一定的差异，按照洪涝发生的次数得到中国西南岩溶区的各分区洪涝分布图（图3.3）。同理得到中国西南岩溶区特大干旱次数统计图和分布图（图3.4，图3.5）、中国西南岩溶区旱涝总次数统计图（图3.6）、中国西南岩溶区旱涝交替频繁程度分布图（图3.7）。

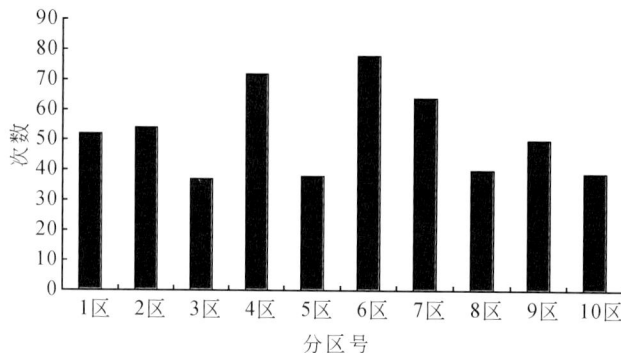

图3.2　中国西南岩溶区1900～2012年各分区特大洪涝次数统计直方图

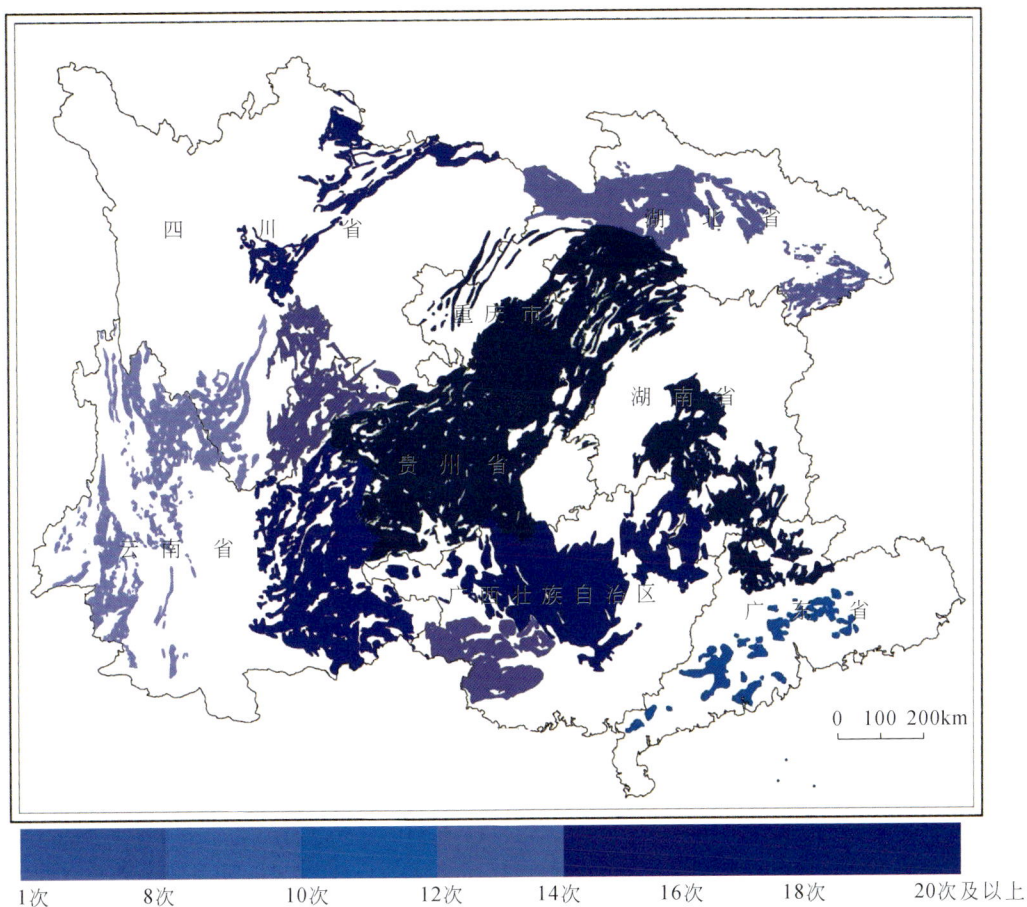

图 3.3　中国西南岩溶区 1900～2012 年特大洪涝次数分布图

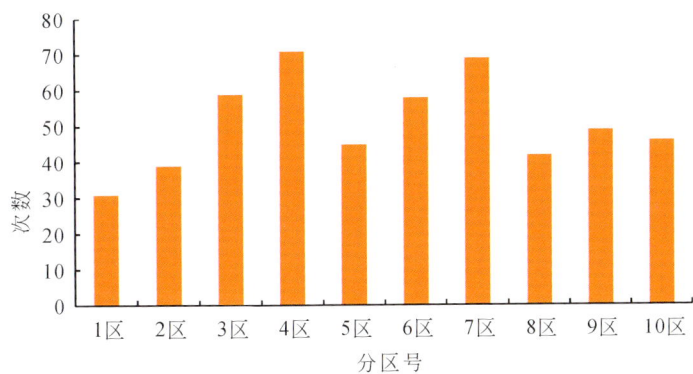

图 3.4　中国西南岩溶区 1900～2012 年各分区特大干旱次数统计

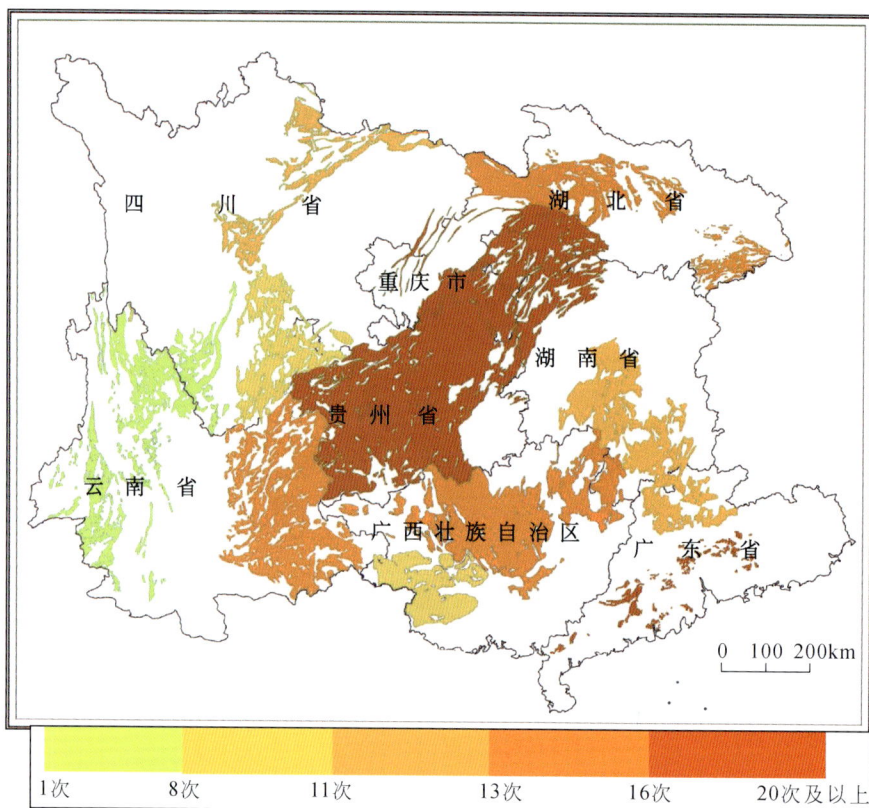

图 3.5　中国西南岩溶区 1900~2012 年特大干旱次数分布图

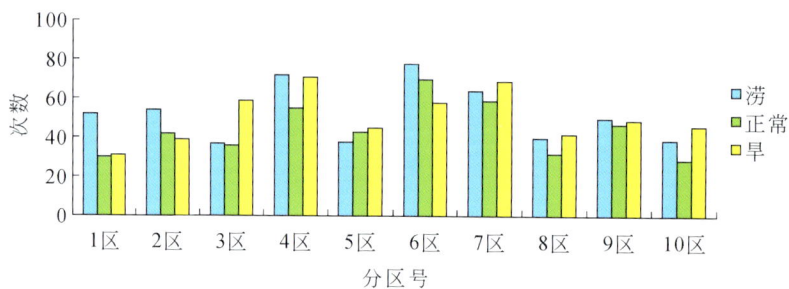

图 3.6　中国西南岩溶区 1900~2012 年分区旱涝次数统计图

从旱涝发生的次数上而言，4 区（贵州省与湖北省南部）、6 区（云南省东部）、7 区（广西壮族自治区北部与中部）属旱涝灾害交替频发的重灾区。因此选取此三区为研究重点，从时间序列和发生次数上分析此三区 113 年来的旱涝灾害的发生频率和重现期（表 3.2）。

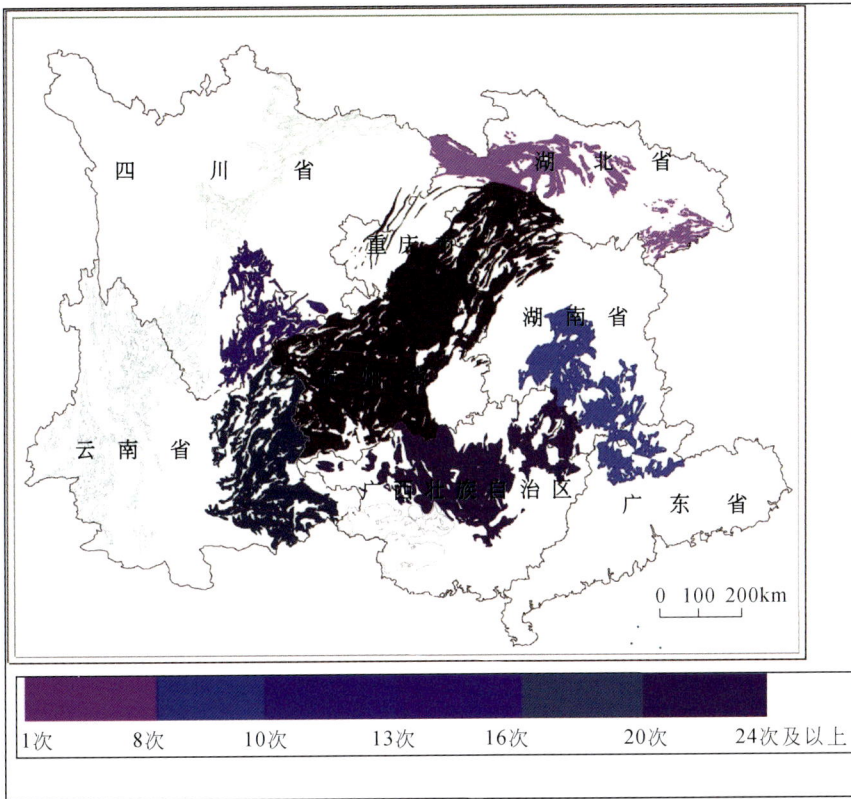

图 3.7 中国西南岩溶区 1900～2012 年旱涝交替频繁程度分布图

表 3.2 西南岩溶区三个重灾区 113 年间旱涝情况分析表

	特涝			特旱			仅洪涝		
	次数	重现期	发生频率	次数	重现期	发生频率	次数	重现期	发生频率
4 区	27	4.19	24%	19	5.95	17%	23	4.91	20%
6 区	18	6.28	16%	16	7.06	14%	46	2.46	41%
7 区	18	6.28	16%	19	5.95	17%	39	2.90	35%

	仅干旱			旱涝交替			备注:
	次数	重现期	发生频率	次数	重现期	发生频率	重现期＝113/发生次数
4 区	30	3.77	27%	28	4.04	25%	发生频率＝发生次数/113
6 区	35	3.23	31%	25	4.52	22%	
7 区	34	3.32	30%	23	4.91	20%	

　　分析可知此三区的旱涝灾害的重现期都较短, 发生频率都较高。其中, 4 区（贵州省与湖北省南部）发生特大洪涝的次数最多, 4 区（贵州省与湖北省南部）和 7 区（广西壮族自治区北部与中部）发生特大干旱的次数最多, 4 区（贵州省与湖北省南部）发生旱涝交替的次数最多, 113 年里旱涝交替出现的年份就有 28 年。

3.1.2　2003～2012 年中国西南岩溶区典型区域旱涝灾情分析

由以上分析可知，中国西南岩溶区旱涝灾害频繁且灾情严重，至最近几年，旱涝灾害愈演愈烈，给生活在该区的人民的生命财产带来了严重的损失。其中尤以 4 区（贵州省与湖北省南部）、6 区（云南省东部）、7 区（广西壮族自治区北部与中部）三区灾情严重。这三区也就包括贵州、云南、广西三省区。

自 2003 年夏季始，在本该洪水泛滥的季节，长期存在于西北和华北的传统性干旱转向了降水量丰富的西南方（表 3.3）。贵州、重庆、四川接连遭遇罕见的高温侵袭，热浪一波接一波，长期持续性无雨，导致此三省发生百年一遇的高温伏旱，高温干旱造成的损失不计其数。

表 3.3　中国西南岩溶区内各省市 2003～2012 年旱涝灾情统计

年份	洪涝灾情	干旱灾情
2003	广东、云南、四川、贵州、广西、重庆等省（市、区）受灾严重	湖南、四川、广西伏旱，极端最高气温超过历史同期纪录
2004	广西、云南、四川等省（市、区）受灾较重，经济损失约 34.17 亿元	四川东部、重庆伏旱，广东、广西等部分地区秋冬连旱
2005	贵州、湖南、广西、广东、四川等省（市、区）受灾，广西严重	旱情较常年轻，云南发生近 50 年少见的春旱
2006	湖南、福建、广东、浙江、广西等省（市、区）受灾严重，受灾 8296.5 万人，经济损失 990.9 亿元	云南降水偏少春旱，贵州、云南、四川、重庆伏旱，广西、湖北秋旱
2007	全国 31 个省（市、区）受灾，淮河流域特大洪水、珠江流域的西南各省（市、区）受灾偏重	湖南春旱，贵州秋冬连旱
2008	湖北、重庆、广东、湖南、广西、贵州、四川、云南洪灾偏重，直接经济损失 2875.77 亿元	贵州、云南、广西中部春旱，同年秋旱
2009	四川、湖南、广东、广西四省区洪涝灾害损失占全国洪涝灾害总损失的 33%	西南各省区冬春连旱，干旱灾情极其严重，为 1991 年来之最
2010	湖南、湖北、广西、四川受洪涝灾害严重	西南各省区皆出现记录以来最严重的秋冬春连旱
2011	云南、四川、湖北、重庆等省市受山洪地质灾害，旱涝交替，受灾严重	湖南、贵州、重庆、云南东部、广西出现夏秋连旱
2012	云南、四川暴雨洪水，引发山洪泥石流灾害，致 84 人死亡	2011～2012 年冬，云南、四川南部降水偏少，冬春连旱。重庆、湖北等地夏旱，持续高温

资料来源：王凌，2004；徐良炎、姜允迪，2005；肖风劲、徐良炎，2006；王凌等，2007；邹旭恺等，2008；张培群等，2009；艾婉季等，2010；王遵娅，2011；李莹等，2012；王有民等，2013。

到 2008 年和 2009 年春季，云南和广西又遭受了新一轮的秋冬春连旱，旱情严重，致使数千万人用水困难，引起国家政府和社会各界的广泛关注。从 2009 年秋季至 2010 年初，中国西南地区八省市区同时遭受了严重的旱灾，灾情打破了各省市区干旱灾害史上之最，特别是云南、贵州，都发生了自有气象记载以来最为严重的秋冬春连旱，遭遇了 80 年一遇的旱灾。云南、贵州、广西受旱时长达到 5 个月甚至 8 个月之久，灾情之重，触目惊心（表 3.4）。

表 3.4　中国西南岩溶区典型区域 2009～2010 年干旱灾情统计（尹晗，2013）

地区	主要旱情
四川	受灾人口为 828.8 万人，184.9 万人饮水困难，$1.47 \times 10^8 \, m^2$（22 万亩）的良田颗粒无收；138.2 万群众需救济，攀枝花、凉山两市（州）占受灾人数最多；直接经济损失达 13.8 亿
重庆	旱情主要发生在渝东的武隆、巫溪、秀山等区县。全市农作物受旱面积为 $17.47 \times 10^8 \, m^2$（262 万亩）；有 59 万人出现临时饮水困难
贵州	全省有 84 个县（市、区）受灾，农作物受灾面积为 $84.8 \times 10^4 \, m^2$，绝收面积达 $17.6 \times 10^4 \, m^2$，受灾人口有 1728 万人，需要口粮救济人口为 312.9 万，因灾造成经济损失达 28.77 亿元
广西	共 77 个县（市）发生气象干旱；重旱和特旱地区主要分布于百色、河池和柳州等市，218.12 万人饮水困难，需送水才能解决生活饮水的有 31.86 万人
云南	全省有 780 万人饮水困难；农业直接经济损失约为 180 亿；目前的干旱为秋、冬、春连旱，全省综合气象干旱重现期为 80 年以上一遇，局部为百年一遇

与 2010 年百年不遇的秋冬春连旱完全相反，至 2011 年，中国西南地区出现了严重的水灾，2010 年的干旱重灾区，在 2011 年成为了洪涝的重灾区。2011 年 6 月 20 日，西南地区出现了强降水过程，导致滇、川、黔、渝四省 28 市 95 县遭受洪涝灾害。

在中国西南地区，除了因强降水引发的洪水灾害，还存在着岩溶区特殊的内涝。在岩溶洼地集中的地区，此类水灾频发，在广西、贵州等地，多有居民长期受到内涝之苦，每隔 2～3 年的 5～8 月，都会发生严重的内涝，在岩溶洼地处造成大面积淹没，水深最大可达 20m 左右，近岩溶洼地的房屋往往会被浸没，岩溶洼地集水时长会持续一个月甚至更久才会逐渐消退，从而会造成该区的农作物颗粒无收。到秋天发生的秋旱，更是使得该区的粮食资源短缺，饥旱交加，灾情严重。

3.1.3　中国西南岩溶区旱涝灾害特点

综合分析中国 1900～2012 年旱涝灾害等值线图和 1991～2012 年的气象灾害简报以及气候概况可知，历史上中国西南岩溶区干旱总体上呈现出"每年旱灾，3～6 年中旱，7～10 年大旱"的特点（庞晶、覃军，2013），洪水总体上呈现"2～3 年中洪，5～8 年大洪"的特点，岩溶区特有的涝灾则是年年不断，且灾情严重，旷日持久。韩静艳分析 1960～2009 年的气象资料得出，自 2000 年以来，中国西南地区进入最为干燥的一段时间，各种季节性干旱发生的频率极高，尤以夏旱突出，冬旱次之，秋冬春旱普遍。从中国西南岩溶区的旱涝灾害发生的时间与地点来分析，可以发现有四个显著特点。

（1）岩溶区出现旱涝的时间与非岩溶区一致，都是夏季多洪涝，春、秋、冬季多干旱，且旱涝的发生也与年际降水量的关系比较大，年际降水较大时，往往西南岩溶区会在汛期普遍洪涝，例如 1998 年、2007 年，年际降水较少时，普遍干旱，例如 1992 年、2000 年。

（2）岩溶区的旱涝灾情远比同纬度非岩溶区重，有时，岩溶区遭遇严重旱灾时而非岩溶区受灾程度则较轻，有个别山区完全不受影响。具体表现为，在全国旱涝较轻的年份，西南岩溶区的灾情比其他省份严重，例如 1999 年、2000 年、2005 年；当两广和华北及东北的部分地区大雨瓢泼、洪水横溢的时候，江淮及四川等地则是连续赤日炎炎，雨水贵如油，例如 1994 年、2008 年、2009 年。

（3）中国西南岩溶区旱涝频发的地区往往地表地下岩溶比较发育。例如在广西、贵州、云南交界处的红水河流域，地下岩溶管道结构复杂，地表岩溶分布广泛，地表缺水干旱，汛期则会频繁洪涝。

（4）西南岩溶区的旱涝灾害往往在同年内交替频发，在汛期也会发生干旱。在广西马山、罗城县等岩溶石山区流传一句古谚语"一场暴雨千弄涝，十日不雨禾焦头"，即在汛期旱涝的交替出现往往取决于降水历时、降水强度和两次降水之间的时长。因此，对西南岩溶区的旱涝灾害可以概括为：发生早，范围广，时间长，灾情重。

3.2 中国西南各省岩溶旱涝灾害基本情况

3.2.1 云南省岩溶旱涝灾害基本情况

1. 概况

旱涝灾害是云南省最主要的自然灾害之一，两种自然灾害往往交替发生。地势较高的山区易发生旱灾，地势较低的盆地及岩溶石山区的洼（谷）地较易发生涝灾。由于云南省属云贵高原，地势高，东西地形差异大，水流运动速度快，故发生洪涝灾害的程度小于干旱灾害程度。

2. 岩溶旱灾

1）干旱灾害历史

云南受印度季风、南海季风和青藏高原的影响，其降水时空分布变化很大，云南干旱的时空分布具有发生频率高、持续时间长、分布范围广、危害严重等特点。2009 年春、夏连旱导致 2512 万人受灾，925 万人、2050.9 万头（匹）牲畜（其中 569 万头大牲畜）出现饮水困难。云南近 500 年大旱年序如表 3.5。

2）干旱灾害分布

以区域地质环境条件为主要指标，以气象要素、森林植被覆盖率、雨季开始及结束时间、以往干旱记录为辅助指标，按地质环境条件是否有利于蓄积地表水及地下水、是否有利于延迟地表径流等因素，将云南干旱易发性等级划分为高易发、中等易发、低易发三级（图 3.8，表 3.6）。

表 3.5　云南近 500 年大旱年序列

灾型	时段	大旱出现年份	合计/年
旱灾	1501~1600 年	1527、1547、1556、1559、1568、1569、1578	7
	1601~1700 年	1601、1604、1610、1615、1619、1621、1624、1634、1643、1648、1665、1689	12
	1701~1800 年	1714、1747、1764、1779	4
	1801~1900 年	1816、1817、1861、1867、1877、1885、1888、1897、1900	9
	1901~1999 年	1906、1907、1931、1937、1960、1963、1969、1987、1988	9

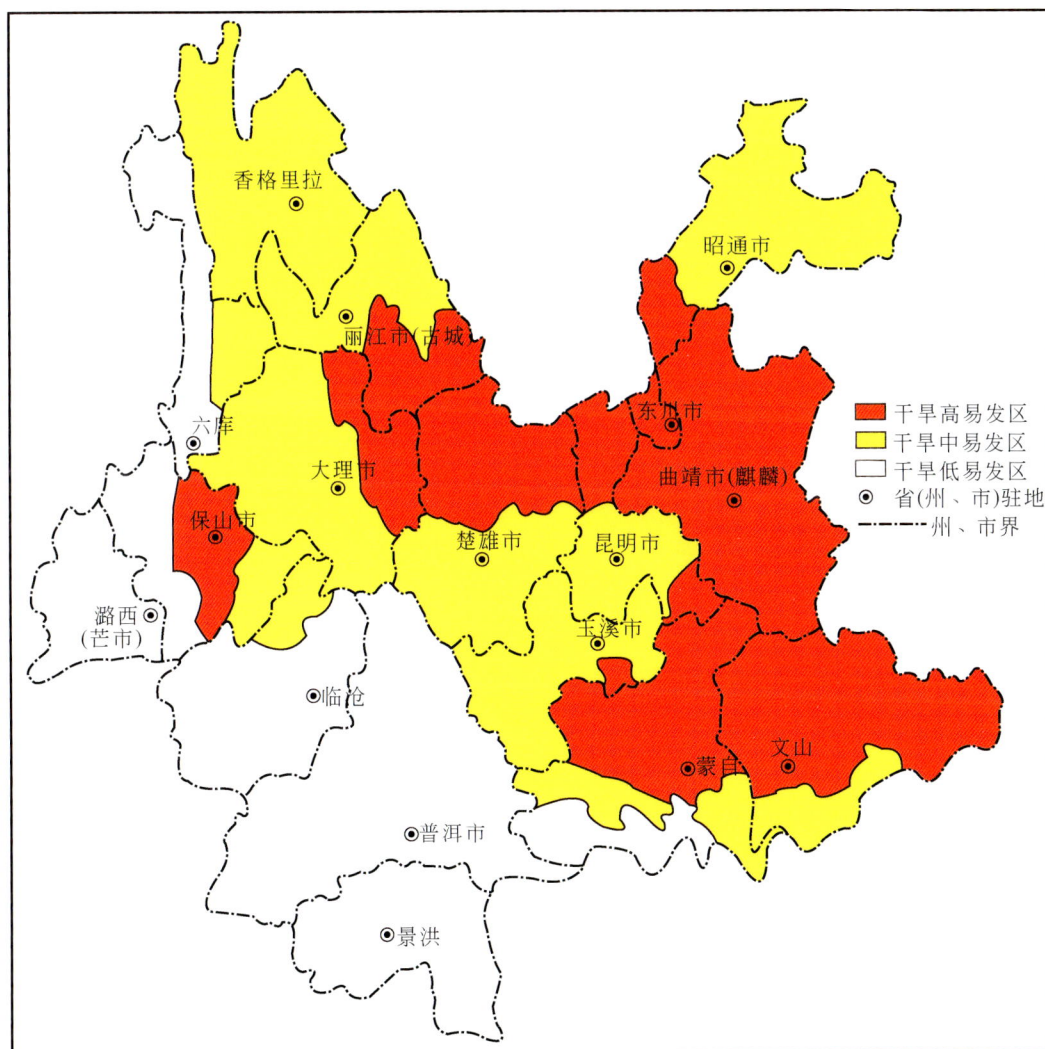

图 3.8　云南省岩溶干旱分布（袁道先，2014）

表 3.6　云南干旱易发程度分区特征

等级	分布	面积/km²	占全省比例/%
高易发区	金沙江河谷、东部岩溶高原台面上断陷盆地、东南部峰丛洼地、滇西岩溶区北段构造侵蚀溶蚀山地	133265	33.8
中易发区	滇西北岩溶高原构造侵蚀溶蚀高中山、四川盆地南部边缘构造侵蚀溶蚀高中山、滇中岩溶高原面上断陷湖盆、元江河谷、滇东南岩溶高原斜坡区	143531	36.5
低易发区	滇西纵谷南段	26698	29.7

3. 岩溶洪涝灾害

1）洪涝灾害历史

滇东地区内涝灾害发生频率高，每年都会遭受洪涝灾害。云南近500年洪涝灾害如表3.7。1950~1990年，昭通市除1955年、1972年未发生明显的内涝灾害外，其余39年都遭受了不同程度的内涝灾害，累计受灾面积 $2.8×10^5 hm^2$，成灾面积 $1.5×10^5 hm^2$，减产粮食 $2.19×10^8 kg$，经济损失10520万元。1949~1990年，曲靖市几乎每年都要遭受一次较大的内涝灾害。

表 3.7　近500年云南大涝年序列表

灾型	时段	大旱出现年份	合计/年
涝灾	1501~1600 年	1501、1512、1573、1600	4
	1601~1700 年	1625、1663、1691	3
	1701~1800 年	1707、1713、1726、1738、1775	5
	1801~1900 年	1823、1839、1857、1871、1872、1881、1892	7
	1901~1999 年	1905、1911、1918、1924、1928、1966、1973、1983、1986、1993、1996、1998	12

2）洪涝灾害分布

依据滇东地区内涝灾害的形成原因及主要影响因素，按宏观地质环境条件是否有利于内涝区排水，参照现有统计的易涝耕地面积数据、历年内涝危害程度，将云南东部地区内涝灾害的易发性等级划分为高易发、中等易发、低易发三级，分别用Ⅰ、Ⅱ、Ⅲ表示，共划分出易发程度不同等级的6个内涝易发区（表3.8、图3.9）。

表 3.8　云南省岩溶洪涝易发程度分区特征

灾害等级	分区	易发区总面积/km²	2003年受涝面积/km²
高易发区	四川盆地南部边缘构造侵蚀溶蚀高中山；滇东岩溶高原面上断陷盆地、峰丛盆（洼、谷）地	105407	1463
中易发区	滇中岩溶高原面上断陷湖盆	14349	371.2
低易发区	金沙江干流河谷、元江河谷		118.3

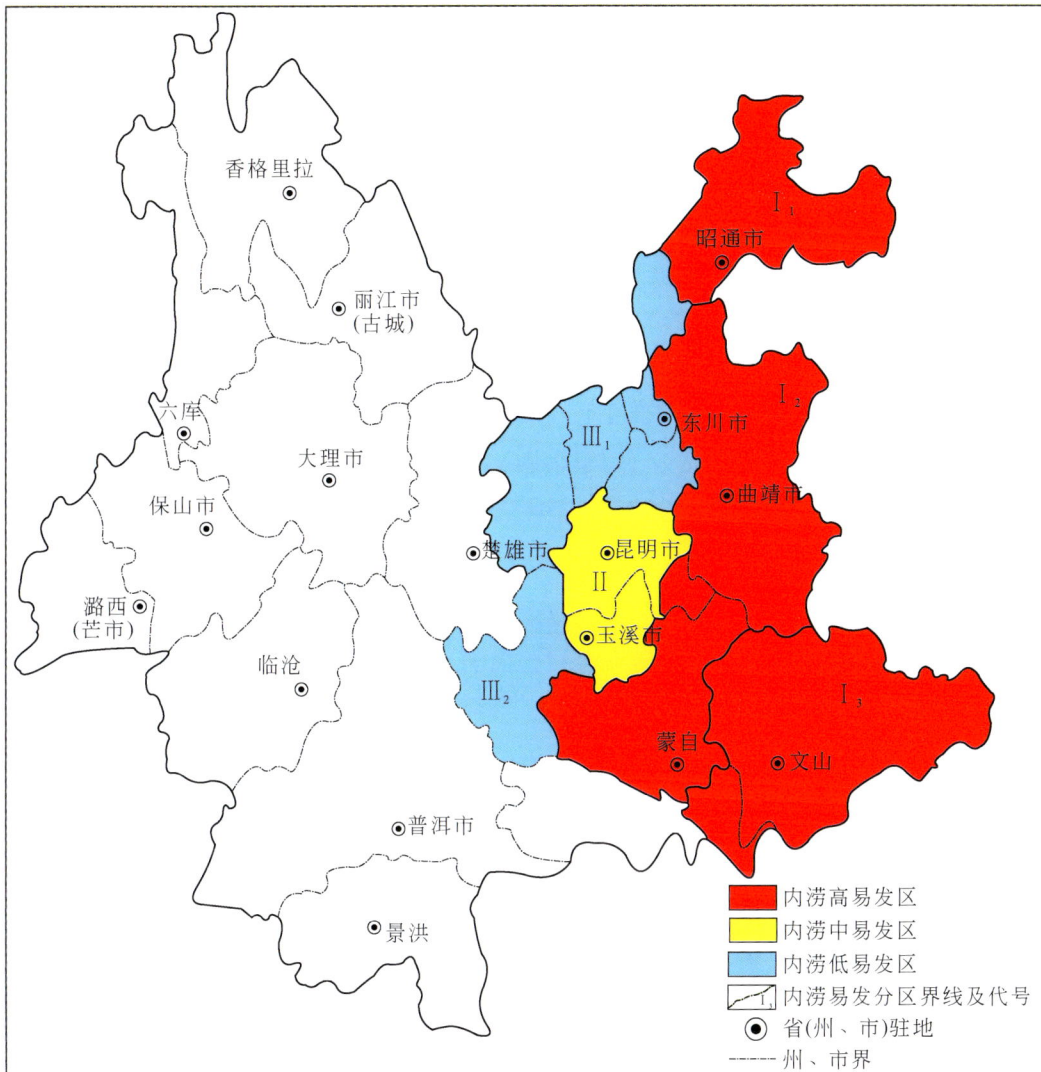

图 3.9　云南省岩溶洪涝分布（袁道先，2014）

3）岩溶洪涝灾害发育特征

（1）易发区地貌形态：岩溶盆地型、岩溶槽谷型、峰丛洼（谷）地型和溶丘洼（谷）地型四类，尤以岩溶盆地型、峰丛洼（谷）地型和溶丘洼（谷）型最为常见，分布面积广，危害也最为严重。

（2）云南省内涝主要发生在东部地区。

（3）干旱与内涝常交替发生，与干旱相比较，内涝灾害多为局部性的，影响范围较小，内涝常发生于地形相对封闭的盆地、洼（谷）地和盲谷。

4. 成因分析

云南省干旱、内涝的形成原因复杂，影响因素主要有气象、水文、地质地貌和人类活动等几个方面。

1）降雨时空分布不均

云南省南北跨度大，地形地貌复杂，各地距海洋远近不同，降雨量时空分布不均。降雨量总体分布趋势是由北部、中部向东、南、西三面逐渐增多，西部、西南部和东南部为多雨区，年降水量一般大于 1600mm。雨季降雨量远远大于旱季降雨量。由于受冬、夏季风交替影响，滇东地区降水量季节变化不均，四季变化不明显，干、雨季节分明。5~10月为雨季，其降水量占全年降水量的 85%~90%，容易发生洪涝灾害；11月至次年4月为干季，其降水量占全年降水量的 10%~15%，气候异常年份干季降雨量就更少，容易发生冬、春干旱。

2）岩溶环境地质因素

岩溶区由于地处低纬高原季风气候区，气候湿热，岩溶发育强烈，基岩裸露，土层薄且零星分布，地表溶蚀沟槽、岩溶漏斗及洼地、竖井等与地下溶洞、岩溶管道等构成地表物质与能量迅速渗透转移的复杂介质结构系统，地表河流稀少，但地下水文网发育。大气降水和地表水容易通过溶隙、落水洞等渗入地下，岩溶渗漏严重，因此容易造成"地表滴水贵如油，地下河水白白流，一场暴雨十日涝，十日不雨禾焦头"的岩溶型旱涝现象。

3）生态环境恶化

岩溶区森林植被遭到严重破坏，造成岩溶区石漠化严重，水土流失加剧，森林涵养水分能力较弱，更加重了区域干旱。由于人口迅速增长，人类工程活动的范围不断扩展，对森林资源不合理利用造成森林植被破坏严重，森林植被覆盖率较云南其他地区低。

森林植被具有保持水土、涵养水源、调节气候和调节径流等功能。森林植被覆盖率低的地区，由于丧失了森林植被调节作用，河流水位暴涨暴落，溪沟产流快、行洪时间短、易断流。如昭通市昭阳区大、小龙洞一带，解放初期有山泉50处，到1999年时只有30处，断流泉水数量占40%。

4）地形地貌影响

云南地形地貌复杂，地貌景观多样。高黎贡山、怒山和云岭等巨大山脉与怒江、澜沧江和金沙江等大江大河相间排列，盆地、高原相嵌其间。哀牢山、高黎贡山等北西向高大山脉对西南暖温气流的抬升作用明显，其分水岭以西地区降水量远远超过分水岭以东地区，分水岭西部地区较少发生干旱，分水岭东部地区频繁出现干旱。云南地形以山地为主，山地、高原面积占全省总面积的94%，坝子（河谷、盆地）仅占全省总面积的6%。全省地形坡度大于25°的山地面积占全省总面积的39.3%，滇西北、滇东北这一比例则达到60%~90%。受地形的控制，年降水量的分布也表现为从东、南、西三面向中部、北部递减的特点。

3.2.2　贵州省岩溶旱涝灾害基本情况

1. 岩溶旱灾

1）干旱灾害概况

贵州岩溶石山区地形切割破碎，地貌错综复杂，岩溶发育强烈，地表水、地下水时空分配不均匀，人畜饮水、农田灌溉困难普遍存在。据贵州多年的气象灾害信息统计显示，干旱已成为干旱、低温、洪涝、冰雹和病虫五大灾害中对农业生产威胁最大、发生面积最广、损失最惨重的自然灾害,旱灾发生的面积达受灾总面积的 50%。近年来,贵州干旱更是频繁发生,如 2009 年发生了自有气象资料记录以来最为严重的夏秋连旱叠加冬旱;2010 年的春旱,2011 年的夏秋大旱;2012 年 3 月以来,贵州西部又发生中等偏轻的春旱。近年的旱情表现出持续时间长、影响范围广、旱情重和危害大的特点,影响到贵州的农业、林业、电力、水运、旅游、工业和生态等。仅以 2011 年为例,7~9 月贵州全省 9 个市(州、地)84 个县(市、区)不同程度遭受旱灾,干旱造成贵州省农作物绝收 2266.67km^2,直接经济损失 75 亿多元;342 座小型水库干涸,530 多万人及 278 万头大牲畜临时饮水困难。

2)干旱灾害分布

可将贵州岩溶区划分出 4 个易重度干旱区、3 个易中度干旱区、2 个易轻度干旱区(表 3.9)。

表 3.9 贵州省岩溶干旱分区特征

旱涝程度	分布区	分布面积/km^2
易重度干旱区	黔东北:务川-正安-道真-思南-沿河 黔西:毕节-六盘水-黔西 黔西南:南盘县-兴仁-安龙-关岭 黔南:长顺-罗甸-独山	53618.1
易中度干旱区	黔北:仁怀-习水、毕节地区的威宁县 黔西南:兴义	17653
易轻度旱区	黔中:贵阳-遵义 黔东:都匀-铜仁	39700.4

2. 岩溶洪涝灾害分布及特征

可将贵州省岩溶区划分为易涝区,较易涝区和不易涝区(图 3.10)。从分布地理位置上看,主要分布在威宁龙街—黑石头、关岭—册亨一线以西,盘县中部的鸡场坪—保田一带和遵义—湄潭—德江、贵定—黄平—玉屏、息烽—贵阳—安顺一带。岩溶洪涝灾害特征如表 3.10。

表 3.10 贵州省岩溶洪涝灾害的分布及特征

地貌部位	峰丛洼地、岩溶丘陵洼地和岩溶峰丛谷地
地层	T_1yn、P_1q+m、$\in_{2-3}ls$、C_1b、T_2g、C_2hn+m 和 $\in_1q$ 等地层中
岩石组合	纯碳酸盐类岩石分布区中,其次是分布在碳酸盐岩与碎屑岩互夹或互层中,前者占了 78.67%,后者占了 21.33%
构造位置	在断裂带上或断裂旁,往往沿断裂带或断裂呈串珠状分布
时间分布	5~10 月,与降雨同步

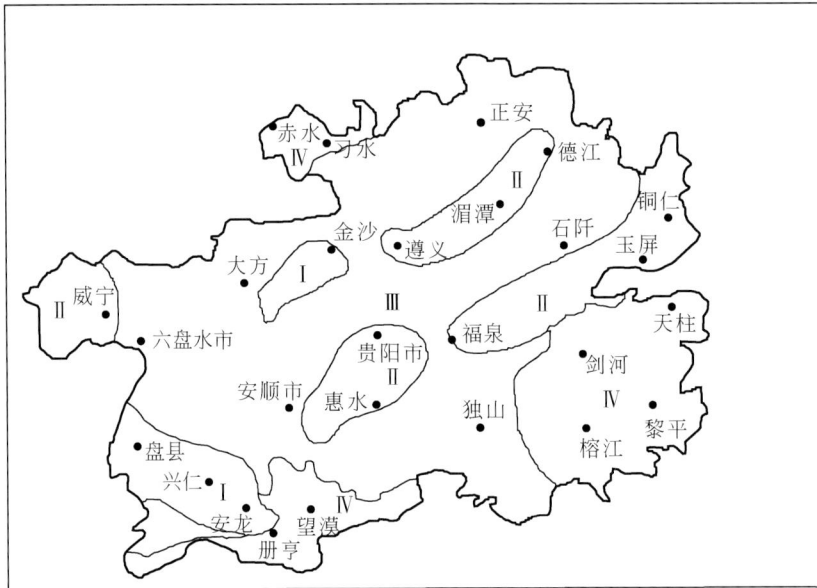

图 3.10　贵州省岩溶区易涝趋势图（袁道先，2014）
Ⅰ易涝区；Ⅱ较易涝区；Ⅲ不易涝区；Ⅳ非岩溶区

3. 成因分析

对贵州省岩溶区旱涝灾害起控制作用的主要因素包括降雨量分配不均、水资源利用率低，岩溶地貌发育完全、水资源开发难度大，岩层含水性等。

（1）降雨量分配不均，水资源利用率低。贵州省的水资源总量为 $1062\times10^8\,m^3/a$（含地下水资源 $260\times10^8\,m^3/a$），在全国排名第 6。但降雨主要集中在 5～10 月，降雨量占全年的 75% 以上，且多为阵性降雨，暴雨多，强度大，降雨量集中，洪涝灾害频发，并时常伴之以滑坡、泥石流等山地灾害；冬春季雨量不足，而农业用水主要集中在冬春季，夏秋季虽雨量多但用水量相对较小。因此出现了降水总量多，分配不均，利用率低。

（2）岩溶地貌发育完全。喀斯特地貌主要指以峰丛洼地、峰丛漏斗、峰丛谷地及峰丛峡谷为主的碳酸盐岩集中分布的地貌。贵州省地处世界三大喀斯特集中分布区之一的东亚片区中心，全省喀斯特地貌出露面积约 $30\times10^4\,km^2$，占全省总土地面积的 73%，属中国乃至世界亚热带锥状喀斯特分布面积最大、发育最强烈的一个高原山区。

（3）岩层含水性及开采条件。不同岩性的碳酸盐岩由于化学成分、结构上的差异，岩溶发育的程度不同，形成的含水介质组合也不相同，因此岩层的含水性和水动力条件等均不一样，开采技术条件上也存在较大的差异（表 3.11）。

表 3.11 贵州省岩层含水性分区特征

分区	主要地貌类型	特征
石炭系、二叠系及寒武系下统清虚洞组的石灰岩分布区	地貌上以峰丛洼地、峰丛谷地为主，地表多形成封闭的岩溶洼地、岩溶漏斗和落水洞，地表水系多不发育	岩层中含水介质以规模较大的溶洞、管道组合为主，岩层含水性极不均匀
寒武系娄山关群、三叠系中统白云岩分布区	缓丘谷地为主	岩层含水介质以溶孔、裂隙组合为主要类型，含水较均匀、富水性较强，地下水埋深浅，地下水多以泉的形式出露于谷地之中，取水难度不大

3.2.3 广西壮族自治区岩溶旱涝灾害基本情况

1. 岩溶旱灾

尽管广西岩溶区降雨量丰富，但广西雨热同期，岩溶区岩性以纯石灰岩为主，岩溶作用强烈，岩溶高度发育，形成了地表地下双层岩溶水文地质结构；地表水不发育，地下水深埋，形成水土分离格局，致使农田干旱，石漠化严重，降水很快随地下空间漏失，极易造成干旱，小气候环境恶化，加重干旱程度，加剧了岩溶区干旱缺水、人畜饮水困难的局面。

1）人畜缺水

广西旱灾主要发生在岩溶区，如 2002 年石灰岩地区的河池市东兰县因旱人畜饮水困难人口达 2.5 万、牲畜 1.1 万头；至 1990 年，28 个县（市、区）尚有 140.23 万人、128.63 万头牲畜存在饮水困难，占广西当年饮水困难人数的 37.37%。近年来，尽管各级政府采取措施解决人畜饮水问题，但广西因旱灾人畜饮水困难仍突出，多数年份缺水人口超过 100 万人，缺水牲畜超过 60 万头。

2）耕地干旱缺水

按干旱发生季节划分，广西有春旱、夏旱、秋旱和冬旱。从全区范围来说，春旱年年有，直接影响春播生产完成。通常是桂西春旱多于秋旱，桂东秋旱多于春旱，桂中春旱、秋旱兼而有之，因此桂中是最严重的旱区。

广西的旱灾记载始于公元 714 年，历史统计的结果显示广西的旱灾主要发生在秋季和春季，分别占旱灾次数的 39.22% 和 35.89%，发生的频率具有不断加大的趋势。民国时期年年发生旱灾，平均每年发生 7.2 次。新中国成立后亦连年发生旱灾。近年来，广西农作物受旱越来越严重，由原来的春旱、秋旱发展到近年来的全年连旱（表 3.12）。

表 3.12 近年来广西旱灾统计表

年份	灾害程度	农作物受旱程度
1997	—	农作物受旱面积 $3.2 \times 10^5 \, hm^2$，其中，成灾 $1.667 \times 10^5 \, hm^2$，绝收 $1.87 \times 10^4 \, hm^2$，减收粮食 $1.35 \times 10^8 \, kg$

年份	灾害程度	农作物受旱程度
1998	春、夏秋旱	农作物受旱面积 $8.874 \times 10^5 \text{hm}^2$
1999	特大春旱、严重秋冬旱	农作物受旱面积 $1.509 \times 10^7 \text{hm}^2$，减收粮食 $3.9 \times 10^8 \text{kg}$
2000	春、夏旱	粮食作物受旱面积 $9.69 \times 10^5 \text{hm}^2$
2002	春旱	农作物受旱面积 $4.75 \times 10^6 \text{hm}^2$，其中，轻旱 330 万亩，重旱 119 万亩，干枯 26 万亩
2003	春、夏、秋、冬旱	农作物受旱面积 $2.6 \times 10^7 \text{hm}^2$，其中，受灾面积 1974.7 万亩、成灾面积 13521.1 万亩，绝收面积 200 万亩，造成粮食损失 $7.319 \times 10^5 \text{t}$，经济作物损失 40.1 亿元
2004	秋冬连旱、重旱	农作物受旱面积 2881.43 万亩，其中，轻旱 1568.81 万亩，重旱 1097.6 万亩，干枯 215 万亩，直接经济损失 31.87 亿元
2005	春、夏秋旱	农作物受旱面积 54.49 万亩，其中，轻旱 32.374 万亩，重旱 19.051 万亩，干枯 3.065 万亩
2006	春、秋冬旱、重旱	共有 2293.95 万亩农作物受旱，占种植总面积的 25.5%，是 1990~2005 年年平均农作物受旱面积的 1.69 倍，其中，成灾 1072.7 万亩，绝收 101.79 万亩，粮食损失 $6.7934 \times 10^5 \text{t}$，经济作物损失 11.67 亿元
2007	春旱、夏伏旱和秋冬连旱、重旱	农作物受旱面积 $99.987 \times 10^4 \text{hm}^2$，其中，成灾 $4.6385 \times 10^5 \text{hm}^2$，绝收 $6.383 \times 10^4 \text{hm}^2$，造成粮食损失约 $5 \times 10^8 \text{kg}$，经济作物损失 12.98 亿元
2008	冬春连旱，局部秋旱，轻旱	共有 $3.00752 \times 10^5 \text{hm}^2$ 农作物受旱，受灾面积 $2.23756 \times 10^5 \text{hm}^2$、粮食损失 $2.7891 \times 10^5 \text{t}$，经济作物损失 8.052 亿元
2009	春旱、夏伏旱和秋冬连旱	全区 83 个县（市、区）受灾，农作物受旱面积 $6.0906 \times 10^5 \text{hm}^2$

2. 岩溶洪涝灾害

1）内涝分布及特征

岩溶石山地区主要为岩溶峰丛洼地，在雨季，尤其是暴雨时，降雨量充沛，地表水汇集到洼地中，同时由于地下河管道不能及时排泄地下水而造成内涝；在封闭、半封闭的岩溶洼地、岩溶谷地中，地下水通过地下河天窗等冒水，淹没低洼处，造成季节性内涝。内涝多集中在每年的 6~9 月份，内涝淹没时间一般为 5~10 天，严重则为 1~3 个月，最长可达 6 个月以上。内涝不仅使农作物减产，甚至绝收，同时还会使人民生命财产受到严重危害。如 1988 年 7 月 21 日起前后连续降大雨，山洪暴发，致使靖西县大甲乡甲赛村布镜屯一带洼地被淹，淹死 4 人，淹没民房 4 间。

一般来说，洪涝频率高的地区，平均每年洪涝灾害次数也多。广西大部分地区，洪涝灾害出现的频率为 70%~80%；洪涝灾害出现的频率小于 50% 的地区仅占全区总面积的 0.7%（表 3.13）。

表 3.13　广西涝灾出现频率分区及面积统计表

出现频率/%	面积/km²	占总面积比例/%
<50	1696	0.7
50~60	11981	5.1
60~70	38105	16.1
70~80	157845	66.7
80~90	24477	10.3
>90	2582	1.1
合计	236686	100.0

2）内涝治理对策

造成内涝的原因很多，如降水量、降雨强度、降雨持续时间、地形地貌、地下河宽窄及其淤积和弯曲程度、植被状况等。发生内涝的地段多为岩溶洼地和岩溶谷地，并以小型洼地居多，是自然和人类活动共同作用的结果，致灾因素除水文地质结构影响外，还包括气象、地形地貌、水文地质、植被、石漠化、水土流失以及人类活动。内涝的发生与岩溶水文结构、地下河管道发育的不均一性相关，石漠化、水土流失对岩溶地下管道的堵塞，加剧了内涝的严重程度。

内涝面积一般比较小，农作物主要为玉米等，经济附加值也比较低，农民收入不高，内涝的治理以疏通小溶洞，加大其排泄洪水能力作为主要治理手段比较适合当地的实际情况。具体做法是开挖清除淤积的小溶洞内的泥沙，使其上下连通后，在洞壁黏土与亚黏土层处砌以片石并以水泥砂浆勾缝加固，最后起到泄洪作用，以达到减轻或消除内涝的作用。

对于受淹耕地面积大，受涝时间较长的内涝区，可根据实际情况，以及当地水文地质条件等，经过勘查，可选择修建排涝工程消除内涝，利用耕地，或蓄水成库用于灌溉或养殖等。

3. 成因分析

广西壮族自治区岩溶干旱影响因素分析如表 3.14。

表 3.14　广西壮族自治区岩溶干旱影响因素

干旱影响因素		成因分析
自然因素	岩溶区特有的水文地质条件	岩溶区管道发育，降雨迅速入渗地下，造成地表水奇缺，耕地资源与水资源在垂向上出现水土分离现象；同时由于岩溶区地表岩溶发育，地形复杂，成库条件差，给人类蓄水工程建设带来极大困难，即使从外围碎屑岩区引水，也因进入岩溶区后渠道渗漏，工程灌溉效率较低
	雨的时空分布不均匀	区内虽然降雨量丰富，但每年 5~9 月份的降雨量占年降水量的 70% 左右，而 12 月至翌年的 2 月份降雨量仅占年降水量的 10% 左右，与农作物生长需水时间不相吻合，因此造成春旱、秋旱现象；同时由于岩溶区多处于少雨区，干旱成灾
	岩溶区自身生态环境	岩溶区生态环境脆弱，植被稀少、蒸发强烈造成干旱
	岩溶区地下水水位埋深变幅	岩溶地下水资源虽然丰富，但由于水位埋深及变幅大，且分布极不均匀，开发利用的经济技术难度较大，水利化程度很低，因此岩溶区干旱长期得不到改观

续表

干旱影响因素		成因分析
人为因素	乱砍滥伐、毁林开荒、砍伐草木	为急功近利而乱砍滥伐、毁林开荒、砍伐草木燃料等人类活动的加剧，造成大片森林资源被破坏，本可涵养水源、减少径流、防止蒸发的森林功能也随之减退
	水利设施被破坏，农田供水不足	部分水利设施被破坏，农田供水不足，使干旱加重。现有的水利工程多建于20世纪50～60年代，由于管理不善，部分设施已老化，渠道渗漏严重

3.2.4　广东省岩溶旱涝灾害基本情况

1. 岩溶旱灾

粤北岩溶山区主要分布于韶关和清远两市，面积6315km²，占广东省岩溶面积的90%以上，主要在大东山东北侧和西南侧连片分布，东北侧为乐乳岩溶山区，包括乐昌西南部、乳源西北部、东南部和曲江西部；西南侧是连阳岩溶山区，包括连州、阳山、英德、和清远北部。广东省岩溶地区大多处于边远山区，自然条件恶劣，交通不便，植被稀少，水土流失严重，生活用水贫乏，农村贫困问题突出。

据统计，1950～2004年间，广东出现干旱49年，其中大旱7年，中旱18年，轻旱24年。广东旱灾的特点是：干旱发生频率高，持续时间长，影响范围广；以春旱、秋旱和季节连旱为主，且地域性明显。粤北地区以秋旱为主，旱期平均为40～70天，每3年内有3年中等以上旱灾，且受灾面积大。1990年以来每年受旱灾的耕地约占总耕地的10%～44%。

2. 岩溶洪涝灾害

粤北地区洪涝灾害成因主要有两类，一类多发生于地形低洼的封闭和半封闭岩溶盆（谷）地中，主要是在雨季消水不畅而引发内涝；另一类为大规模的洪水灾害，由于地表河流上游连降大雨-暴雨，河流径流量猛增，水位暴涨，形成特大洪水袭击中下游两岸附近的城市和乡镇。

2005年6月18日，广州境内遭遇百年一遇的特大暴雨，致使广东经历了西江、北江的大洪水袭击。惠州市龙门县录得过程累计雨量1300.2mm，汕尾市海丰县、河源市、韶关市新丰县分别录得868.4mm、722.0mm、600.1mm过程累计雨量。洪水造成全省17市89个县762个乡镇受灾，受灾人口422万人，直接经济损失45.2亿元。2002年8月，乐昌、曲江、韶关市区等北江流域普降大暴雨，局部特大暴雨，8日乐昌水文站水位近91.02m，超过90.58m的历史最高水位，超过87.20m警戒水位3.82m，坪石站8日出现160.36m洪峰水位，为50年一遇的洪水。

3. 成因分析

1）干旱缺水的自然因素

粤北地区干旱缺水的自然因素主要有三个：一是气象因素，二是植被因素，三是独特的岩溶地貌。

（1）气象因素。广东位于热带、亚热带季风区，虽年内降水量充沛，但有季节分配不均、干湿明显、降水强度大、降水利用率低等弊端。据粤北地区历年气象资料，全年降水量分配不均匀，丰水期为每年的 4~9 月、降水量占全年降水量的 67.5%~74.2%，常出现大雨、暴雨，容易造成洪涝灾害；3 月、9 月及 10 月为平水期，气候干燥，蒸发量大，11 月至次年 2 月为枯水期，降水量占全年降水量的 9.5%~15.2%。从季风气候特点看，广东南部沿海由于冷空气到达已成强弩之末，受春季锋面降水影响小，春雨来得迟，气温较高，蒸发量大，常酿成春旱，粤北内陆地区由于夏季风南退较早且受台风影响小，9 月雨季先后结束，步入少雨干燥季节，因秋季及初冬气温仍较高，蒸发量大，作物蒸腾作用亦强，需水颇多，所以也易酿成秋冬连旱。

（2）植被因素。植被的好坏也是影响该地区干旱缺水因素之一，据林业部门研究资料，郁闭度在 0.5 以上的森林，林冠可以截留降水量的 12%~20%，1 亩林地每年可比非林地多涵养水源 20m³。另外林地还具有调节江河流量，防止江河水暴涨暴落，保持江河较长时间的稳定充沛流量的功能。粤北地区森林覆盖率一般为 34%~50.9%，森林覆盖率较低，导致固水保土能力低，因而生态环境稳定性差，容易发生干旱缺水现象。

（3）独特的岩溶地貌。粤北地区裸露碳酸盐岩分布广，植被覆盖率低，加上降水集中，容易导致水土流失。统计数据显示，粤北裸露碳酸盐岩面积约有 67.69×10⁴hm²。峰丛洼（谷）地地区地势较高，水位埋藏较深，一般 10~40m，个别地段大于 50m；由于地表岩溶发育，地表溪流极少，每逢降雨，雨水就会通过岩溶裂隙、溶洞、落水洞、天窗、漏斗等流入地下，以地下河伏流和岩溶泉的形式排入深切的江、河中，造成干旱缺水。

2）干旱缺水人为因素

粤北地区由于地方经济发展，人口不断增长，工矿企业增多，给生态环境造成的破坏越来越严重，使生态环境调节作用减弱或缺失，导致地表及地下长年或季节性干旱缺水。

（1）随着经济的发展，广东省岩溶地区山地森林植被先后遭受三次较大规模的破坏。第一次是 20 世纪 50 年代末，"大炼钢铁"高潮使大片原始林、次生林毁于一旦；第二次是在"文革"期间"以粮为纲"，大搞开山造田，大肆毁林开垦；第三次是 80 年代末，在广东经济高速发展过程中，岩溶地区作为省最重要的木材生产区，为全省经济建设输出了大量的木材。因此，许多地方千百年积累形成的石山薄土层，因失去森林植被的庇护，几年内就被雨水冲刷流失殆尽，岩石逐渐裸露，形成石漠化。据调查，因木材过度采伐形成的石漠化面积达 4.64×10⁴hm²。

（2）岩溶地区农村人口多，耕地少，生活压力迫使人类活动向山地转移，烧山毁林开垦农田活动频繁，部分石山植被受森林火灾危害，林地覆盖率明显降低。

（3）矿山开采活动，因煤矿坑道大降深疏干排水，区域岩溶地下水位下降，造成地下水资源枯竭，使旱情加剧。

3.2.5　湖南省岩溶旱涝灾害基本情况

1. 岩溶旱灾

湘西地区旱灾分布面积大，干旱时间较长，损失惨重。如 2005 年凤凰县发生了 30 年一遇的特大干旱。从 6 月 7 日开始至 10 月 26 日，夏秋连旱天数达 130 天，4~9 月降雨量仅 505.6mm，比历年同期偏少 48.4%，其中 6 月中旬到 10 月上旬，仅降雨 279.5mm，比历年同期平均降雨量偏少 55.2%，大部分溪沟断流，泉井干枯，全县水稻播种面积 $1.6 \times 10^4 hm^2$，受灾面积 $1.44 \times 10^4 hm^2$，占 89.6%。此次干旱持续时间长，主要受旱区相对集中。

湘西地区旱灾发生的地域主要位于东南部和西北部岩溶发育地区，特别是千工坪、山江、麻冲、柳薄、米良、禾库、腊尔山等乡镇石灰岩分布广，岩溶发育，山高坡陡，漏斗、溶洞遍布，岩漠化及水土流失严重，土层薄、植被差，蓄水保水能力低，地表径流贫乏，地下水埋藏深，极易发生干旱。2009 年干旱属湘西北最为严重。8 月底至 9 月初，张家界市发生了自 1959 年有完整气象记录以来最严重的干旱，全市 $13.9 \times 10^4 hm^2$ 农作物受灾，$2.8 \times 10^4 hm^2$ 绝收，45.26 万人饮水困难，主要农作物直接经济损失 4.7 亿元。洞庭湖区受入湖流量减少等因素影响，过去"天干三年吃饱饭"的平原湖区，近几年秋冬春 3 季干旱问题日渐突出。南县、大通湖、沅江等地每年局部受旱面积达 $3.3 \times 10^4 hm^2$。由于长时期受旱，冬季农作物生长和春季作物播种困难。导致春播期农业生产用水量缺口严重，许多地方面临无水可用的困境。

2. 岩溶洪涝灾害

湖南位于长江中游南岸，地形东、南、西三面环山，中部丘陵、岗地起伏，北部为洞庭湖平原。据各县（市）水利（水文）记载，1949 年至 1998 年的 50 年中，湖南省发生大小洪涝平均每 1.16 年一次，其中大洪灾平均 3.3 年发生一次。区内易承涝水田约占水田面积的 19%~21%，局部性涝灾一年多处和一处年内多次，且多发生在 5~8 月。全省各地洪涝地理分布与暴雨地理分布基本一致，多暴雨地区如沅陵、安化、桃江、桑植、岳阳一带是洪涝高发区。洪涝随着 4 月雨季开始渐次出现，4 月主要发生在湘南的永州市，5~7 月遍及全省，尤以四水下游及湘江流域为最严重；7~8 月，由于长江水位上涨，加之前期全省雨季底水充足，四水及湖区水位很高，若遇大范围连续暴雨，洞庭湖区便会出现江水倒灌的外洪内涝险象。

3. 成因分析

引起湘西地区旱涝灾害的因素很多，但主要为以下几个方面。

（1）气候因素。具有与长江中下游地区相同的水热同季、暖湿多雨的特征外，还具有气候温暖、四季分明、热量丰富、雨水集中、春温多变、夏秋多旱、严寒期短、暑热期长的特征，主要表现为降雨时空分布极不均匀加重了干旱的频繁性和严重性。

（2）地质因素。湖南省山丘区地质结构主要是由紫色砂页岩、泥岩、红砂岩、板页岩发育而成的抗蚀性较弱的土壤，这种土壤土层薄、蓄水能力差、汇流时间短，受地形、水流切割作用明显，容易形成具有较大冲击力的地表径流，导致山洪暴发。

（3）地貌因素。山高坡陡，对降雨滞留调节能力低，抗灾性差。

（4）岩溶因素。因地质构造运动和水的长期侵蚀，地下管道和地表垂向通道发育，形成大量的石芽、峰丛、溶洞、洼地、漏斗、落水洞、暗河等，从而导致大量地面水极易漏入地下溶洞，使得地表水缺乏，而地下水丰富但埋藏深，难于利用，极易造成岩溶性干旱发生。

（5）水土流失因素。一方面湖南省境内出露岩石主要为碳酸盐岩，由于气温变化差异大，冷热交替，经多年的溶蚀、溶解、剥落，加上人为的植被破坏，造成基岩裸露，水土流失。另一方面直接堵塞过水管道或减少防洪水库调蓄能力，使承灾能力大大降低。

3.2.6 湖北省岩溶旱涝灾害基本情况

1. 概况

鄂西岩溶石山地区无论是地表水资源，还是地下水资源，都是整个湖北省最为丰富的地区，但是水资源在时间和空间上具有高度不均匀分布的特点，加之岩溶地下暗河系统储水、导水能力在时间和空间上的高度不均匀，造成了该地区旱涝灾害具有区域性和频发性的特点。除了来凤、兴山和秭归三个县以外，其他县市在每年的春夏季节都存在比较严重的旱涝灾害，给当地农业生产和人民生活造成了极大危害。

2. 岩溶旱灾

湖北省旱灾可以分为四区：①鄂西南轻旱区，包括恩施土家族苗族自治州、宜昌市西部、北部等地。基本上无特大干旱年，旱期一般在40天以下，中旱平均4~8年一遇；②江汉平原一般旱区，包括荆州市中南部和宜昌市东南部等地，平均旱期40~55天，旱年约4~5年一遇；③鄂北丘陵次重旱区，包括襄樊市、十堰市等地，平均旱期有两个多月，旱年约2年左右一遇；④鄂东北岗地、沿江平原重旱区，包括孝感市、黄冈市、荆州市北部及鄂东中部沿江一带，平均旱期在2个月以上，旱年平均约2年一遇。

从旱灾易发程度来看，高程越高的岩溶台面，旱灾易发程度越高。本区1500m以上的岩溶台面通常是旱灾的高易发区，如利川的七曜山、恩施的红土、石灰窑和宣恩的椿木营等地1000~1500m高程的岩溶区一般属于旱灾的中等易发区，该类型在本区的面积分布最广，1000m以下属于旱灾低易发区，800m以下一般不易发生旱灾。

从旱灾危害程度来看，危害程度最高的地区是高程区，其原因主要是该区的分布面积最广，同时由于一些大型的岩溶洼地、槽谷和坡立谷主要分布在这个高程段，是鄂西地区水田的主要分布区，也是一些主要集镇的所在地，一旦出现持续数月的干旱，对当地的水稻生产和集镇人畜饮水将造成很大危害。

本区最为严重的旱灾区主要集中分布在清江与长江、阿蓬江、酉水、澧水的分水岭地带。从地质构造条件来看，在三叠系大冶、嘉陵江组地层组成的大型向斜构造核部旱灾相对最发育。

3. 岩溶洪涝灾害

从历史资料来看，湖北各地均出现过或涝或旱的灾害，但各地出现的频率与灾种的组合类型差异较大。洪涝灾害总的分布趋势是鄂东大部、鄂西南多，鄂西北、鄂北岗地、三峡河谷分布少；鄂东北、鄂西南与鄂东南为三个多涝区，灾害程度鄂东北最重，鄂西南、鄂东南次之；鄂东中部和江汉平原为较多涝区，鄂西北、鄂北岗地与三峡河谷为少涝区。

从分布区域来看，本区涝灾主要分布在一些大型岩溶洼地、槽谷和坡立谷地区，主要是在雨季，暴雨之后，由地下暗河排水不畅所致。

从本区涝灾点的地质构造条件来看，由寒武系—奥陶系碳酸盐岩组成的背斜核部地区，是涝灾相对较易发的地段，比如咸丰复式背斜分布区。

4. 成因分析

1）地质条件

鄂西地区是褶皱构造运动相对比较强烈的地区，出露了寒武系—奥陶系和下三叠统两套连续厚度都较大的碳酸盐岩地层。地下水深埋、地下暗河系统发育不完善等特点，是本区旱涝灾害频发的根源。

寒武系—奥陶系灰岩白云岩所组成的地表岩溶以大型岩溶槽谷和坡立谷为主，地下岩溶管道、暗河常呈单一管道类型，加之此类背斜构造的翼部有大面积的志留系、泥盆系碎屑岩，这类岩溶地下暗河管道系统除了接受碳酸盐岩出露区就地的大气降水外，还要承担大量的来自碎屑岩区外源水的排泄，这就是前述在咸丰复式背斜核部涝灾频发的主要原因。

三叠系大冶组、嘉陵江组灰岩所组成的向斜构造核部区域，往往由于隔水岩层的埋藏深度很深，当区域地下水排泄基准很低（河谷切割很深）时，其地下水水位往往埋深极大，常常易发旱灾；但是当局部地下水排泄基准面相对较高时，又常常易发涝灾。但是与背斜构造分布区相比而言，向斜构造区地下岩溶管道、暗河多呈树枝状网络，因而其排涝能力相对较强。

2）地理地貌因素

湖北地处长江中游，承接长江、汉水和湖南“四水”流域 $120×10^4 km^2$ 下泄水量，年均总量 $6300×10^8 m^3$，为本省自身降水量的 7 倍；境内西、北、东三面环山，中南部为平坦开阔的江汉平原，整个地貌轮廓大致为三面隆起、中间低平、向南敞开的“准盆地”结构。一遇暴雨，三面来水全部汇流到江汉平原，导致江河湖泊水位猛涨，而该地区的农田比河床低，每遇汛期，外江水位往往高出田地数米乃至十余米，造成外洪内涝，“准盆地”就成了“水袋子”。

3）气象因素

湖北省地处典型的亚热带季风区，气候多变，降水变率大，时空分布很不均匀。鄂东南和鄂西南是两个多雨区，年降水量为 1300 ~ 1600mm，而鄂东北和鄂西北为少雨区，年降水量不足 1000mm。全省除鄂东南春雨略多于夏雨外，均以夏雨为最多，年降水量的70%集中在 4 ~ 9 月。这种天气气候特征，在其他因素的配合下便容易形成旱涝灾害。

4）其他原因

鄂西岩溶石山地区旱涝灾害是自身地质构造条件控制形成的岩溶水系统特征的先天不足所致。除此以外，不合理的人类活动也使其在原有的基础上进一步加剧，如过度垦荒导致石漠化加剧，一方面破坏了鄂西岩溶石山地区原有的植被，表层岩溶含水带的破坏，使得原先广布的表层岩溶泉逐渐减少，岩溶山区分散居民的生活用水条件进一步恶化。另一方面石漠化加剧了水土流失，大量泥沙进入地下暗河管道后由于流速的降低，地下暗河的淤积不断加重，从而降低了地下暗河管道的排水能力，进一步加剧了涝灾的危害。据统计，湖北省水土流失面积已达 $7.88 \times 10^4 km^2$，占全省总面积的 42.4%；而且近年来，每年新增水土流失面积 $300 km^2$，侵蚀强度也逐年增加。

3.2.7　四川省岩溶旱涝灾害基本情况

1. 概况

四川省由于受地理位置和地貌的影响，气候的地带性和垂直性变化十分明显，东部和西部的差异很大，高原山地气候和亚热带季风气候并存。四川省土地面积约 $49.2 \times 10^4 km^2$，碳酸盐岩出露面积约 $87831 km^2$，占四川土地总面积的 18.07%，集中分布面积约 $5.3 \times 10^4 km^2$，主要分布于攀枝花市、乐山市、凉山彝族自治州和雅安市等，其碳酸盐岩分布面积占土地总面积的 46.01%、41.27%、41.00% 和 36.10%，其中凉山彝族自治州碳酸盐岩的出露面积最大，达 $24772 km^2$。特殊的地形以及气候条件，使四川省干旱和洪涝灾害出现的频率都很高，极大地影响着人类社会的生命财产安全。

2. 岩溶旱灾

虽然四川盆地位于中国湿润亚热带季风气候区域，其干旱特征却十分突出，干旱灾害是四川盆地自然灾害中最常见、影响范围最广、损失最大的一种。每年的 3~8 月是四川盆地大小春作物生长发育和产量形成的关键时期，而此时春旱、夏旱和伏旱却频频地出现，并常造成连旱，波及范围少则一个地市，多则遍布整个盆地，给农业生产造成很大损失。

四川盆地的干旱在春夏秋冬均可发生，但主要是春旱、夏旱和伏旱。春旱主要发生在盆西、盆中地区，中心在平武—自贡的南北狭长带及乌江上游、安宁河谷、大渡河谷。其中，四川简阳、荣县、威远一带发生频率达 70% 以上，盆西其他地区发生频率约为 30%~60%，乌江上游春旱频率也在 50% 左右，重旱约 4 年 1 次。四川盆地夏旱范围较春旱大，主要在盆中偏北地区。其中，梓潼、德阳、绵阳等地为夏旱中心，发生频率在 80% 以上。乌江区夏旱可以笼罩整个流域中下部，严重区在下部。大渡河谷（泸定段）、安宁河谷夏季气温高、降雨日数少，也常发生夏旱。伏旱主要出现在盆地东南，中心在江津至万州之间、长江两岸及嘉陵江下游一带，频率达 70% 以上，川西则较少。

3. 岩溶洪涝灾害

四川洪涝灾害主要分布在成都平原、丘陵区的平坝以及沿江城镇。全省集水面积 $100 km^2$ 以上的河流有 1400 余条，其中 $1 \times 10^4 km^2$ 以上的有 19 条。典型的洪涝灾害地区有川南筠连县古楼坝、大地、武家坝等地，洪涝灾害一般发生在 6~9 月。1950~1995 年，全省受灾面积 26822.95 万亩，死亡人数 15711 人，洪灾直接经济损失 380.7 亿元。在 1900~1995 年中，发生重大灾害性洪水 25 年，1981 年 7 月 9~14 日，四川盆地西部和中部发生的历史上罕见的大洪涝灾害就是一例。这次大洪涝灾害，灾区内 43 个县中，每个县连续 3 天的总降水量超过了 150.0mm，暴雨中心所在的成都市有 7 个县连续 3 天的总降水量达 300.0mm 以上。这次大洪涝灾害，致使许多河流出现了历史最高水位，其中四川盆地内的长江段水位居 200 年来的第三位，出现了 100 年一遇洪峰，全省有 119 个县（市）受灾，受灾人口 1500 多万，工农业经济损失达 25 亿元左右。

4. 成因分析

干旱和洪涝是一种自然现象，是大气正常波动和反常变化的结果，目前人类还不能加以控制。但是，旱涝灾害则是自然活动施加于人类社会的结果，它不但与天气变化有关，还受社会生产方式的影响，与地区的经济水平、开发方式、耕地类型、作物种类及生产周期有关。四川盆地总的降水并不算少，干旱强度也不算太高，加之上千年来形成的灌溉渠道系统，是农业生产条件非常优越之地。但正因为本区土地耕作强度高，生产历时长，又缺少成片的林带调节气候，稍遇干旱即可成灾。一旦成灾，对全省的经济和社会影响又特别大。因此，从生态系统的意义上讲，盆地超负荷的人口及农业经营强度是加重干旱的一个重要原因。四川盆地干旱灾害的要素为气象条件、地理环境和人类不合理的经营活动。

1）自然因素

地形、高程、坡向是四川盆地区域影响干旱的地理因素。在低海拔的河谷区，受焚风和气温梯度的影响，气温高而降水少，成为固定的干旱带，如大渡河谷、安宁河谷、金沙江下游和岷江上游河谷均是干热河谷区，呈现亚热带地理景观。而在同一区域，气候的垂直差异很明显，如大渡河谷（泸定段）1100m 高度带为亚热带半干旱地区，而 1500m 处即转为暖温带区，气温不高，降水增加；到了 1800m 以上则成为湿润地区，暑热尽消，常绿阔叶林生长茂盛。又如江津区靠近长江，高程在 200m 的冲积平原上伏旱频率达 90%，600m 以上的山坡地伏旱频率降为 50%，1000m 以上则基本无旱情发生。

2）人为因素

随着工农业生产的发展，人类生活水平的提高，以及生态环境的改善，社会总需水量不断增加，水量供需矛盾日渐加剧，从而增加了干旱发生的频率和旱灾威胁。农业上，粮食单产提高、农作物种植结构调整、耕地复种指数提高，致使需水量增加；工业经济的飞速发展，使工业用水量增加；城市人民生活质量的提高，要消耗更多的水资源。另外，不合理地毁林开荒，破坏自然植被，造成水土流失；耕作方式不当，使土壤结构恶化，蓄水保墒能力衰退。所有这些人为因素都加大了干旱灾害的危险度。在影响干旱的因素中，自然因素起主要作用，但人为因素决不能忽视，它能加重干旱程度，也可预防旱灾和减免旱灾的损失。

3.2.8　重庆市岩溶旱涝灾害基本情况

1. 概况

重庆岩溶区岩溶水的补给是以降水补给为主，地表水和地下水越层补给为辅，地表水资源占水资源总量的绝大部分，全市多年平均降水量 1208.3mm，多年平均径流深 620.7mm，全市多年平均径流总量 511.4×10^{8}m^3。地下水的年平均补给总量为 149×10^{8}m^3，其中岩溶水占 78%。岩溶地区的多孔隙、地上地下双重空间结构的地质条件，造成了该地区水文水资源的脆弱性。岩溶山区的封闭洼地一般靠落水洞排水行洪，但雨季降大雨时，口径有限的落水洞很容易被洪水所挟带的泥沙、枯枝落叶所堵塞，导致洪水漫溢，淹没洼地内的田舍庄稼，酿成涝灾。另外，岩溶区虽年平均降水量在 1100mm 以上，但降水变率大，季节分配不均、土层浅薄、土壤总量少，贮水能力低、入渗系数大，地下水水位变幅可高达数十米，即使在多雨生长季节，也常出现蒸发量大于降水量的干燥期，形成岩溶性旱灾。

2. 岩溶旱灾

重庆是一个干旱频发的地区。重庆彭水新田乡位于乌江北岸，区内无一条地表河流，地下水埋深又深，生产生活用水缺乏，雨后几日便出现旱情。重庆酉阳一些岩溶山区，旱季时还要靠消防车上山送水。近年来，极端气候灾害的频发使重庆的旱灾更加严重。2006 年重庆遭遇百年不遇的特大旱灾，仅农作物受灾面积达 14503km^2，绝收 3410km^2，工业总产值减少 45 亿元，受灾人口 2100 万人，造成 820 万人饮水困难，1/3 的乡镇出现供水困难、40% 的塘库干枯、2/3 的溪河断流，地表水资源较多年平均减少 33.01%。

3. 岩溶洪涝灾害

重庆市境内水系复杂，长江沿岸众多支流纵贯其中，处于众多暴雨区之中。又因高空西风急流的移动和太平洋、印度洋季风在重庆市的交替进退，控制影响了重庆市的天气变化和暴雨的分布、路径，形成了重庆市暴雨强度大、雨量集中、东西进退交替的特点。重庆岩溶地区的内涝灾害一般发生在岩溶槽谷区洼地内部以及地表水无直接排泄通道的岩溶负地形中，典型的地区有巫溪的上磺坝、酉阳县城，彭水棣堂乡、新田乡、迁乔乡、善感乡、鞍子乡、平安乡，以及巫山县庙宇镇、铜鼓镇等地。重庆市洪涝灾害出现频率很高。重庆市境内每年都有多次洪涝发生，一般是每年 2~4 次，较大洪灾平均 30 年左右出现一次，跨水系特大洪灾每百年一遇。汛期主要在 6~9 月，大洪水多发生于 7~8 月，7 月约占全年洪涝的 40%，而 7 月上旬是洪涝最为集中时期，全年近四分之一的洪涝都出现在此时。

2007 年 7 月，重庆部分地区遭遇百年不遇特大暴雨袭击，37 个县区 511 个乡镇724.23 万人受灾，倒塌房屋 3.35 万间，农作物受灾面积 1180km^2，因灾死亡大牲畜 1023头，损毁耕地 67km^2，死亡 56 人，失踪 6 人，直接经济损失达 31.26 亿元。2010 年 7 月 8日，彭水县新田乡遭受特大暴雨袭击，3 天累计降雨量达 300mm 以上，诱发严重内涝，地表积水深约 6m，乡镇几乎全部淹没，直到 7 月 10 日才脱离险情。酉阳县位于一岩溶谷地中，几乎每年都要遭受内涝灾害。2010 年 7 月 8 日洪灾中，县城积水 1.5m 深，全县数个乡镇都遭受岩溶内涝灾害，经济损失惨重。

4. 成因分析

1）气候条件

气候变化不仅仅对径流的均值产生影响，洪涝干旱灾害出现的频率和极值的概率分布都将发生变化。由于大气环流异常，在一段时期内降水量过多，导致径流超过河道正常行水能力而出现漫溢，或由于降水减少，以致供水不足，无法满足人类经济活动及生活的需要，也就是降水量的变化常造成"洪涝"或"干旱"，直接对水资源带来严重的影响。

重庆岩溶区年降水量丰沛，但在年内分配极不均匀，多分布在汛期 3 ~ 10 月，占全年的 86%，有明显干湿季之分。其次，该地区由于季风降水的不稳定性，各时段降水差别很大，每年旱涝不仅频繁发生，而且发生的时间各不相同，往往同一年里，既有旱也有涝，又加上岩溶环境的地表地下的双层结构，更加剧了这种情况的发生。在岩溶洼地，暴雨时因降水集中，渗漏排泄不及，水位暴涨，形成暂时性积留而极易造成内涝，但降雨一旦停止，积水就很快漏失，生境即变得干旱。洪涝的发生与暴雨有着密切的关系，重庆岩溶地区的暴雨（日雨量≥50mm）主要出现在 4 ~ 10 月。其中暴雨最集中的月份是 7 月，近 40 年洪涝在 7 月出现的频率也是最高，为 45%；其次是 6 月、8 月，洪涝出现的频率分别为 30% 和 33%。重庆岩溶区局部性洪涝年年都有发生，其中万州最多，达到 43%，平均 2 ~ 3 年一遇，其次是长寿、奉节，发生频率为 30%~40%，基本上为 3 ~ 4 年一遇，其余区域在 30% 以下，其中岩溶区中部的丰都、涪陵等地的洪涝出现的频率为 15%，基本上为 7 年一遇。

2）岩溶水文地质结构

重庆市域面积 $8.24 \times 10^4 \text{km}^2$，其中岩溶地区分布面积约 $2.98 \times 10^4 \text{km}^2$，主要分布于市域的东北部大巴山褶皱山地和东南部巫山—大娄山褶皱山地一带，多为裸露型，地貌上以中低山为主，间有少量丘陵区；其次在中西部平行岭谷的背斜轴部，为埋藏型。区域主要出露寒武系、奥陶系、二叠系、三叠系碳酸盐岩，岩溶形态主要为裸露型和浅覆盖型。地下水多年平均径流量 $186.99 \times 10^8 \text{m}^3$，以岩溶水为主。岩溶水资源量为 $150 \times 10^8 \text{m}^3/\text{a}$（2008 年）。特殊的岩溶水文地质结构主要影响了地表水以及地下水的分布，以及洪水的排泄情况，加剧了旱涝灾害。

3.3　中国西南岩溶旱涝灾害成因分析

3.3.1　中国西南岩溶区降水与旱涝灾害的关系

降水量的大小是衡量干旱洪涝与否的最直接因子，那么影响一个地区旱涝灾害发生的最直接因素必然是降水。降水资源不足或者在时空上的分配不合理势必会导致干旱灾害的发生。因此，要探究中国西南岩溶区的旱涝灾害演变机理，必须首先从该区的降水量着手。由于中国西南地区区域辽阔，不同的气候和地形地貌影响下，各省份的降水量在很大程度上都有区别，中国西南岩溶区的降水分布符合所在省份的降水量规律。

3.3.1.1　中国西南岩溶区 1960 ~ 2012 年历年降水量分析

从上文可知，中国西南岩溶区的 4 区（贵州省与湖北省南部）、6 区（云南省东部）、7 区（广西区北部与中部）属旱涝灾害交替频发的重灾区。因此，本章主要以 1960 ~ 2012 年的降水资料研究贵州省、云南省、广西壮族自治区三省区的降水。

1. 中国西南地区历年降水量

分析 1960～2012 年中国西南地区的降水资料可知，中国西南地区 53 年来的多年平均降水量为 1193mm，以十年为一个年代单位，年代平均降水量分别为 1207mm，1213mm，1180mm，1211mm，1183mm，总体上处于震荡的状态，震幅平稳，没有特别大的变化。但是自进入 21 世纪以来，降水量有明显减少的趋势，2011 年降水量达到了 53 年来的最低值，仅有 990mm。2003～2012 年年均降水量为 1136mm，比 1980～1990 年的降水量少了 44mm，成为比 20 世纪 90 年代更为干旱的干旱年代，也就是从这年起，西南地区干旱趋于严重。2010～2012 年，年均降水量仅仅只有 1117mm，成为整个序列中降水量最少、最为干旱的年份（图 3.11）。

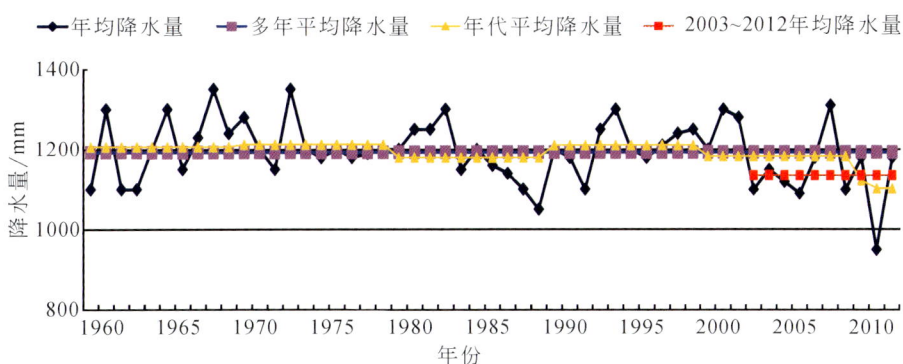

图 3.11　中国西南地区 1960～2012 年历年降水量统计图

2. 中国贵州、云南、广西三省区历年降水量

分析图 3.12～图 3.14 所统计的贵州、云南、广西三省区 1960～2012 年年际（代）降水量，53 年来各省区的多年平均降水量分别为 1142mm，1149mm，1614mm，广西年均降水量比之于其他两省明显较高。从 2000 年开始，三个省区的降水量明显都低于各省区的多年平均降水量，尤其是云南省和贵州省，分别在 2010 年和 2011 年达到了最低降水量。近十年三省区的平均降水量分别为 1048mm，1073mm，1504mm，较之于年代平均降水量

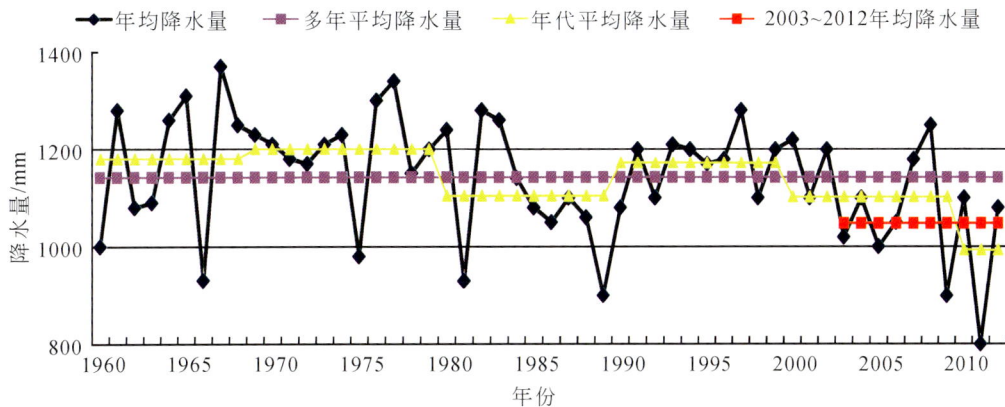

图 3.12　中国贵州省 1960～2012 年历年降水量统计图

显著减少，贵州省偏少量为 94mm，云南省偏少量为 76mm，广西壮族自治区偏少量为 110mm，也就是说从 21 世纪开始，三个省区达到了历史上最为干旱的时期。

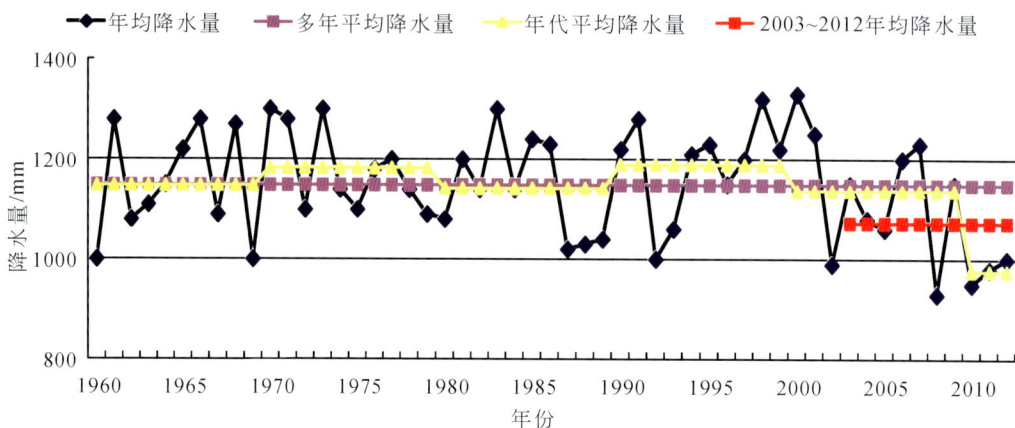

图 3.13　中国云南省 1960~2012 年历年降水量统计图

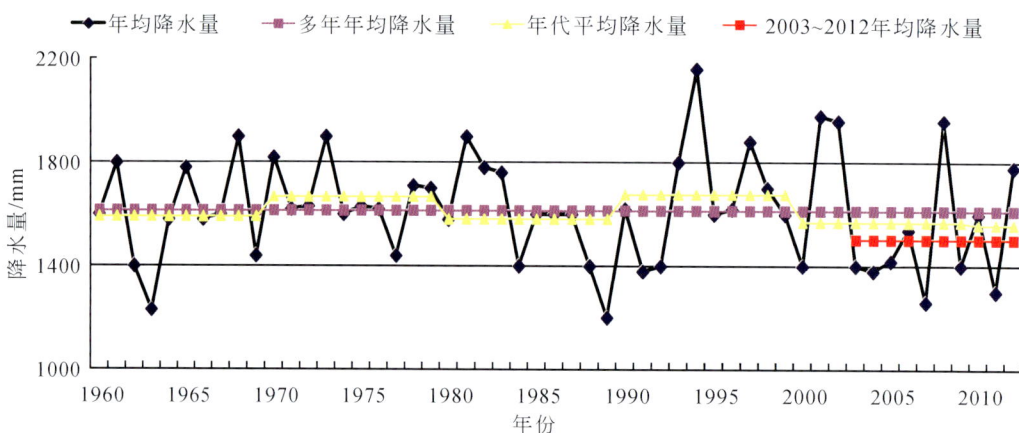

图 3.14　中国广西壮族自治区 1960~2012 年历年降水量统计图

　　三个省区在各年代间的平均降水量如表 3.15 所示。分析前 5 个年代（1960~2009 年）的年代平均降水量，年代降水量以多年平均降水量为原点向两侧浮动，基本上处于平稳发展的趋势，前一个年代降水量少，后一个年代便会向上浮动而降水量增多，三个省区的年代平均降水量变化曲线高度一致（章大全，2011；图 3.15）。按照这个趋势计算，2000~2009 年年降水量明显低于多年平均降水量，则在接下来的十年里降水量会有所增加，而干旱和洪涝年代也是交替存在。

表 3.15　中国贵州、云南、广西三省区 1960~2012 年年代平均降水量　　（单位：mm）

年代	贵州	云南	广西
1960~1969	1180	1148	1591
1970~1979	1200	1183	1667
1980~1989	1104	1142	1582
1990~1999	1172	1189	1676

续表

年代	贵州	云南	广西
2000~2009	1102	1137	1570
2009~2012	993	977	1560

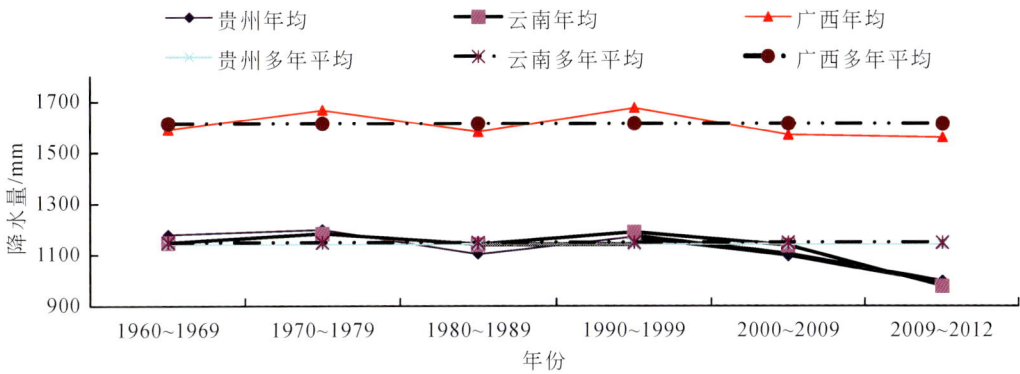

图 3.15　中国贵州、云南、广西三省区年代平均降水量与多年平均降水量对比曲线

3.3.1.2　中国西南岩溶区 1960~2012 年旱涝灾害与降水量分析

为了分析中国西南岩溶区旱涝灾害与降水量的关系，特从 1900~2012 年的旱涝数据资料中提取出 1960~2012 年旱涝等级数据进行分析。选取中国西南岩溶区严重旱涝灾害区 4 区（贵州省与湖北省南部）、6 区（云南省东部）、7 区（广西壮族自治区北部与中部）的旱涝资料与各省份的降水量资料进行对比分析（图 3.16~图 3.18）。

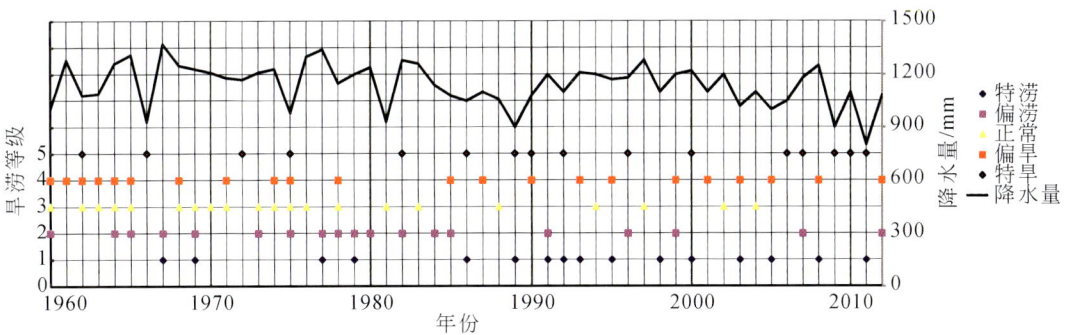

图 3.16　中国西南岩溶区 4 区（贵州省与湖北省南部）1960~2012 年旱涝灾害与降水量统计图

分析 1960~2012 年 53 年来中国西南岩溶区旱涝灾害发生的等级和次数，可以得出，中国西南岩溶区 4 区（贵州省与湖北省南部）、6 区（云南省东部）、7 区（广西壮族自治区北部与中部）发生干旱和洪涝灾害的严重程度与降水量关系密切（表 3.16）。两者次数的关系可以总结为以下三个特点：

（1）干旱（洪涝）发生的次数比降水量偏少（偏多）的年数多，说明在有些年份降水量比较充沛的情况下干旱灾害仍可能发生，降水量少于多年平均降水量的情况下洪涝也会发生；

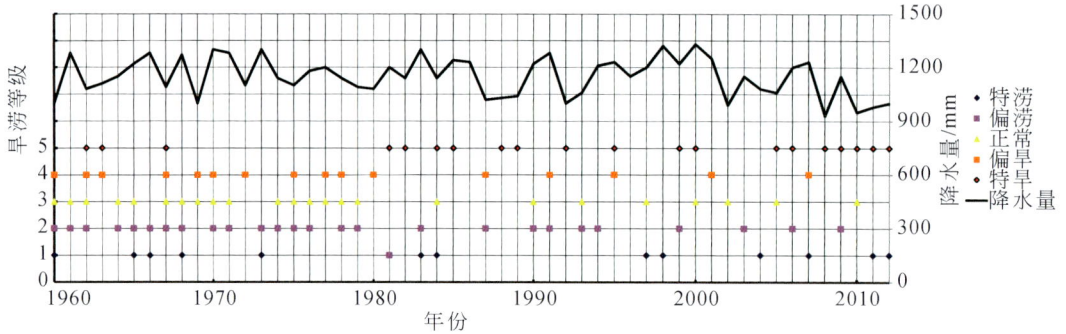

图 3.17　中国西南岩溶区 6 区（云南省东部）1960～2012 年旱涝灾害与降水量统计图

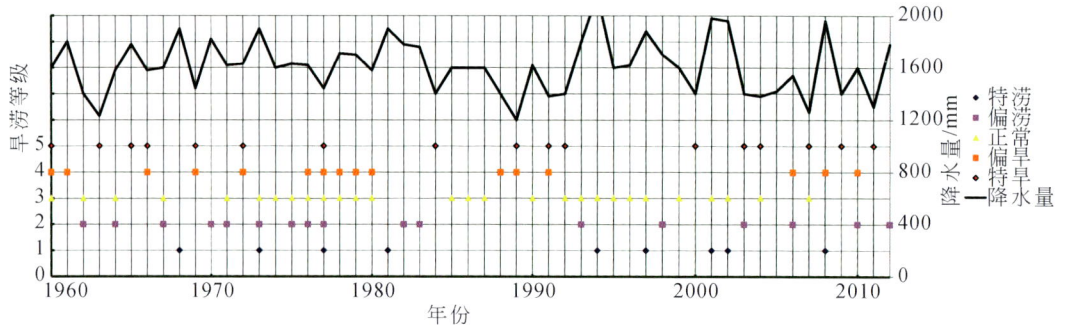

图 3.18　中国西南岩溶区 7 区（广西壮族自治区北部与中部）1960～2012 年旱涝灾害与降水量统计图

（2）特旱（特涝）发生的年份里，年降水量偏少（偏多）的年份皆占到 80%～90%；

（3）在这三区里，4 区（贵州省与湖北省南部）发生干旱的次数较多，平均 1.5 年就会有一次旱灾，6 区（云南省东部）发生特旱的次数比较多，相比之下，7 区（广西壮族自治区北部与中部）发生旱涝灾害的程度最轻。

表 3.16　中国西南岩溶区 4 区、6 区、7 区降水量偏多偏少年数与旱涝的次数统计表（单位：年）

地区	干旱	降水量偏少	特旱	特旱年降水量偏少	洪涝	降水量偏多	特涝	特涝年降水量偏多
4 区	36	24	16	14	31	29	16	14
6 区	32	25	18	15	35	28	14	12
7 区	25	27	16	13	26	24	11	10

注：降水量偏少年数指的是该年年际降水量少于多年平均降水量；特旱年降水量偏少指的是在特旱的年份，年际降水量少于多年平均降水量；特涝年同理。

分析表明，中国西南岩溶区旱涝灾害的发生很大程度上是直接受降水量影响的，但是在降水量多的年份也会发生干旱，而在降水量少的年份也会发生洪涝，这就与中国西南岩溶区特殊的水文地质环境和其他因素有关，关于岩溶区特殊的水文地质环境对旱涝灾害形成过程的影响，在第 5 章具体研究。

3.3.1.3　各气象因素对中国西南岩溶区降水量的影响

1. 季风

前文提到，中国西南地区属于季风气候区，处于其中的岩溶区同样受到不同季风气候的影响。不同的季节季风气候类型不同（表 3.17）。

表 3.17　中国西南岩溶区季节季风类型

季节	季风
夏季	印度西南季风、南海季风、西太平洋副热带东南季风、高原季风
冬季	高原季风、西南季风

在正常年份，10 月至次年 3 月在冬季风控制下，普遍少雨。4~5 月，夏季风便开始从广西、云南进入西南地区，月降水量成倍增加。5~6 月中旬，从华南徘徊而来的锋面带，致使西南各地形成第一降水高峰（李耀先等，2009）。6~7 月，在夏季风控制下，全区普遍多雨，8 月台风开始出现，雨量也不少，因而夏季以洪涝为主。9 月起，全区雨季业已结束，秋旱频率较高，到 9 月中旬，夏季风南退，冷空气南下入侵，降水迅速减少。中国西南岩溶区大部分的降水量都集中在夏季风到来时，往往会超过 80%，尤其是从 2000 年以后，夏季风影响下的集中降水已经达到了 82.32%，2009~2012 年达到 82.67%，雨季大面积集中降水，使得中国西南地区较之于往年更容易发生暴雨洪灾，而秋冬春季节降水量更少，引发秋冬春干旱或连旱的概率更大（图 3.19）。

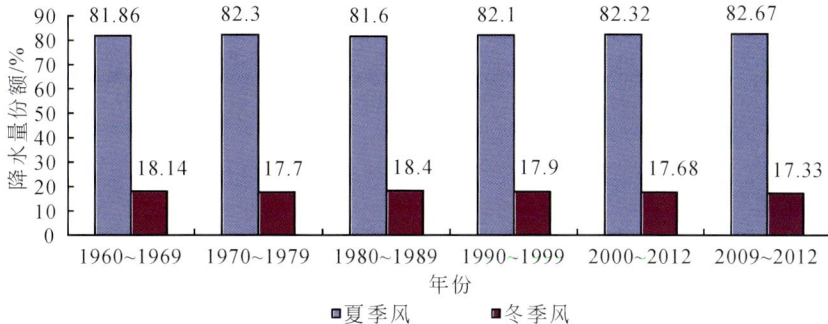

图 3.19　中国西南岩溶区夏季风和冬季风控制下的降水量份额

2. 水汽输送

降水所需的水汽条件的形成通常是影响降水多少的直接因素，水汽输送从一定程度上决定了区域发生旱涝灾害的可能性和风险性，水汽输送在夏季对旱涝灾害的形成起着重要的作用。以 2009~2010 年发生的一系列旱涝事件为例进行研究。从总体上来讲，在该时间段内水汽输送的特征主要如下：

从 2009 年秋季开始到 2010 年冬季，由于孟加拉湾北部纬向和整个孟加拉湾地区经向的水汽输送通量减少，中国西南地区从该区获得的暖湿水汽也随即减少。同期内，南海低空流场的流向发生偏转，导致本该输送到中国西南地区的水汽减弱。同时由于从北而南下的冷气流减弱，致使西南冷暖气流的交汇作用减弱，从而影响了中国西南地区降水的发生（张新主，2011）。

在 2010 年的 3、4 月份，中国西南地区获得的暖湿水汽有所增加，但是由于印缅槽偏弱、偏北，同样导致孟加拉湾水汽无法顺畅地输送至中国的贵州、四川、广西北部等地，使得这些地区的降水量仍然较少，产生干旱现象。当 5、6 月份雨季来临的时候，骤增的水汽所产生的暴雨极易诱发洪灾。

3.3.2 中国西南岩溶区旱涝孕灾环境

3.3.2.1 岩溶多重介质环境

地球表层是一个由岩石圈表层及包围它的大气圈、水圈、生物圈组成的多层复杂的动态体系。上述圈层相互渗透与交织,相互联系与作用,构成了人类生存与发展的总体环境。在岩石圈中,因碳酸盐岩存在与岩溶作用发生,该圈层与其周围密切关联的大气圈(部分)、水圈(部分)、生物圈(部分)组成了多级不同层次、不同组构和不同功能的岩溶多重介质环境。

岩溶多重介质环境特指岩溶地区的水体(大气水、地表水、土壤水、地下水)、碳酸盐岩体(岩溶化程度不同的地表和地下结构)、土体、生物及其他物质组成的复杂系统。岩溶多重介质环境富钙,在地壳运动和岩溶的双重作用下,并以水岩作用为主,以水流方式一以贯之,以岩溶化不断加深为特征,主要由无机部分和有机部分集成组构而成(图3.20)。

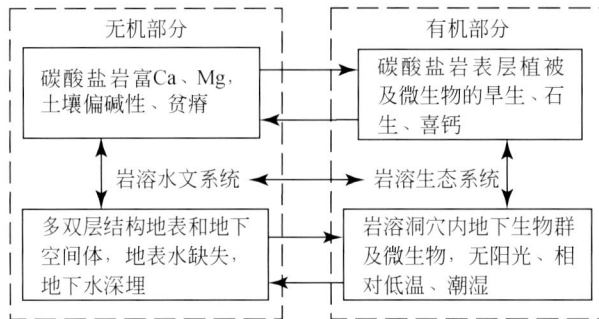

图 3.20 岩溶多重介质环境组构示意图

岩溶多重介质环境具有复杂性和脆弱性(图3.21)。

1. 脆弱性

岩溶多重介质环境的脆弱性是因岩溶作用与大气、水体联系甚密,对生物、有机质关联过深,导致其自身容量低,自稳定能力小,结构与功能的变化呈振荡性。岩溶多重介质环境脆弱性的物理化学因素,主要是碳酸盐岩性质、构造活动、水岩关系、地形地貌、气候影响、岩溶化作用生成的地表地下多重复合结构(特别是负的地形和空隙空间体)——高低位洼地和谷地、落水洞、脚洞、孔隙、裂隙、裂缝、洞穴、管道和天坑等;通常以水流运动形式贯穿其中,在其内形成多个动态的、呈等级的、分层次的、可反馈的相对的脆弱体(带)或承灾体(带)。

岩溶多重介质环境脆弱体(带)表现为其内部两种(或两种以上)不同环境介质的结合部存有不同环境介质间物质、能量和信息交换、调节与过渡过程中发生的综合作用。因物质、能量和信息在各环境介质交界面上的传输速度和迁移能力具时空多变性和多样

环境由多个同类或不同类的环境介质组成，每一个环境介质都不同程度地影响环境的结构和功能

环境是分层次的，每一层次上的环境结构、功能及其演化现象和发展规律均存在着差异

每个环境介质间的关系是强耦合，分处不同层次或同一层次的环境介质相互包容、相互作用

各环境介质与其所处各层次间的相互作用是非线性的

环境组构是动态的、时变的，呈多样性

环境是开放系统，其内外物质流、能量流、信息流连续或非连续地流通

脆弱性

岩溶环境

复杂性

在时间尺度下，其变化表现为突变和渐变

在空间尺度上，其变化的范围和规模多是从点到线再到面，从部分到部分再到整体

在特定的规律制约下，其脆弱性的属性表现为承灾性，并以旱涝、水土流失、石漠化、地面塌陷、渗漏等形式表现

承灾易损性和难恢复性是其脆弱性的组成和内涵

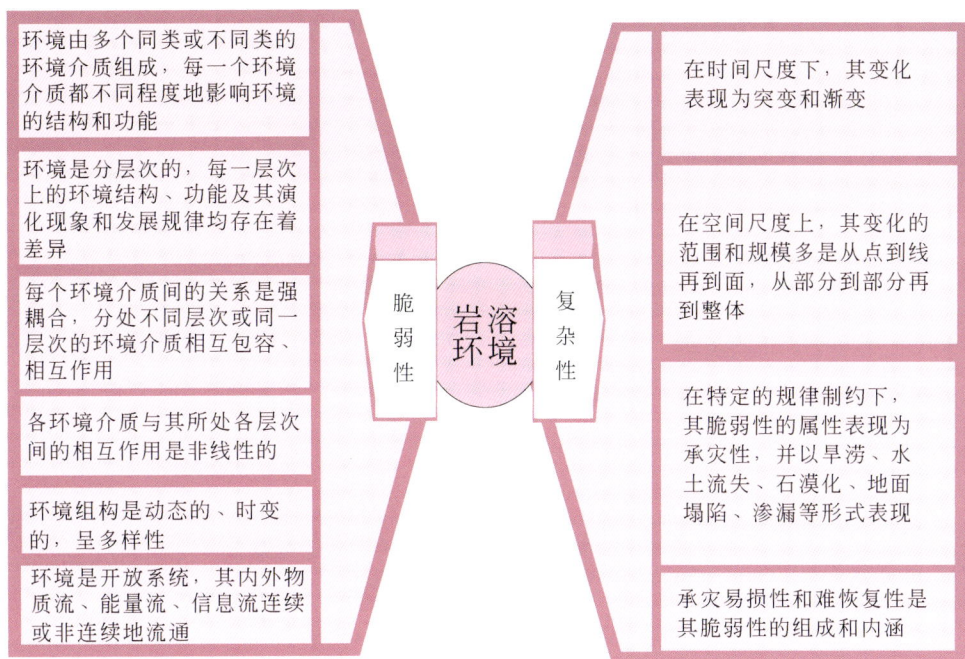

图 3.21 岩溶环境的脆弱性和复杂性

性，岩溶多重介质环境脆弱体（带）自身的抗干扰能力减弱，加之人类活动的干扰和破坏，甚至改变了岩溶多重介质环境的参变量，进而使其自然变化过程的速度、强度、频度和分布均处于渐变和突变的交替之中，促使岩溶多重介质环境内部表现出不同程度的脆弱性或成灾性，各环境介质交界处存在多种类型的脆弱体（带）或成灾体（带）。

因岩溶多重介质环境脆弱体（带）或成灾体（带）的空间容量和时间限度很小，其承灾易损性的主要特征是：

（1）物质和能量的转换失调，使岩溶多重介质环境对质能转换的变异敏感程度增高（抗性降低）。

（2）物质和能量的输入和输出能力降低，导致岩溶多重介质环境局部或整体的持续利用性减弱。

（3）物质与能量的获取与耗损量突变激化或加剧了岩溶多重介质环境潜在的致灾性，致使环境局部或整体的承灾弹性（回复性）变小。

2. 复杂性

岩溶多重介质环境的复杂性可体现在以下几个方面：第一，环境由多个同类或不同类的环境介质组成，每一个环境介质都不同程度地影响环境的结构和功能；第二，环境是分层次的，每一层次上的环境结构、功能及其演化现象和发展规律均存在着差异；第三，每个环境介质间的关系是强耦合，分处不同层次或同一层次的环境介质相互包容、相互作用；第四，各环境介质与其所处各层次间的相互作用是非线性的；第五，环境组构是动态的、时变的，呈多样性；第六，环境是开放系统，其内外物质流、能量流、信息流连续或非连续地流通。

3.3.2.2　中国西南岩溶区多重介质环境

与中国北方岩溶环境对比，中国西南岩溶多重介质环境结构异常，功能显著，性质独特（表 3.18）。

表 3.18　中国南北方岩溶多重介质环境主要特征对比

环境	类别/地区	北方	西南
背景	主要岩溶化地层与地貌类型	前寒武系、寒武系、奥陶系碳酸盐岩，中低山及平原	前寒武系—上奥陶统、中泥盆统—中三叠统碳酸盐岩，峰丛、峰林及孤峰平原等
	气候类型	暖温带，半干旱—亚湿润	热带—亚热带，湿润
	气温/℃，降水量/mm	6 ~ 14，200 ~ 900	15 ~ 20，800 ~ 2000
	水体输入源	降水，地表水，外源水	降水，地表水，外源水
	环境域的大小/km²	$100n \sim 1000n$（$n = 1$，…，9）	$n \sim 100n$（有时 $>1000n$）（$n = 1$，…，9）
	环境边界特殊性	存在多系统公共边界，水土量的转化受多系统影响	自由边界（受雨强与降雨历时控制）、地表地下边界不一致
	岩石溶蚀速率/(mm/ka)	10 ~ 30	20 ~ 80 有时更大
结构	岩溶介质类型	溶孔、溶隙为主，局部有溶洞或溶管	溶管，溶洞，溶隙并存
	岩溶介质组构方式	溶孔亚系统，溶隙亚系统	管道亚系统，溶洞亚系统，溶隙亚系统
	多介质层次化特征	整体上以单层为主	多层，呈多层性
	有序化程度	高	低
	线性与非线性	线性为主	非线性为主
	灰度	小	大
	多介质系统性	较复杂	极复杂
	结构参数	量值时空变化小	量值时空变化大
	环境容量	大	小
	时空稳定性	强	弱
功能	对初始条件的敏感性	不敏感	敏感
	洪峰滞后时间/d	$0.1n \sim 100n$	$0.01n \sim 10n$
	水体输入方式	线（中速）、面（慢速）	点（快速）、线（中速）、面（慢速）
	水体输出方式	泉流或潜流（中输，慢输）	泉或地下河，潜流（快输，中输，慢输）
	水能储存与输送	以水能储存（水库型）为主，具有大的调蓄功能	以水能储存与输送并存，主次更换多变，调蓄功能有限

续表

环境	类别/地区	北方	西南
功能	土体量与质	多、质高，且层厚块体大	少、质低，且层厚块体小
	地下水位年度变幅/m	20～60（补给区，有时更大），10～20（径流区），1～10（排泄区）	20～100（补给区，有时更大），5～20（径流区），1～5（排泄区，有时变化规律相反）
	降水入渗系数	0.1～0.3（个别达0.4）	0.3～0.7（个别达0.8）
	径流模数/[L/(s·km^2)]	1<λ<10（个别>10）	1<λ<20（个别更大）
	流态/流速/(m/d)	层流为主，n～10n（个别更大）	紊流层流主次更替，10n～100n（个别更大）
	生物多样性	类型少，动植物分布连片	类型多，动植物分布呈岛屿状
	资源可控可用性	资源稳定，可控可用性强	资源不稳定，可控可用性差
	承灾与灾害类型	承灾性强，灾害类型多为岩溶干旱和岩溶地裂和岩溶塌陷等	承灾性弱，灾害类型多为岩溶洪涝和干旱、水土流失、石漠化、岩溶塌陷、泥石流、岩体塌陷和滑坡等

中国西南岩溶区岩溶多重介质环境的主要特点是：

（1）岩溶作用强烈，地表、地下岩溶形态多重组合与复合，构建了岩溶多重介质环境承灾脆弱的基础。

（2）降水丰沛，降水历时长，强度大。因下垫面透水性强，加上岩溶多重介质环境内广泛发育岩溶地下水系统，且岩溶地下水系统多以地表江河为排泄基准，致使岩溶介质环境内岩溶水文过程分为地表与地下两大部分，通常地下岩溶水文过程占主导地位，致使旱涝灾害交替发生。

（3）岩溶地貌景观奇特，多类峰体（塔状、锥状）、多级（高中低位）洼地、多层次化洞穴、谷地、平原等形态组合复杂，类型配置多样，特别是岩溶山区多呈"岛屿"气候，致使岩溶多重介质环境内旱涝灾害频繁发生。

（4）碳酸盐岩质地较纯，不溶成分少，成壤能力低，地层薄而贫瘠，且分布零星。因特殊的地质、水文和气候组合，岩溶多重介质环境中"水-土-岩"呈多元结构，大多互为分层，相互独立，造成石多土少，水源漏失，水分和土壤的可获性严重制约着植物的分布和覆盖度，致使水土流失，旱涝加剧。

在中国西岩溶区岩溶多重介质环境中，存在物质、能量和信息三个组成部分，其中物质部分称为环境介质，能量和信息称为环境因素。显然，岩溶多重介质环境是一个远离物理学和化学平衡态的、非连续的、复杂的、非线性的开放系统。该系统靠太阳能和生命活动支持和驱动物质流并完成水循环与元素迁移，靠碳、水、钙、土、生物的发生发展来调节和保持其相对稳定。由多个环境介质组成的岩溶多重介质环境，除一般环境所具有的性质外，其多层性、自适应和自组织性、跨介质迁移、界面效应、非线性作用、协同效应等特点决定了自身结构、功能和性质的复杂性。

中国西南岩溶区独特的岩溶环境和强烈的岩溶化作用，形成地表和地下多介质组合的复杂结构，水流穿梭运动于其中，在其内部构成多个变化的、多级的、分阶段的、可响应的、非绝对的脆弱体或承灾体，构建了区内岩溶环境承灾能力弱的基础，致使灾害频繁发生，类型多样。旱涝问题是裸露型和浅覆盖型岩溶区常见的环境问题，普遍存在于中国西南岩溶区。

在该岩溶区内，岩溶多重介质环境是控制旱涝灾变规律的主要因素。因该岩溶区地处亚热带，南面滨海，自然地理条件特殊，岩溶多重介质环境相对脆弱；加之不适当的人类参变作用，该岩溶区内生态退化，水土流失严重，常伴随岩溶旱涝灾害发生，已造成岩溶多重介质环境整体质量下降，诱发了各类"气象+地质+水文+生态"的灾害事件，已不同程度地影响社会与经济的协调发展。

3.3.2.3 中国西南岩溶区多重介质环境的旱涝成灾作用

岩溶多重介质环境中，气候系统（大气降水系统），地表水系统和岩溶地下水系统是三个主要的环境介质，它们是中国西南岩溶区岩溶多重介质环境旱涝成灾作用的决定性环境介质（图3.22）。

1. 岩溶气候系统

中国西南岩溶区（特别是岩溶石山区）气候系统是一个非完整，呈"岛屿"状，具有自身多级调节机制的开放系统，简称岩溶气候系统（大气降水系统）。该系统水热条件良好，与岩溶地表水系统和岩溶地下水系统集成组构，决定了岩溶多重介质环境的主要特征。三者之间的能量循环和水分循环与岩溶多重介质环境中的生物地球化学循环紧密结合，共同推动和支撑岩溶多重介质环境结构与功能的变化及岩溶旱涝灾害形成演变过程。

2. 岩溶地表水系统

岩溶区地表水系统是一定水域和其内由地表水和（或）地下水补给，经常和（或）间歇地沿地表具有一定深度的狭长凹地流动的水流联合构成。一般地讲，地表水系统是一个非线性系统，受气候和地质等条件的影响，从河源到河口均发生不同类型物理、化学和生物的作用和变化，形成明显不同的区域分异特征。岩溶区地表水系统既是岩溶地下水系统的补给源，又是岩溶地下水系统排泄的基准面。岩溶区地表水与地下水的相互关系有多种表现，且随岩溶化程度而变化。岩溶区内发源或流经的河流，其河床、河川径流、含沙量、水深和坡度、化学组成与稳定性等有关特征表述，都比非岩溶区河流复杂。

受岩溶多重介质环境的影响，岩溶区地表水系统的地表与地下流域周界不一致，使其与其所在的流域的纵横向联系复杂多变，特别是"三水"之间的时空配置与强度变化呈高度非线性，致使岩溶区内地表水系统变成一个高度非线性系统。同理，岩溶区地表水系统泛滥和人工修筑水坝所引发的环境灾难具有特殊性、严重性和持久性。

3. 岩溶地下水系统

在岩溶区，大气降水和地表水通过岩溶地表结构（落水洞、天窗、竖井、脚洞、裂隙等）渗入地下，转化为地下水。在岩溶地下结构（孔、洞、缝、隙、管的不同组合）中，地下水对结构不断地进行建造与改造，有条件系统地形成相当规模的岩溶通道（管道、洞穴、裂隙等相互连通），并组构成岩溶地下水系统（含岩溶裂隙含水层系统、岩溶管道水

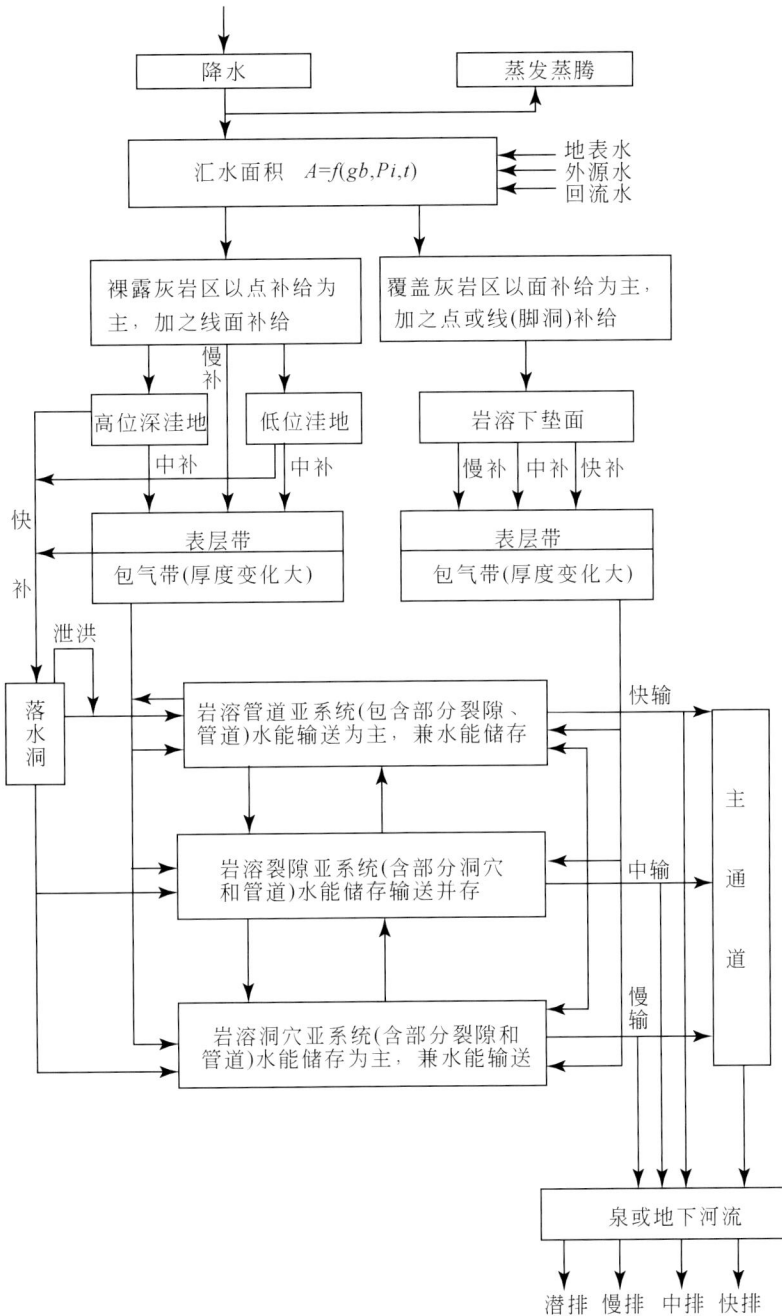

图 3.22　岩溶多重介质环境 "三水" 循环过程图解

系统和岩溶地下河系统等)。

　　其中,岩溶地下河系统有分布广泛、类型多样、规模多变等特点。因岩溶地下河系统间常有 "穿跃" 现象存在,加之其域面积和分枝数目多呈季节性变化和输入输出多端多样化等,所以其统计数目有异,时空定位难度较大。特别是以渗透补给为主的岩溶地下河系统，一般流域面积大，体系复杂，难以判定。

岩溶地下水系统在空间分布上存在一定的规律性。从区域到局部，从整体到部分，与断裂构造体系间的关系都是基础与继承、制约和发展两方面的综合体现。断裂构造往往是溶蚀作用的有利部位，控制岩溶的初始发育，形成溶隙、裂隙溶蚀带；在此基础上，在一定的发育条件下，沿单一断裂往往发育成单枝型岩溶管道，若受多组断裂控制则形成树枝型或网络型管道系统（地下河系统）。此外，断裂构造还控制岩溶的个体形态，如断裂交汇带的厅堂型洞穴，沿断裂带受强烈水流作用形成的峡谷型洞穴，沿水平（层面）断裂形成的扁平型洞穴等。

岩溶地下水系统是汇集和排泄地下水的岩溶地下结构系统，是由管道、洞穴、裂隙、裂缝和空隙 5 种岩溶空隙介质体（通常以管道和洞穴等为主）组成的复合体系。中国西南岩溶地下水系统常见的结构类型，在二维平面上，有单管型、数枝型、网络型和复合型；在剖面上，有单层型、阶梯型和多层型等；其内水动态特征一般是山区岩溶地下水系统变化大，平原岩溶地下水系统变化小。

岩溶地下水系统的形成和演化是在岩溶多重介质环境中进行的，是多种原因在起作用，它们的主干空间展布和其内水体贮存、传输、转换等规律的变化具多因多果性。岩溶地下水系统是岩溶多重介质环境中水体主要的调节和汇集中心。岩溶多重介质环境内岩溶地表水系统水能资源开发的人为地质作用是通过岩溶地下水系统间接地表现出来；反之，每一个岩溶地下水系统涉及岩溶区的各个部位，控制岩溶旱涝灾害事件发生和发展的态势。

3.4　本章小结

本章从中国西南岩溶区 1960~2012 年的多年平均降水量和年代平均降水量着手分析，对该地区近年来的降水量按照年际和年代进行研究，特别是以贵州、云南、广西为主。然后通过对各种气象因素对中国西南岩溶区降水的影响分析，得出近年来中国西南岩溶区降水量变化的原因，得到以下结论：

从 2000 年开始，贵州、云南、广西三个省的降水量明显都低于各省区的多年平均降水量，尤其是云南省和贵州省，分别在 2010 年和 2011 年达到了最低降水量，也就是说从 21 世纪开始，三个省区达到了历史上最为干旱的时期。

通过对贵州、云南、广西三个省区的年代平均降水量变化进行分析，可知最近几个年代单位里，年代平均降水量总是处于震荡状态，前一个年代降水量少，处于干旱状态，下一个年代降水量很大程度上会增多。按照这个趋势计算，2000~2009 年降水量明显低于多年平均降水量，因此预测在接下来的十年里降水量会有所增加，而干旱和洪涝年代也是交替存在。

分析 1960~2012 年 53 年来中国西南岩溶区旱涝灾害发生的等级和次数之间的关系可知，中国西南岩溶区旱涝灾害的发生很大程度上是直接受降水量影响的，但是在降水量多的年份也会发生干旱，而在降水量少的年份也会发生洪涝，这与中国西南岩溶区特殊的水文地质环境有关。

　　中国西南地区的降水量受到季风和水汽输送等因素的影响。在正常年份，每年的 10 月至次年 3 月在冬季风控制下，普遍少雨。5 ~ 8 月在夏季风的控制之下，降水量急剧增长。由于在最近几年，夏季风控制下的降水量占全年降水量的份额逐渐上升，导致雨季大面积集中降水，使得中国西南地区较之于往年更容易发生暴雨洪灾，而秋冬春季节降水量更少，引发秋冬春干旱或连旱的概率更大。水汽输送的异常影响，同样导致秋冬季节降水不易发生，降水的年际分化较大。

　　岩溶多重介质环境特指岩溶地区的水体、碳酸盐岩体、土体、生物及其他物质组成的复杂系统，具有复杂性和脆弱性。中国西南岩溶多重介质环境结构异常，功能显著，性质独特，形成地表和地下多介质组合的复杂结构，水流穿梭运动于其中，在其内部构成多个变化的、多级的、分阶段的、可响应的、非绝对的脆弱体或承灾体，构建了区内岩溶环境承灾能力弱的基础，致使灾害频繁发生，类型多样。岩溶多重介质环境是控制旱涝灾变规律的主要因素。

　　岩溶多重介质环境中，气候系统（大气降水系统），地表水系统和岩溶地下水系统是三个主要的环境介质，是中国西南岩溶区岩溶多重介质环境旱涝成灾作用的决定性环境介质。

　　中国西南岩溶区（特别是岩溶石山区）气候系统是一个非完整，呈"岛屿"状，具有自身多级调节机制的开放系统，决定了岩溶多重介质环境的主要特征，推动和支撑岩溶多重介质环境结构与功能的变化及岩溶旱涝灾害形成演变过程。岩溶区地表水系统既是岩溶地下水系统的补给源，又是岩溶地下水系统排泄的基准面。岩溶地下水系统是岩溶多重介质环境中水体主要的调节和汇集中心，每一个岩溶地下水系统涉及岩溶区的各个部位，控制岩溶旱涝灾害事件发生和发展的态势。

第4章　中国西南岩溶区旱涝灾害演变模拟研究

综上可知，中国西南岩溶区比非岩溶区更容易发生旱涝灾害，且灾情严重，尤其是在地表地下岩溶发育、岩溶地下河密布的地区，发生旱涝灾害更加频繁。另外，该地区存在着庞大而复杂的连通管道，使得汛期发生洪涝的同时也可能发生干旱。

学者光耀华认为，研究降雨条件下岩溶地下河系统的水流致灾特征，最重要的是研究碳酸盐岩岩溶化空隙空间内浅部（地表以下 $0 \sim 100m$）内的中快速水流（光耀华、郭纯青，2001）。

本章介绍的中国西南岩溶区旱涝灾害演变模拟实验是为研究中国西南岩溶区特殊的岩溶地表结构和岩溶地下河系统对岩溶旱涝灾害发生的影响过程。该模拟主要以岩溶洼地系统、岩溶管道系统为研究对象，研究中国西南岩溶区地表地下因素组合的地下出口流量和地下水水位对降水的响应过程。在暴雨条件下岩溶地下河系统出口流量变化中快速流所占比例较大。因此，本次物理模拟选取大暴雨作为降水条件，岩溶洼地系统根据现实中的旱涝灾害频发且地表地下岩溶发育的典型地块进行对照模拟，岩溶管道系统中的地下岩溶管道和地表地下连通管道则根据已有的实验模型而定。由于室内物理模拟的局限性，整个实验过程仅能对洪涝灾害的形成过程进行定量分析，而对干旱灾害的形成只能进行定性研究。

4.1　物　理　模　拟

4.1.1　实验装置

4.1.1.1　模型箱和测流装置

模型箱几何尺寸的设计如图 4.1 所示，长为 100cm，宽为 60cm，高为 30cm，顶部敞开。为了减小箱体变形，箱体材料采用 10mm 厚的钢化玻璃。每个模型箱都放置在相同高度的支撑架上，高为 90cm。模型箱自下而上共设置 3 个大小相同的出流孔，孔径均为 12mm，最底端的出流孔圆心位置距离试验箱底面为 3cm，各出流孔圆心间相隔距离均为 6cm。模型箱侧面底端设置一放水阀，用于排水。

模型箱的出流孔位置较高，可采用体积法进行连续测流。测流箱长为 30cm，宽为 30cm，高为 60cm，箱体材料同样采用 10mm 厚的钢化玻璃，水箱外壁竖直贴一钢质标尺用于测量箱内水位高度，标尺量程为 $0 \sim 60cm$，精度为 1mm。测流箱因制作误差等因素影响，真实量水体积与测量体积存在一定的偏差。通过率定，得到以下关系：

$$V_{实} = 30 \times 30 \times h_{量}$$

（4.1）

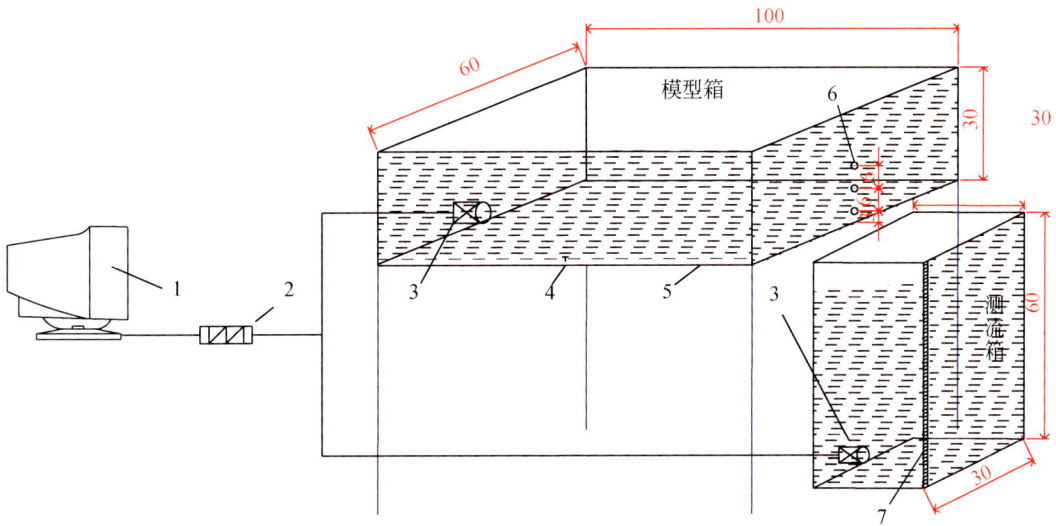

图 4.1　室内物理模拟模型设计图

1. 电脑；2. AD 转换模块；3. 水位传感器；4. 放水阀；5. 支撑架；6. 出流孔；7. 刻度尺

式中：$V_实$ 为真实量水体积（mL）；$H_量$ 为量水箱水位读数（cm）。

　　数据采集系统主要包括水位传感器、AD 转换模块、稳压电源模块、单片机、串口通信模块、键盘输入模块和计算机（图 4.2、表 4.1）。其工作原理如下：AD 转换模块将水位传感器的模拟信号转换成数字信号，单片机控制系统开启内部定时器，通过读取键盘输入的间隔时间等信息来初始化系统，然后

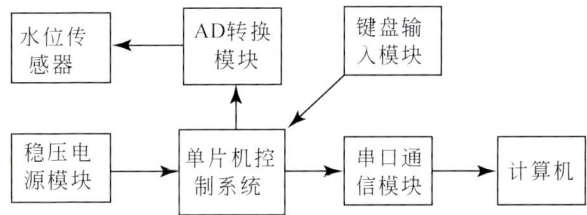

图 4.2　数据采集系统结构图

定时地从 AD 转换模块中读取变换后的数字信号，并将读取到的数字信号换算成水位值，最后将水位值通过串口发送给计算机，计算机通过串口将水位数值读取到相应的文件中进行储存（图 4.3）。

表 4.1　数据采集系统的主要元件的性能指标

主要模块	简介	性能指标
水位传感器	采用湖北中天科技的 GB-2100A 型扩散硅水位传感器	测量范围为 0～1000mm，精度为 1mm，稳定性 ≤ 0.1F·S/a，采样频率 ≤ 2ms

主要模块	简介	性能指标
AD 转换模块	采用 TLC2543（美国德州仪器公司的 12 位开关电容型逐次逼近模数转换器），具有 3 个控制输入端，用简单的 3 线 SPI 串行接口可方便地与计算机进行连接	精度最大值为 4096，以 1000mm 计算，分辨率可达 1000/4096mm，即 < 0.25mm，满足水位传感器的 1mm 的测量精度要求
稳压电源模块	采用 LM1085（美国国家半导体公司的典型低压差线性稳压集成电路）	输入输出电压差低至 1.5V，输出电流可达 3A，具有限流及过热保护功能，工作温度范围为 –40 ~ 125°C
单片机控制系统	采用 ATmage32 单片机（美国 ATMEL 公司），是高性能，低功耗的 8 位 AVR 单片机	工作于 16MHz 时性能高达 16MIPS，内部带有两个串口，运行速度快，方便与计算机进行串口通信

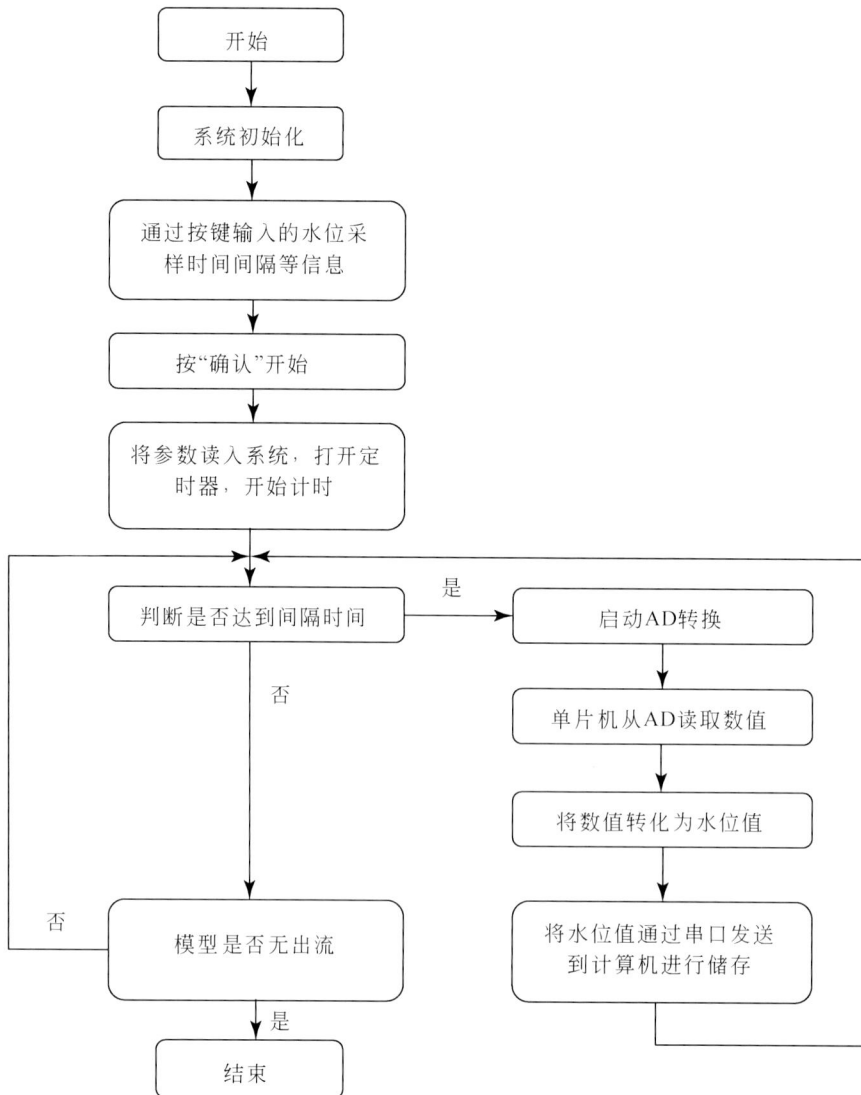

图 4.3 数据采集系统的运行流程图

4.1.1.2　降雨系统

本实验的降雨系统（图4.4）主要由降雨喷头（3）、支架（4）和供水控制系统组成，支架由角钢焊制而成，高180cm，长150cm，宽70cm。PVC管制成的降雨模拟器放置于支架的顶部，16个可调式铜质微喷头均匀布置于100cm×60cm大小范围内，单个喷头流量范围为0.2~0.7L/min。该降雨系统由24V直流潜水泵（5）供水，潜水泵通过稳压直流电源模块控制抽水量大小，进而控制降雨量的大小，显示屏显示的电压大小对应不同雨强。通过蓄水箱（6）内水量的变化和降雨时间，计算每次雨强大小。

直流稳压电源模块采用LM2596开关电压调节器进行设计，LM2596是美国国家半导体公司生产的降压开关型集成稳压芯片，能够输出3A的驱动电流，同时具有很好的线性和负载调节特性，可输出1.2~37V范围内的任一电压。

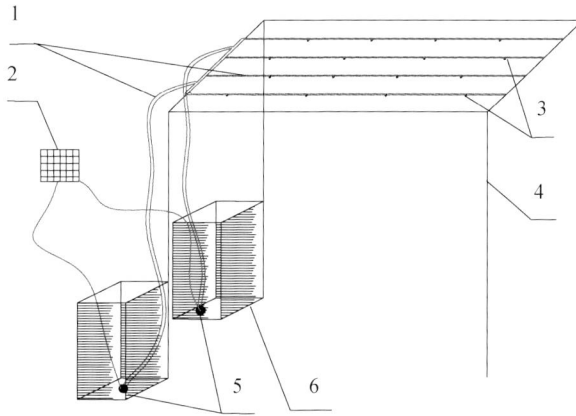

图 4.4　降雨系统设计图
1. 供水管；2. 直流稳压电源模块；3. 可调式微喷头；4. 支架；5. 潜水泵；6. 蓄水箱

4.1.1.3　实验材料

物理模型搭建选用工业橡皮泥为实验介质，每块大小约为12cm×9cm×2cm，重约300g。此材料不透水，易于塑型，可塑造出各种形状的岩溶管道、漏斗、天窗和裂隙等。西南岩溶地下河系统中的多重含水介质，能模拟暴雨条件下岩溶地下河系统中快速流的动态变化。

4.1.2　特征选取

本实验模型是对中国西南岩溶区典型岩溶地下河系统的一种理想概化。实验在桂林理工大学环境科学与工程学院的流域产沙模拟实验室内进行。

4.1.2.1　不同岩溶洼地系统设计

在中国西南岩溶区，旱涝灾害多发生在岩溶区的峰丛洼地和峰林谷地。其中岩溶峰丛洼地分布最广，地域性最强（图4.5）。这些地方是当地居民和农田集中分布的区域，也是经济活动的主要承载区，所以洪涝灾害往往造成严重的损失（揭锡玉、徐国东，2003）。因此选择岩溶峰丛洼地为主要实验对象，同时选择岩溶峰林谷地作为对比地貌与之进行对比。其中岩溶峰丛洼地的设计以峰丛洼地遍布的广西马山县为原型，岩溶峰林谷地根据贵州省普定县陈旗后寨河典型地块设计。

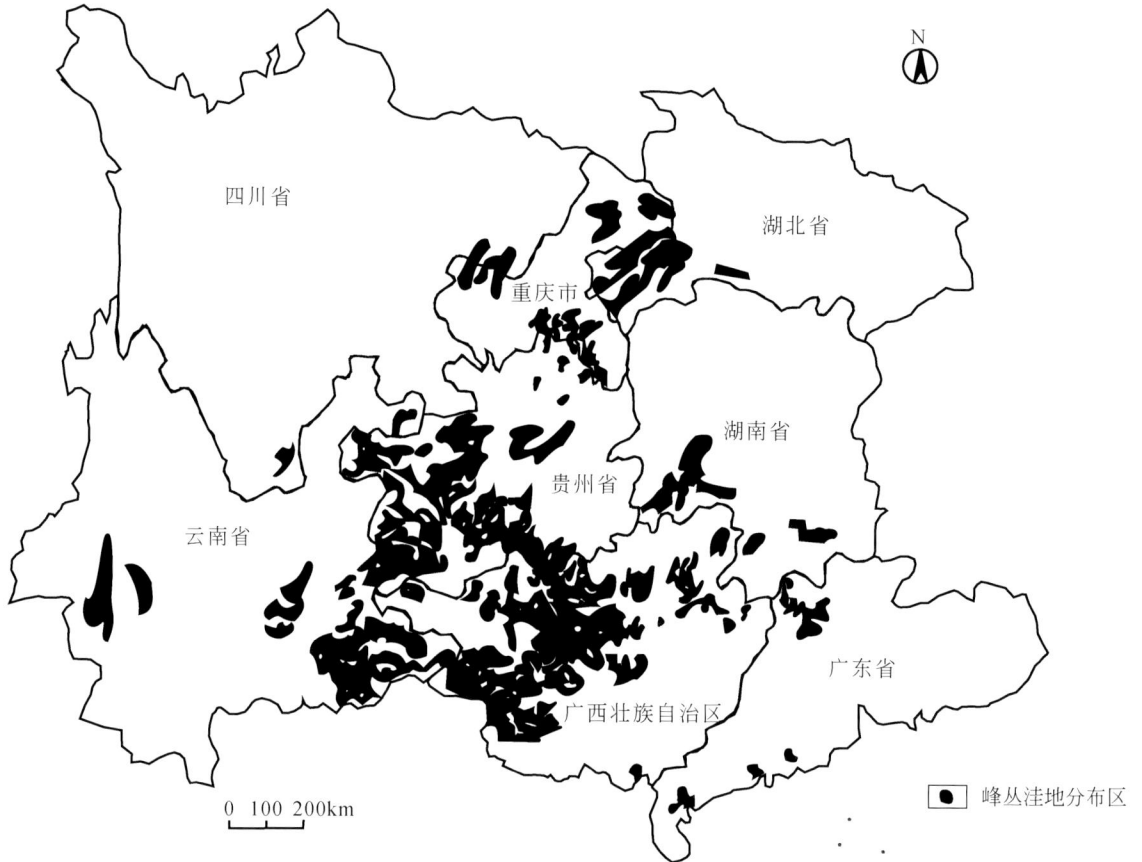

图4.5　中国西南岩溶区峰丛洼地分布示意图

马山县是广西壮族自治区岩溶面积大的县城，碳酸盐岩面积2041.63km²，占总面积的1.03%，而马山东部地区93.86%为碳酸盐岩地区，属全县岩溶面积分布最广泛、内涝最严重的地区。同时这一区分布有大面积的高峰丛洼地，其高程270～460m，相对高差160～350m，离红水河较远，基本上没有地表水系。

后寨河流域位于黔中高原西部长江水系和珠江水系的分水岭地区，流域内地势东南高，西北低，为高原山地地形（路洪海、章程，2007）。流域内岩溶地貌强烈发育，峰丛洼地、峰林谷地遍布。地块上游为岩溶峰丛洼地、岩溶漏斗地貌组合类型，中游为岩溶峰林、岩溶槽谷类型，下游为丘陵、谷地、盆地，以中游的岩溶峰林谷地为主（覃小群等，2011）。地表河发育微弱，后寨河是区内唯一的地表河流，为季节性河流；后寨地下河水系则相当发育，径流常年不断，为本区重要的供水水源。由于该河床渗漏严重，河流明暗交替频繁，由于本实验以岩溶地下河系为主要研究对象，因而地表河流运动忽略不计。

　　所选区域地表地下岩溶发育，岩溶管道遍布，全流域代表性强。为了更直观精确地观察两者的区别，实验选用 1：1 万的比例尺，模拟实际面积约为 60km^2（图 4.6 ~ 图 4.9）。

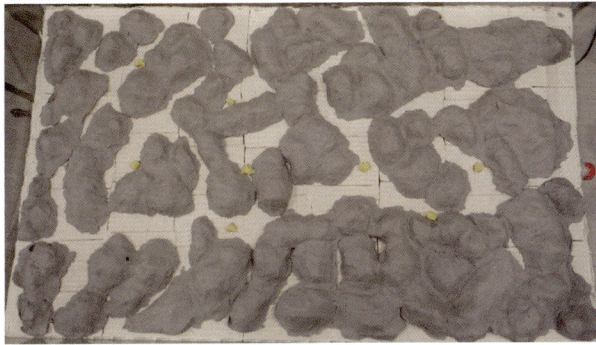

图 4.6　广西马山县岩溶区岩溶峰丛洼地实验模型

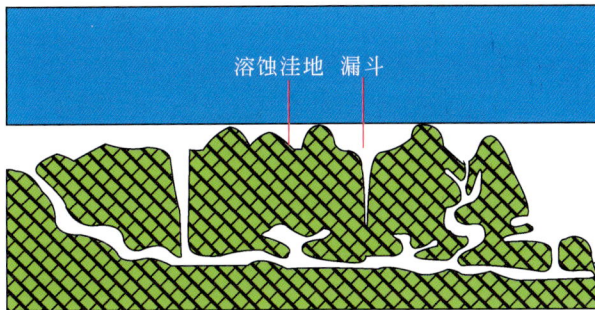

图 4.7　广西马山县岩溶区岩溶峰丛洼地实验模型纵剖面图

图 4.8　贵州后寨河流域岩溶区岩溶峰林谷地实验模型

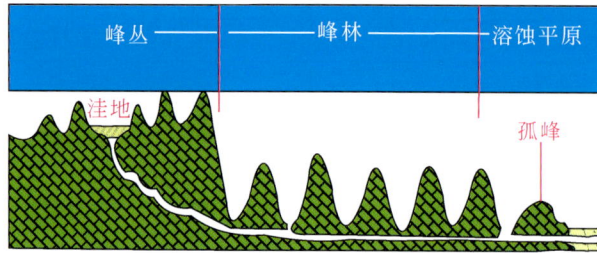

图 4.9   贵州后寨河流域岩溶区岩溶峰林谷地实验模型纵剖面图

在岩溶峰丛洼地区，岩溶洼地的形状对消水时间也有一定的影响，因为岩溶洼地往往都不规则，特将中国西南岩溶区最为常见的岩溶洼地形状进行概化并将其通过同体积的水体转化为标准的几何体，为了实验方便，特将概化后的两种类型分为"平底圆筒"型和"抛物线形四周合围"型。按照大多数岩溶洼地的形状进行统计归类，设计贵州后寨河流域的岩溶峰丛洼地为"平底圆筒"型，广西马山县岩溶峰丛洼地为"抛物线形四周合围"型，实验选取 1∶2000 的比例尺，实际模拟面积约为 2.4km²，从 GoogleEarth 上选择典型地块，利用 GoogleSketchUp 作出轮廓概念图，根据几何相似原理以工业橡皮泥进行塑造（图 4.10 ~ 图 4.15）。

同时，根据前人关于"分形论"的研究观点可知，岩溶峰丛洼地与"平底圆筒"型岩溶洼地、岩溶峰林谷地与"抛物线形四周合围"型岩溶洼地符合"分形论"关于整体与部分的论述，在某种程度上具有一定的相似性，即实验模拟的小块所理论可以代表中国西南岩溶区相似地形地貌的大块所。

图 4.10   贵州后寨河流域典型岩溶峰丛洼地（"平底圆筒"型）轮廓图

图 4.11   贵州后寨河流域典型岩溶峰丛洼地（"平底圆筒"型）轮廓概念图

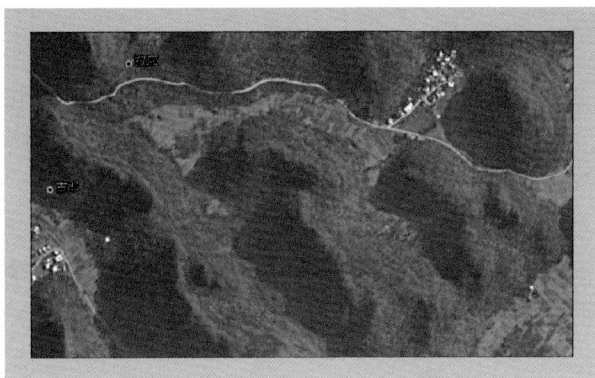

图 4.12　广西马山县典型岩溶峰丛洼地（"抛物线形四周合围"型）轮廓图

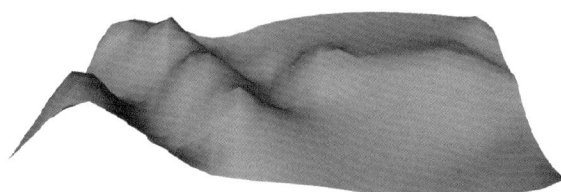

图 4.13　广西马山县典型岩溶峰丛洼地（"抛物线形四周合围"型）轮廓概念图

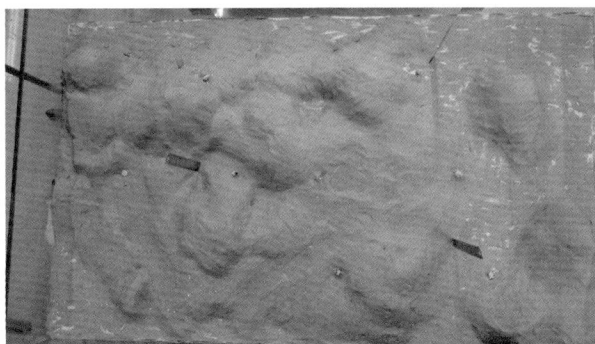

图 4.14　贵州后寨河流域典型岩溶峰丛洼地（"平底圆筒"型）实体模型

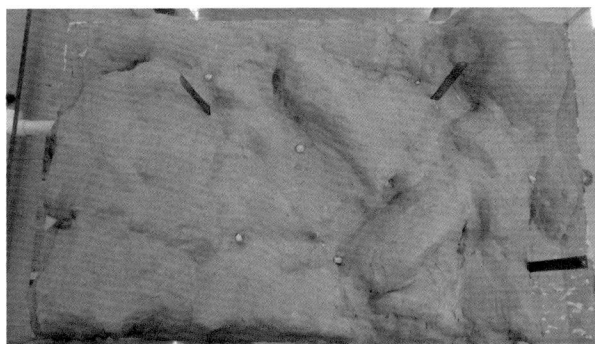

图 4.15　广西马山县典型岩溶峰丛洼地（"抛物线形四周合围"型）实体模型

4.1.2.2　不同岩溶管道系统设计

岩溶管道系统不同因素的选取，主要包括地下岩溶管道和地表地下连通管道两方面。地下岩溶管道的差异性设计主要存在于三个方面：结构复杂性、管道埋深、管道水力坡度。在中国西南岩溶区，地下岩溶管道的构造以广西、贵州地下最主要的上游分叉型管道居多，以此作为主要研究对象，另以少量存在的单直管和树枝型管道作为对比。地下岩溶管道的埋深主要以浅层埋深和深层埋深进行对比，管道的埋深的程度按照实验模型已存在的地下岩溶管道设计。地下岩溶管道的水力坡度则取中国西南岩溶区最常见的纵向水力坡度上游大，下游小模式。为了凸显矛盾，特将对比模型的水力坡度设计为全程较大。

为了达到实验目的，地下岩溶管道的模型需搭建 3 个。每个模型由 11 ~ 12 层橡皮泥搭建，高度约为 21 ~ 22cm。每个模型最底层主要模拟大块岩石之间的大裂隙，宽度约为 2 ~ 4mm（图 4.16），每块大岩石内部有小裂隙，宽度约为 0.1 ~ 1mm（图 4.17）；中间层模拟岩溶地下河管道，断面几何形态为矩形，宽度约为 10 ~ 12mm，高度约为 10mm，地下岩溶管道的平面展示形态有单直管型、上游分叉型和树枝型，特点是岩溶管道越来越发育，分管道越来越多。剖面上坡度设置有缓有陡，中间层的裂隙宽度约为 1 ~ 2mm；上层全为小裂隙，宽度约为 0.1 ~ 2mm，同时塑造一些圆形状的岩溶漏斗（不直接连通岩溶地下河管道）和天窗（直通岩溶地下河管道），直径大小约为 8 ~ 10mm（表 4.2）。

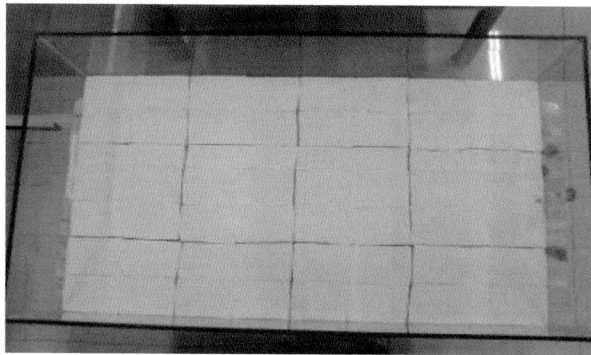

图 4.16　岩溶管道系统模型搭建的大裂隙

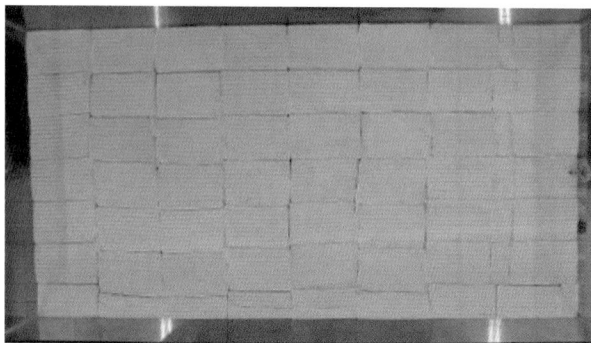

图 4.17　岩溶管道系统模型搭建的小裂隙

表 4.2　物理模拟实验岩溶管道系统设计

因素	模型图示	
地下岩溶管道不同结构	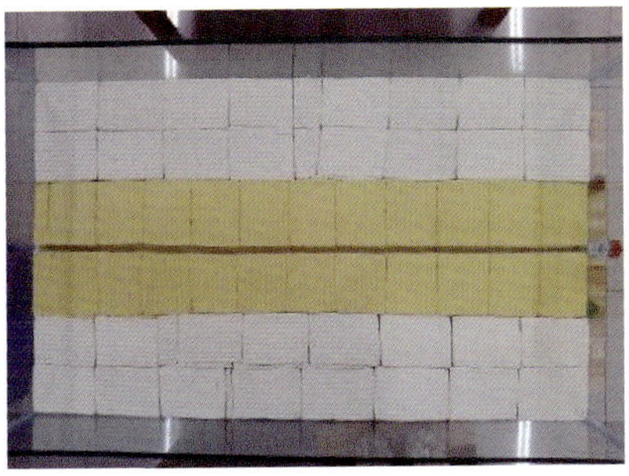 　单直管型的地下岩溶管道设计	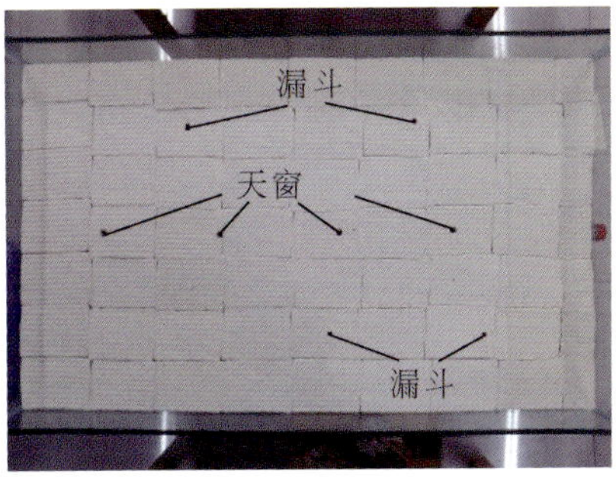 　单直管型的岩溶地表地下连通管道（天窗和漏斗）设计
地下岩溶管道不同结构	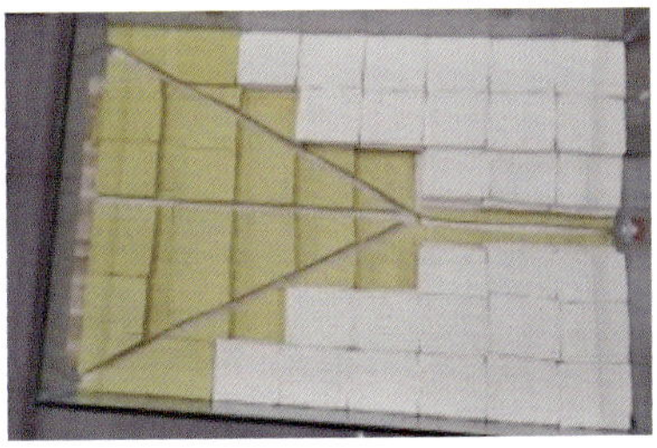 　上游分叉型地下岩溶管道设计	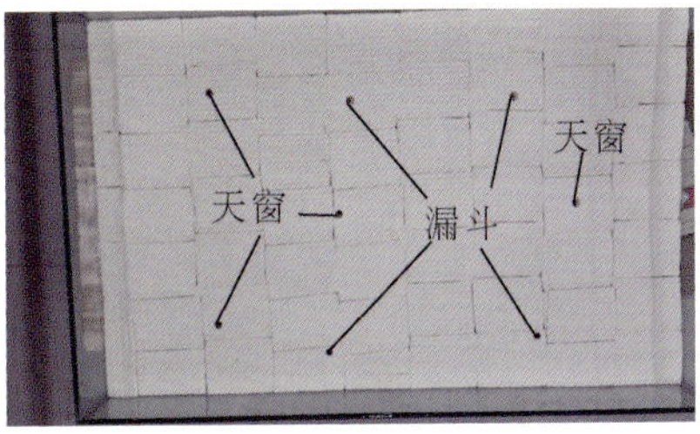 　树枝型的岩溶地表地下连通管道（天窗和漏斗）设计
	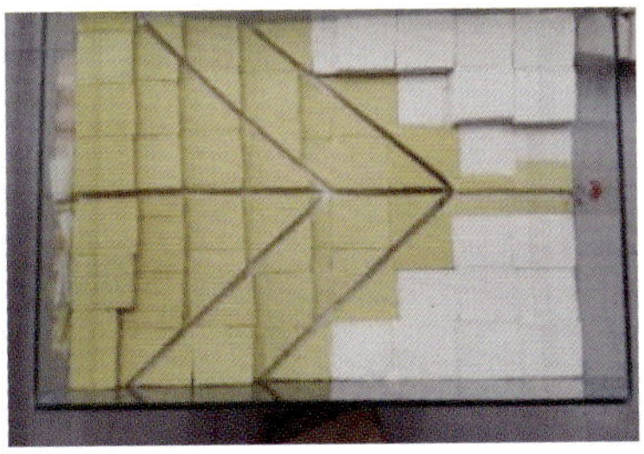 　树枝型地下岩溶管道设计	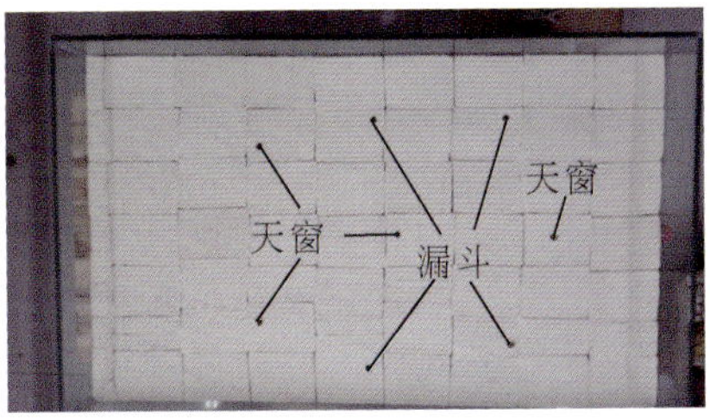 　树枝型的岩溶地表地下连通管道（天窗和漏斗）设计
地表地下不同连通管道	地表地下岩溶管道连通方式是将岩溶区地表地下水系的连通方式分为两种，即连通管道与地下主管道、二级管道的连接方式，为了简便区分，下文中将连通地下主管道的连通管道称为天窗，连通二级管道的称为岩溶漏斗。地表地下不同连通管道的对比即选取一模型，在实验过程中控制变量，改变其连通管道数目	

续表

因素	模型图示
地下岩溶管道不同埋深	单直管型浅层埋深的地下岩溶管道纵剖面　　 单直管型深层埋深的地下岩溶管道纵剖面
	搭建的模型总高度为19cm，在搭建过程中，共设计有两种埋深的岩溶地下河管道，以模型表面为0基准计算埋深，浅层埋深为4cm，管道高度为15cm；深层埋深为16cm，管道高度为3cm
地下岩溶管道不同水力坡度	单直管型较小水力坡度的地下岩溶管道纵剖面图　　 单直管型较大水力坡度的地下岩溶管道纵剖面图
	同样以单直管型管道为地下结构，不同的水力坡度下地下岩溶管道的出流位置高度分别为3cm和9cm。设计较小的水力坡度为上游10.8%，中下游段几乎为水平，坡度为0，全程水力坡度为7.6%，为了凸显矛盾，特将较大的水力坡度设计为全程13.6%

4.1.2.3　实验模型三维效果图

Midas GTS（Geotechnical and Tunnel analysis System）是将通用的有限元分析内核与岩土结构的专业性要求有机地结合而开发的岩土与隧道结构有限元分析软件。该软件界面简洁，前处理功能强大。GTS模块具有CAD水准的三维几何建模功能，自动划分网格、映射网格等高级网格划分功能，方便快速的隧道建模助手，大模型的快速显示和最优的图形处理功能，适合于Windows操作环境的最新的用户界面系统，图形建模法可以实现"所见即所得"。

本次三维模型的地表形态以峰丛洼地遍布的广西马山县为原型（"抛物线形四周合围"型，实际模拟面积约为2.4km²），地下岩溶管道的平面展示形态有单直管型、上游分叉型和树枝型，特点是岩溶管道越来越发育，分管道越来越多。

三维模型采用Midas GTS内嵌工具地形数据生成器（TGM）生成地表形态，再通过软件内扩展、扫描等功能实现复杂地下岩溶管道的建立，最后通过布尔运算功能及网格划分功能建立相应模型效果。三维效果如图4.18～图4.20所示。

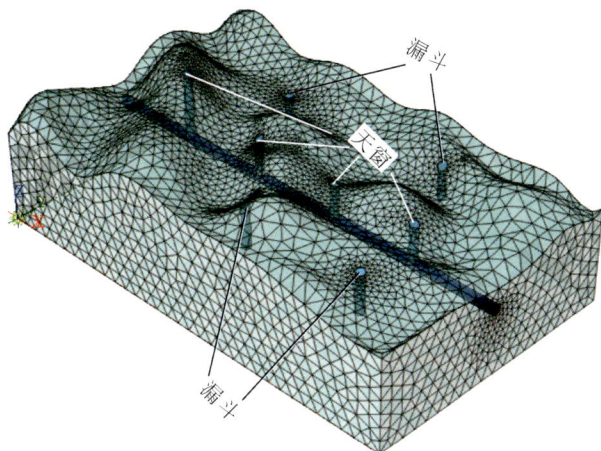

图 4.18　单直管型岩溶地表地下连通管道（天窗和漏斗）三维模型

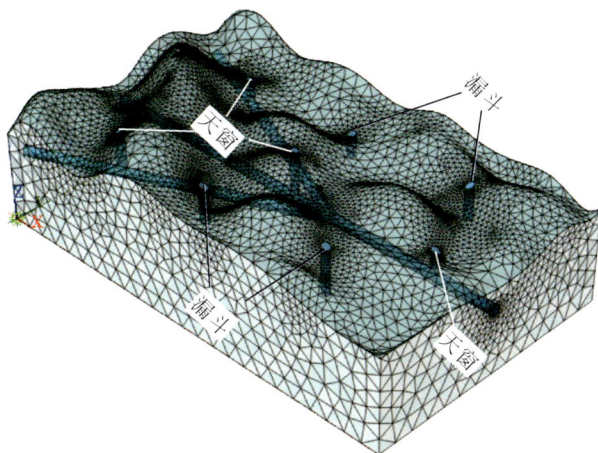

图 4.19　上游分叉型岩溶地表地下连通管道（天窗和漏斗）三维模型

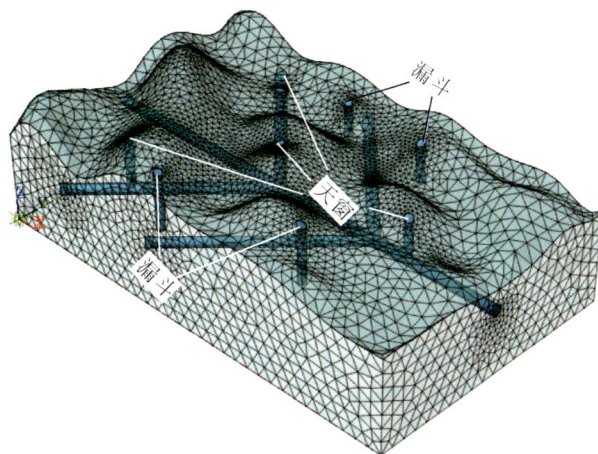

图 4.20　树枝型岩溶地表地下连通管道（天窗和漏斗）三维模型

4.1.3　实验设计

本次实验选取中国西南岩溶区岩溶洼地系统和岩溶管道系统两方面进行分析。主要影响因素可分为：

（1）岩溶洼地类型（"平底圆筒"型、"抛物线形四周合围"型）；

（2）地形地貌（岩溶峰丛洼地、岩溶峰林谷地）；

（3）地下岩溶管道结构（单直管型、上游分叉型、树枝型）；

（4）地表地下岩溶管道连通方式（天窗与岩溶漏斗的数目）；

（5）地下岩溶管道埋深；

（6）地下岩溶管道水力坡度（表4.3）。

通过不同因素的排列组合，以控制变量法对每组数据进行对比，从而得出这四个因素在旱涝灾害发生时所表现出的贡献能力。

表 4.3　物理实验模拟旱涝灾害地表地下主要影响因素详细分类

因素	详细分类		
岩溶洼地类型	"平底圆筒"型		"抛物线形四周合围"型
岩溶地形地貌	峰丛洼地：1:2000~1:10000		峰林谷地 1:10000
地下岩溶管道结构	单直管型	上游分叉型	树枝型
地表地下岩溶管道连通方式	a.4个落水洞直通主管道，4个落水洞、脚洞连接二级管道 b.4个落水洞直通主管道，0个落水洞、脚洞连接二级管道 c.0个落水洞直通主管道，0个落水洞、脚洞连接二级管道 d.0个落水洞直通主管道，4个落水洞、脚洞连接二级管道		
地下岩溶管道埋深	浅层埋深		深层埋深
地下岩溶管道水力坡度	水力坡度较大		水力坡度较小

对表4.3中所列因素根据表4.4进行组合，按照控制变量法进行对比实验时，必须要控制其他因素不变。

表 4.4　物理实验模拟旱涝灾害地表地下主要影响因素组合类型

变量	序号	组合描述
岩溶洼地类型	1	以"平底圆筒"型的岩溶洼地为地表，单一直管型为地下岩溶管道结构组合
	2	以"抛物线形四周合围"型的岩溶洼地为地表，单一直管型为地下岩溶管道结构组合
岩溶地形地貌	3	以1:10000的岩溶峰丛洼地为地表，树枝型为地下岩溶管道结构组合
	4	以1:10000的岩溶峰林谷地为地表，树枝型为地下岩溶管道结构组合
地下岩溶管道复杂程度	5	以"平底圆筒"型的岩溶洼地为地表，单一直管型为地下岩溶管道结构组合
	6	以"平底圆筒"型的岩溶洼地为地表，单一直管型为地下岩溶管道结构组合
	7	以"平底圆筒"型的岩溶洼地为地表，单一直管型为地下岩溶管道结构组合

续表

变量	序号	组合描述
地表地下岩溶连通管道	8	以"抛物线形四周合围"型的岩溶洼地为地表,单一直管型为地下岩溶管道结构,地表地下之间连通管道为 4 个落水洞直通主管道,4 个落水洞、脚洞连接二级管道(连通性好)
	9	以"抛物线形四周合围"型的岩溶洼地为地表,单一直管型为地下岩溶管道结构,地表地下之间连通管道为 4 个落水洞直通主管道,0 个落水洞、脚洞连接二级管道
	10	以"抛物线形四周合围"型的岩溶洼地为地表,单一直管型为地下岩溶管道结构,地表地下之间连通管道为 0 个落水洞直通主管道,0 个落水洞、脚洞连接二级管道(连通性差)
	11	以"抛物线形四周合围"型的岩溶洼地为地表,单一直管型为地下岩溶管道结构,地表地下之间连通管道为 0 个落水洞直通主管道,4 个落水洞、脚洞连接二级管道
地下岩溶管道埋深	12	以"抛物线形四周合围"型的岩溶洼地为地表,单一直管型为地下岩溶管道结构,浅埋深
	13	以"抛物线形四周合围"型的岩溶洼地为地表,单一直管型为地下岩溶管道结构,深埋深
地下岩溶管道水力坡度	14	以"抛物线形四周合围"型的岩溶洼地为地表,单一直管为地下结构,水力坡度较大
	15	以"抛物线形四周合围"型的岩溶洼地为地表,单一直管为地下结构,水力坡度较小

注:下文中将直通主管道落水洞都概化为天窗,连接二级管道脚洞、落水洞都概化为岩溶漏斗,地表地下岩溶管道连通方式在没有特殊说明时均为 4 个天窗,4 个岩溶漏斗。

4.1.4 实验过程与结果

将降水装置与模型装置组合,调整装置使降水喷头完全位于模型正上方中心位置。为降水系统的蓄水箱蓄足水。接通电源,检查传感器、数据采集系统、降水 AVR 单片机控制系统的运行情况。关闭模型箱放水阀,堵住模型箱所有出流孔,往蓄水箱内注满水。按照实验设计分别进行对比试验。

4.1.4.1 不同岩溶地形地貌对比

两种地形地貌的对比以树枝型地下岩溶管道结构分别组合 1:10000 的峰丛洼地与峰林谷地,降水 3min,平均降水量为 33.65L,同等暴雨强度、同等地表地下岩溶管道连通情况下,对比岩溶区典型的峰丛洼地和峰林谷地两种地形地貌的降水响应过程,其出口流量–时间过程线和地下水水位–时间过程线分别如表 4.5 和表 4.6 所示。

表 4.5　物理实验模拟不同岩溶地形地貌的出口流量–时间过程曲线对比表

不同岩溶地形地貌	出口流量–时间过程曲线
地表为 1：10000 的峰丛洼地地下结构为树枝型	
地表为 1：10000 的峰林谷地地下结构为树枝型	

表 4.6　物理实验模拟不同岩溶地形地貌的地下水水位–时间过程曲线对比表

不同岩溶地形地貌	地下水水位–时间过程曲线
地表为 1：10000 的峰丛洼地地下结构为树枝型	
地表为 1：10000 的峰林谷地地下结构为树枝型	

4.1.4.2　不同岩溶洼地类型对比

　　不同岩溶洼地类型的对比主要以单直管型地下岩溶管道结构分别组合"平底圆筒"型岩溶洼地和"抛物线形四周合围"型岩溶洼地，降水 3min，平均降水量为 35.25L，同等暴雨强度、同等地表地下岩溶管道连通情况下，对比"平底圆筒"型和"抛物线形四周合围"型两种类型岩溶洼地的降水响应过程，其出口流量–时间过程线和地下水水位–时间过程线分别如表 4.7 和表 4.8 所示。

表 4.7　物理实验模拟不同类型岩溶洼地的出口流量–时间过程曲线对比表

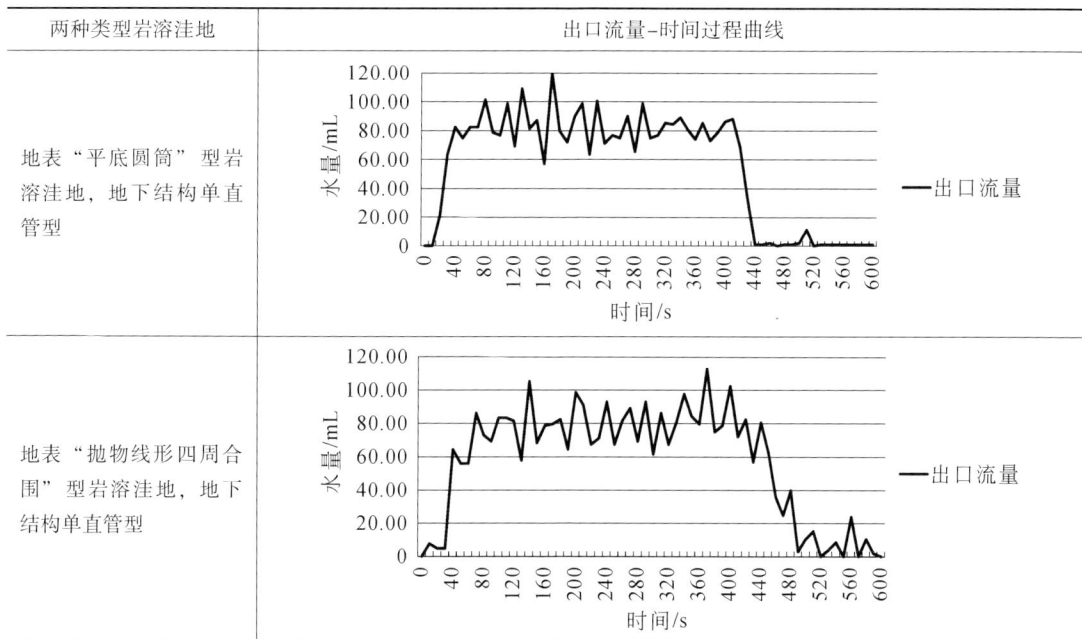

两种类型岩溶洼地	出口流量–时间过程曲线
地表"平底圆筒"型岩溶洼地，地下结构单直管型	
地表"抛物线形四周合围"型岩溶洼地，地下结构单直管型	

表 4.8　物理实验模拟不同类型岩溶洼地的地下水水位–时间过程曲线对比表

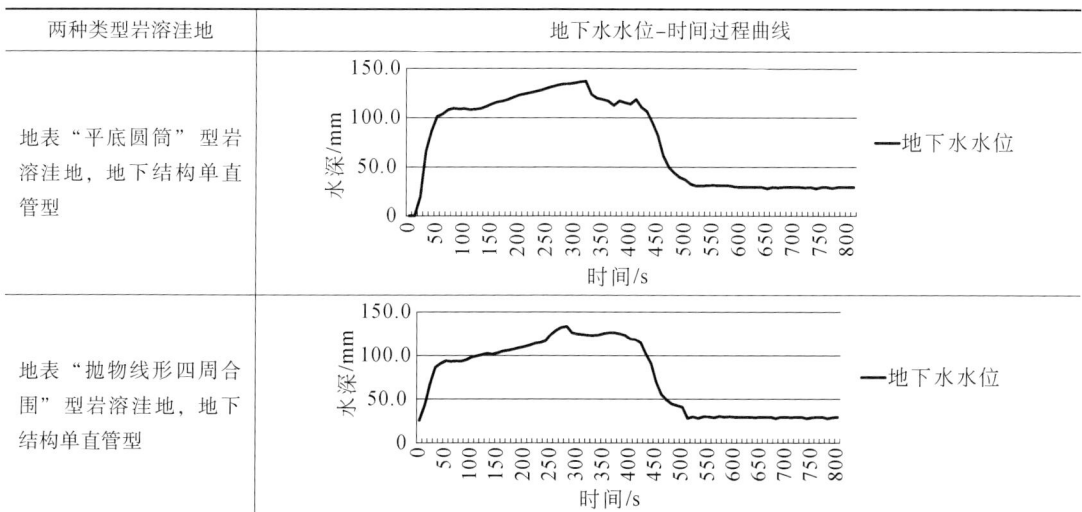

两种类型岩溶洼地	地下水水位–时间过程曲线
地表"平底圆筒"型岩溶洼地，地下结构单直管型	
地表"抛物线形四周合围"型岩溶洼地，地下结构单直管型	

4.1.4.3　不同地下岩溶管道结构对比

地下岩溶管道结构的对比主要以"平底圆筒"型岩溶洼地作为地表地物地貌，降水3min，平均降水量为34.6L，同等暴雨强度、同等地表地下岩溶管道连通情况下，对比单直管型、上游分叉型、树枝型三种不同地下岩溶管道结构的降水响应过程，这三种管道的复杂程度递增，其出口流量–时间过程线和地下水水位–时间过程线分别如表4.9和表4.10所示。

表 4.9　物理实验模拟不同地下岩溶管道结构出口流量–时间过程曲线对比表

不同地下岩溶管道结构	出口流量–时间过程曲线
地表"平底圆筒"型岩溶洼地，地下结构单直管型	
地表"平底圆筒"型岩溶洼地，地下结构上游分叉型	
地表"平底圆筒"型岩溶洼地，地下结构树枝型	

表 4.10　物理实验模拟不同地下岩溶管道结构地下水水位–时间过程曲线对比表

不同地下岩溶管道结构	地下水水位–时间过程曲线
地表"平底圆筒"型岩溶洼地，地下结构单直管型	
地表"平底圆筒"型岩溶洼地，地下结构上游分叉型	
地表"平底圆筒"型岩溶洼地，地下结构树枝型	

4.1.4.4　不同地表地下岩溶管道连通方式对比

以单直管型地下岩溶管道结构搭配"抛物线形四周合围"型地表地貌结构，降水3min，平均降水量为33.15L，同等暴雨强度、地形地貌情况下，四种不同地表地下岩溶管道结构的出口流量–时间过程线和地下水水位–时间过程线分别如表 4.11 和表 4.12 所示。

表 4.11　物理实验模拟不同地表地下岩溶管道连通方式的出口流量–时间过程曲线对比表

不同地表地下岩溶管道/连通方式	出口流量–时间过程曲线
地表为"抛物线形四周合围"型岩溶洼地地下结构单直管型/岩溶地表地下连通管道为4天窗4岩溶漏斗	

不同地表地下岩溶管道/连通方式	出口流量-时间过程曲线
地表为"抛物线形四周合围"型岩溶洼地地下结构单直管型/岩溶地表地下连通管道为4天窗0岩溶漏斗	
地表为"抛物线形四周合围"型岩溶洼地地下结构单直管型/岩溶地表地下连通管道为0天窗0岩溶漏斗	
地表为"抛物线形四周合围"型岩溶洼地地下结构单直管型/岩溶地表地下连通管道为0天窗4岩溶漏斗	

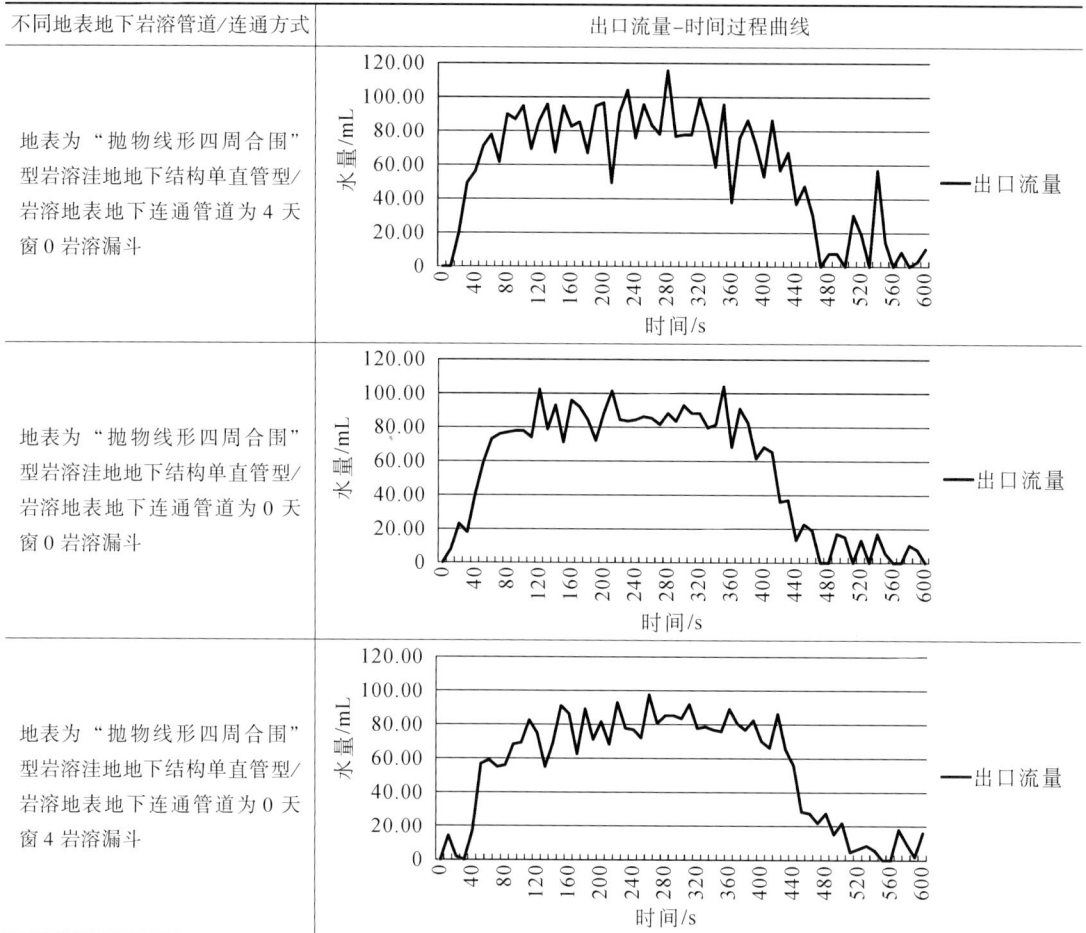

表 4.12　物理实验模拟不同地表地下岩溶管道连通方式的地下水水位-时间过程曲线对比表

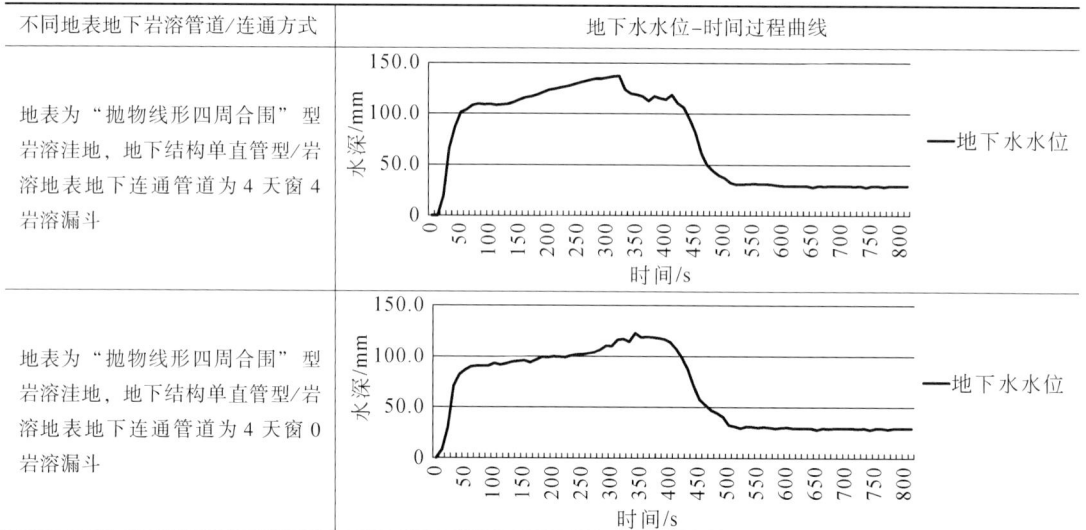

不同地表地下岩溶管道/连通方式	地下水水位-时间过程曲线
地表为"抛物线形四周合围"型岩溶洼地，地下结构单直管型/岩溶地表地下连通管道为4天窗4岩溶漏斗	
地表为"抛物线形四周合围"型岩溶洼地，地下结构单直管型/岩溶地表地下连通管道为4天窗0岩溶漏斗	

续表

不同地表地下岩溶管道/连通方式	地下水水位-时间过程曲线
地表为"抛物线形四周合围"型岩溶洼地，地下结构单直管型/岩溶地表地下连通管道为 0 天窗 0 岩溶漏斗	
地表为"抛物线形四周合围"型岩溶洼地，地下结构单直管型/岩溶地表地下连通管道为 0 天窗 4 岩溶漏斗	

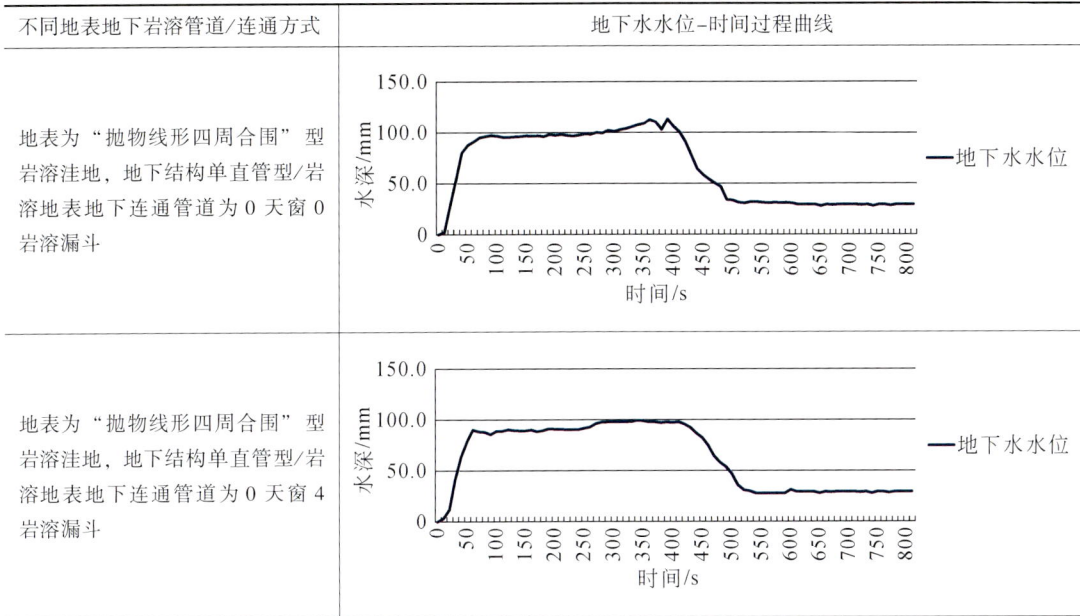

4.1.4.5 不同地下岩溶管道埋深对比

以单直管型地下岩溶管道结构搭配"抛物线形四周合围"型地表地貌结构，降水 6min，平均降水量为 66.15L，同等暴雨强度、地形地貌情况下，不同地下岩溶管道埋深的出口流量-时间过程线和地下水水位-时间过程线如表 4.13 和表 4.14 所示。不同埋深的单一管道型岩溶地下河出口流量和水位对降水的响应过程相似，出口流量和水位的变化过程大体分为三个阶段：增长、平稳和衰减。

表 4.13 物理实验模拟不同地下岩溶管道埋深的出口流量-时间过程曲线对比表

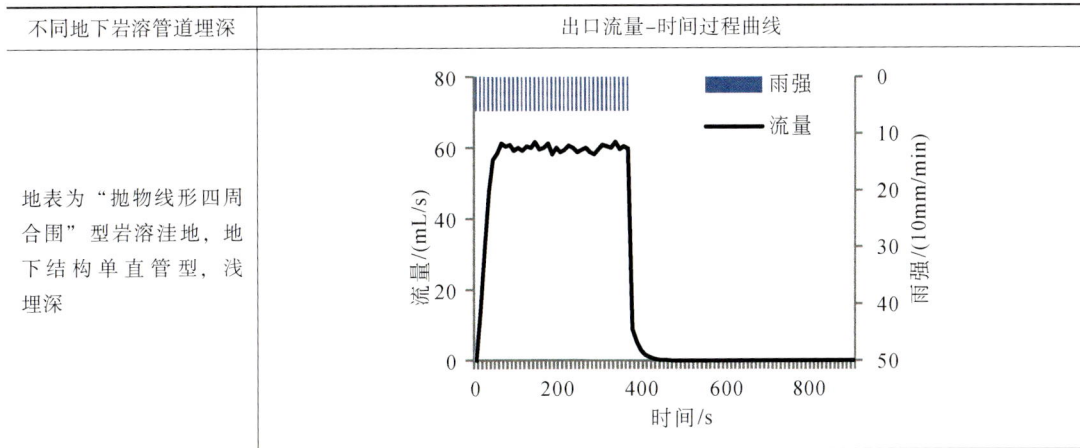

不同地下岩溶管道埋深	出口流量-时间过程曲线
地表为"抛物线形四周合围"型岩溶洼地，地下结构单直管型，浅埋深	

不同地下岩溶管道埋深	出口流量–时间过程曲线
地表为"抛物线形四周合围"型岩溶洼地,地下结构单直管型,深埋深	

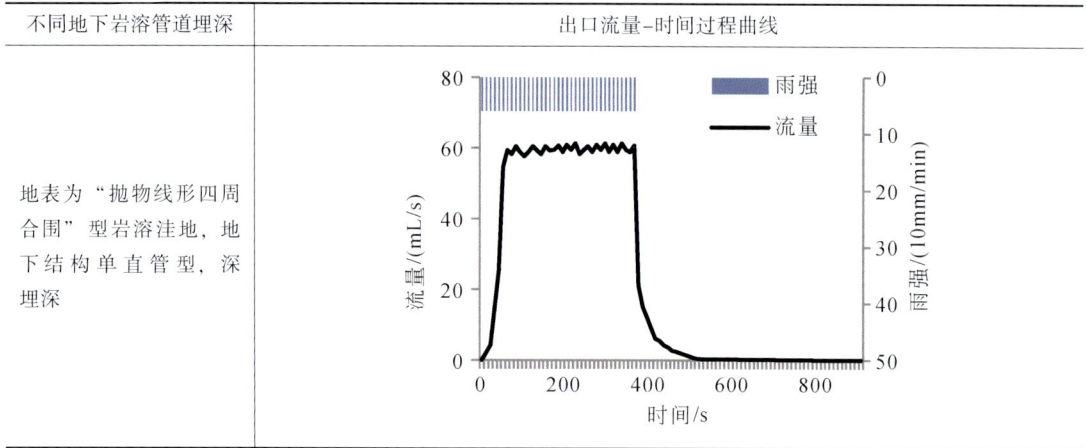

表 4.14　物理实验模拟两种地下岩溶管道埋深的地下水水位–时间过程曲线对比表

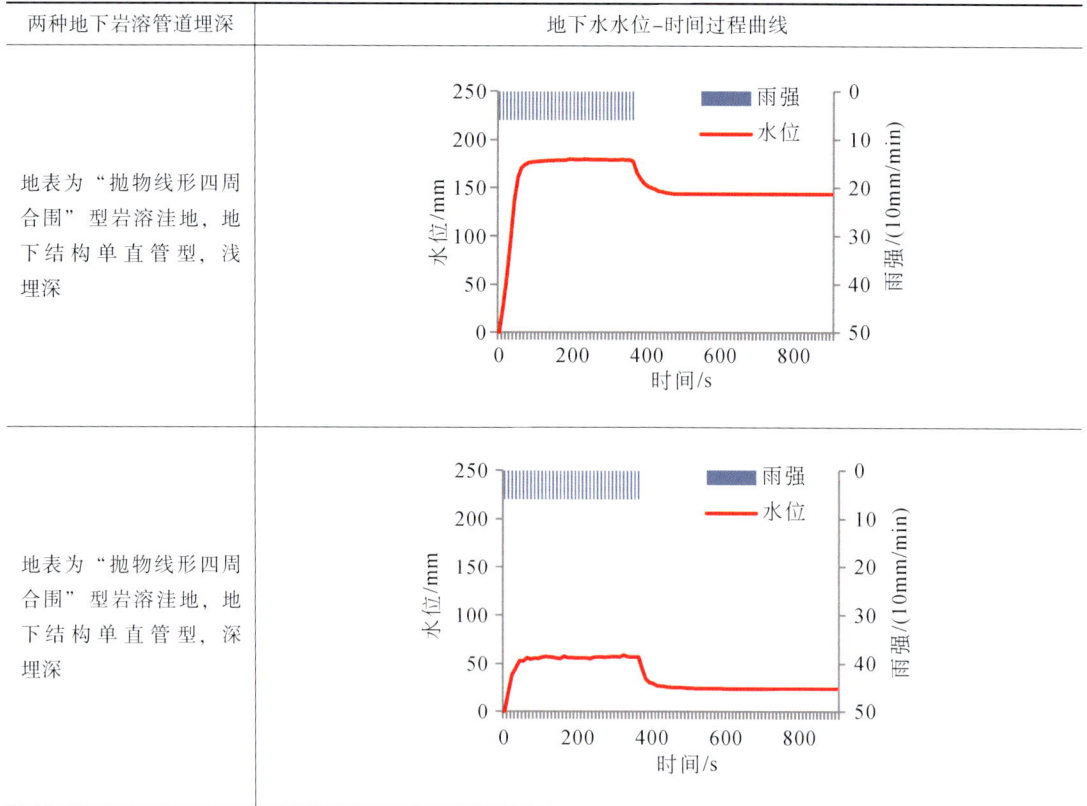

两种地下岩溶管道埋深	地下水水位–时间过程曲线
地表为"抛物线形四周合围"型岩溶洼地,地下结构单直管型,浅埋深	
地表为"抛物线形四周合围"型岩溶洼地,地下结构单直管型,深埋深	

4.1.4.6　不同地下岩溶管道水力坡度对比

以单直管型地下岩溶管道结构搭配"抛物线形四周合围"型地表地貌结构,降水6min,平均降水量为66.30L,同等暴雨强度、地形地貌情况下,对比上游水力坡度相似、中下游水力坡度有差别的两种地下岩溶管道的降水响应过程，其出口流量–时间过程线和地下水水位–时间过程线如表 4.15 和表 4.16 所示。

表 4.15　物理实验模拟不同地下岩溶管道水力坡度的出口流量–时间过程曲线对比表

不同地下岩溶管道水力坡度	出口流量–时间过程曲线
地表为"抛物线形四周合围"型岩溶洼地，地下结构单直管型，较大水力坡度	
地表为"抛物线形四周合围"型岩溶洼地，地下结构单直管型，较小水力坡度	

表 4.16　物理实验模拟不同地下岩溶管道水力坡度的地下水水位–时间过程曲线对比表

不同地下岩溶管道水力坡度	地下水水位–时间过程曲线
地表为"抛物线形四周合围"型岩溶洼地，地下结构单直管型，较大水力坡度	
地表为"抛物线形四周合围"型岩溶洼地，地下结构单直管型，较小水力坡度	

4.1.5　实验结论

在进行物理实验模拟时，不同岩溶地形地貌（岩溶峰丛洼地、岩溶峰林谷地）、不同岩溶洼地类型（"平底圆筒"型、"抛物线形四周合围"型）、不同地下岩溶管道结构（单直管型、上游分叉型、树枝型）、不同岩溶地表地下岩溶管道连通方式（天窗和岩溶漏斗的数目）四个因素对比实验的降水时间为 3min，四组实验的降水量分别为 34.6L，35.25L，33.65L，33.15L，降水量多少相近。不同地下岩溶管道埋深和不同岩溶地下岩溶管道水力坡度两组对比实验的降水时间为 6min，两组实验的降水量分别为 66.15L 和 66.3L，与前四组实验有所差别。为了直观分析这几种因素影响下的降水响应过程，特对前四组实验进行系统分析，后两组单独分析。以降水前期和降水衰减期的极值点的时间、水量、水位为对比内容（表 4.17）。

表 4.17　岩溶地表地下因素对比实验中地下河出口水量和地下水水位极值点时间统计表

因素	不同因素组合分类	地下河出口水量				地下水水位			
		降水前期/max		衰减期/min		降水前期/max		衰减期/min	
		时间 /s	值 /mL	时间 /s	值 /mL	时间 /s	值 /mm	时间 /s	值 /mm
不同岩溶地形地貌	地表为 1∶10000 的峰丛洼地，地下结构为树枝型	50	94	390	8	60	128	540	51
	地表为 1∶10000 的峰林谷地，地下结构为树枝型	50	98	400	7	60	115	540	50
不同岩溶洼地类型	地表"平底圆筒"型岩溶洼地，地下结构单直管型	40	82	440	1	50	101	520	31
	地表"抛物线形四周合围"型岩溶洼地，地下结构单直管型	50	56	490	3	60	93	520	30
不同地下岩溶管道结构	地表"平底圆筒"型岩溶洼地，地下结构单直管型	120	104	490	3	70	108	490	44
	地表"平底圆筒"型岩溶洼地，地下结构上游分叉型	60	105	410	5	60	112	490	48
	地表"平底圆筒"型岩溶洼地，地下结构树枝型	50	103	370	6	60	115	470	48

因素	不同因素组合分类	地下河出口水量				地下水水位			
		降水前期/max		衰减期/min		降水前期/max		衰减期/min	
		时间/s	值/mL	时间/s	值/mL	时间/s	值/mm	时间/s	值/mm
岩溶地表地下连通方式	地表为"抛物线形四周合围"型岩溶洼地，地下结构单直管型，4 天窗 4 漏斗	60	87	490	10	60	104	520	31
	地表为"抛物线形四周合围"型岩溶洼地，地下结构单直管型，4 天窗 0 漏斗	60	78	470	0	60	90	520	30
	地表为"抛物线形四周合围"型岩溶洼地，地下结构单直管型，0 天窗 0 漏斗	60	73	470	0	60	90	520	31
	地表为"抛物线形四周合围"型岩溶洼地，地下结构单直管型，0 天窗 4 漏斗	60	59	510	5	60	89	510	31

注：降水总历时 3min，降水前期为降水开始至降水 1min，衰减期为降水开始后的第 6min 以后。

4.1.5.1　不同岩溶地形地貌对比分析

（1）对 1∶10000 的岩溶峰丛洼地和岩溶峰林谷地的出口流量–时间过程曲线进行对比分析，岩溶峰丛洼地的出口流量降水前期首次达到极大值点 94mL/s 的时间为 50s，峰林谷地出口流量降水前期首次达到极大值点 98mL/s 的时间为 50s。出口流量衰减期首次达到极小值点 7mL/s 的时间分别为 390s、400s。明显可看出降水前期岩溶峰丛谷地的集水速度比岩溶峰丛洼地快得多，在衰减期，岩溶峰林谷地与岩溶峰丛洼地的消水时间和速度差别不大。

（2）分析岩溶峰丛洼地和岩溶峰林谷地的地下水水位–时间曲线可知，两者的消涨水时间和速度并无二致，降水前期都是在 60s 达到极大值点，水位在 120mm 左右，衰减期在 540s 达到极小值点，水位在 50mm。即表明，岩溶地表地形地貌对岩溶区地下水的消水时间并无直接影响。

分析结论：在岩溶区岩溶峰林谷地比岩溶峰丛洼地对降水的响应要更为迅速，表现在岩溶峰林谷地地区地表水更易转化为地下水，易地表干旱，同样在地下水水位急速升高、地下岩溶管道排泄不畅的情况下，地下水会通过地表地下连通管道在地表地势比较低的负地形处产生洪涝；峰丛洼地则会因为洼地的汇水功能将水集中在地势比较低的地方，如果地势比较低的地方缺少连通地下的管道，则会在该区形成淹没内涝。因此，降水后期，岩溶峰林谷地发生干旱的风险较高。降水中期和后期，岩溶峰丛洼地都易形成淹没，涝灾的风险较高。

4.1.5.2　不同岩溶洼地类型对比分析

（1）对"平底圆筒"型岩溶洼地和"抛物线形四周合围"型岩溶洼地的出口流量–时间过程曲线进行对比分析，分析出口流量首次达到极值点的时间可知，"平底圆筒"型岩溶洼地的出口流量降水前期首次达到极大值点 82mL/s 的时间为 40s，"抛物线形四周合围"型岩溶洼地出口流量降水前期首次达到极大值点 56mL/s 的时间为 50s。出口流量衰减期首次达到极小值点 2mL/s 的时间分别为 440s，490s。可知"平底圆筒"型岩溶洼地集水速度较快，当地表水进入地下，消水速度大小为："抛物线形四周合围"型<"平底圆筒"型，即说明在整体集水区面积相似，可透水的面积越大，与地下连通的裂隙、管道越多时，地表消水时间越短，速度越快。

（2）分析两种岩溶洼地在降水前期的地下水水位–时间曲线，"平底圆筒"型岩溶洼地的首次达到极大值点 101mm 的时间为 50s，"抛物线形四周合围"型岩溶洼地出口流量降水前期首次达到极大值点 93mm 的时间为 60s。而地下水衰减的时间和极小值几乎一致，同时在 520s 时降低至 30mm。这说明，地下水水位上升的速度大小为："抛物线形四周合围"型<"平底圆筒"型岩溶洼地。就地下水水位降低的时间与速度而言，二者并无差别，即表明，岩溶洼地类型对岩溶区地下水的消水时间并无直接影响。

分析结论：地表岩溶洼地的形状对地表集水过程有一定的影响，同体积的"平底圆筒"型岩溶洼地比"抛物线形四周合围"型岩溶洼地集水时间要短，可以迅速将地表水转化为地下水，而"抛物线形四周合围"型岩溶洼地在强降雨到来时，因其汇水作用大于下渗作用，地表水下渗至地下的速度较慢，容易在岩溶洼地处汇水形成小型湖泊，降雨中期便会造成淹没。而"平底圆筒"型岩溶洼地则会经地表裂隙、管道迅速转化为地下水，当降雨量大、降雨历时较长或者地下出口被堵塞而排水不畅时，容易在地势比较低的负地形地区通过地表地下连通管道外溢形成内涝，容易在降雨持续很长时间之后造成洪涝。同样的，由于"平底圆筒"型岩溶洼地能快速将地表水转化为地下水，因此，此种岩溶洼地集中的地区地表也容易缺水，干旱风险大。

4.1.5.3　不同地下岩溶管道结构对比分析

（1）对三种地下岩溶管道结构的出口流量–时间过程曲线进行对比分析，分析出口流量首次达到极值点的时间可知，三种地下岩溶管道结构从简单到复杂，出口流量降水前期首次达到极大值点 105mL/s 的时间分别为 140s，60s，50s。出口流量衰减期首次达到极小值点 5mL/s 的时间分别为 490s，410s，370s。这说明在岩溶区地下岩溶管道的结构越复杂，地表水消水、地下水出流的时间越短，速度越快，在对比试验中即有消水速度大小：单直管型<上游分叉型<树枝型。即地下岩溶管道形状越复杂，管道越多，管道越通畅，地表消水时间越短，出流速度越快。

（2）三种地下岩溶管道对比实验中地下水水位降水前期首次达到极值点 112mm 的时间分别为 70s，60s，60s，出口流量衰减期首次达到极小值点 46mm 的时间分别为 490s，490s，470s。三种情况下地下水水位的增减与出口流量的增减相似，同样说明，地下岩溶管道越通畅，地下水水位下降得越快。

分析结论：地下岩溶管道形状越单一，排水速度则慢，容易在地势比较低的负地形地区通过地表地下连通管道而外溢形成内涝，发生内涝的风险性比较高。而地下岩溶管道形状越复杂，地下消水速度越快，在降水不能持续或者下一次降水来临之前，很容易造成地表干旱，发生旱灾的风险较大。

4.1.5.4　不同地表地下岩溶管道连通方式对比分析

（1）对四种地表地下岩溶管道连通方式的实验所得的出口流量–时间过程曲线进行对比分析，在降雨前期，4天窗4漏斗、4天窗0漏斗、0天窗4漏斗、0天窗0漏斗的地下出口流量都是在60s时达到极大值点，流量分别为87mL/s、78mL/s、73mL/s、59mL/s。衰减期，都是在490s左右达到极小值点，水位分别为10mm、0mm、0mm、5mm。可知四种地表地下岩溶管道连通方式的地下出口的流量过程曲线的涨水速度为：0天窗0漏斗<0天窗4漏斗<4天窗0漏斗<4天窗4漏斗，而消水速度没有太大区别。

（2）分析四种地表地下岩溶管道连通方式的地下水水位–时间曲线，四种地表地下连通方式的地下水水位的消涨水时间和规律都与地下水出口流量的消涨规律相似，即表明，地表地下连通管道的多少及连通方式对岩溶区地下水的消水时间并无直接影响。

分析结论：在岩溶区地表地下连通管道越多，在降水期间地表水越容易转化为地下水，降水后若长期无雨，地表缺水的概率越大，发生旱灾的风险性越高。如果持续降雨，也有可能使得地下水通过地表地下的连通管道在地势低洼处外溢形成涝灾。

4.1.5.5　不同地下岩溶管道埋深对比分析

（1）对比不同地下岩溶管道埋深的两个实验，无论埋深大小，地下出口流量总遵循着降水初期流量快速增大、降水持续时流量趋于稳定、降雨停止出口流量衰减的规律。对比可知，在流量增长阶段，埋藏越深的岩溶地下河增长越快，在流量平稳阶段，不同埋深的岩溶地下河出口流量均在60mL/s左右波动，与降雨补给量相等。在流量衰退阶段，埋藏越深的岩溶地下河流量衰退越慢。

（2）不同地下岩溶管道埋深的岩溶地下河系统的水位对降雨的响应过程与流量变化过程相似，同样分为增长、平稳和衰减三个阶段。降雨初期，系统水位迅速升高；随着降雨的持续，水位稳定在某一高度；降雨停止后，水位逐渐回落到岩溶地下河出口位置高度。对比可知，不同地下岩溶管道埋深的岩溶地下河系统平稳期水位与出口高度的差值大致相同，但是岩溶地下河出口高度越高，即地下岩溶管道埋深越浅，系统平稳期的水位越高。

分析结论：在岩溶区，地下岩溶管道埋深越深，出口流量越快越多，而埋深较浅的岩溶地下河水位上涨较高。因此，在实际情况中，发育条件和发育程度相似，水文地质条件类似的岩溶地下河系统，初始水位相同的条件下，遭遇同等强度的暴雨时，上涨相同高度的水位时，埋深较浅的岩溶地下河离地表较近，形成涝灾的可能性较大，致灾危险性较高。

4.1.5.6　不同地下岩溶管道水力坡度对比分析

（1）对比不同地下岩溶管道水力坡度的出口流量–时间过程曲线。在流量增长阶段，坡度越大的岩溶地下河流量增长越快，这是因为坡度大的岩溶地下河出口位置较低，而且坡度较大，降雨进入管道后能快速到达出口形成出流。在流量平稳阶段，不同水力坡度的岩溶地下河出口流量大体相同，在同一数值上下波动，且与降雨补给量相同。在流量衰退阶段，水力坡度越大的岩溶地下河流量衰退越快，排泄能力较强。

（2）对比不同地下岩溶管道水力坡度的地下水水位-时间过程曲线。同一平面展布形态的岩溶地下河系统，水力坡度越小的水位上涨越高，水力坡度越大输水能力越强，消水速度越快，排泄能力越强。

分析结论：相同降雨条件下，同一平面形态展布，下游水力坡度较小的岩溶地下河系统，水位上涨较高。因此，相同条件下，遭遇同等强度的暴雨时，下游水力坡度小的岩溶地下河系统排泄基准面高，排泄受阻，形成快速输入，缓慢输出的边界条件，发生涝灾的可能性较大。因此，同等条件下，下游水力坡度小的岩溶地下河致灾危险性较高。同样，下游水力坡度较大的岩溶地下河消水速度较快，地表水更容易转化为地下水，干旱灾害的发生频率更高。

4.2　数值模拟实验

VisualMODFLOW 是一款三维地下水流运动和溶质运移模拟评价的标准可视化专业软件系统，由加拿大 Waterloo 水文地质公司于 20 世纪 80 年代公开发行以来，不断更新发展，在环境保护、水资源利用与管理、采矿、建筑等许多行业和部门得到了广泛的应用，成为最为普及的地下水运移数值模拟的计算软件。

地下水数值模拟软件 VisualMODFLOW 可实现孔隙介质中地下水流动的三维有限差分数值模拟，通过把研究区在空间和时间上离散，建立研究区每个网格的水均衡方程，将所有网格方程联立成为一组大型的线性方程组，迭代求解方程组可得到每个网格的水头值。该软件主要包含 Modflow（水流评价）、Modpath（平面和剖面流线示踪分析）和 MT3D（溶质运移评价）三大部分，可以模拟水井、河流、潜流、排泄、湖泊、蒸散和人工补给对非均质和复杂边界条件的地下水流系统的影响。

VisualMODFLOW 中用于模拟水头影响下的流量边界——Drain 模块，与本次岩溶地下河系统物理模型中对水位起控制作用的岩溶管道有相似之处。因此，可以使用 VisualMODFLOW 软件中的 Drain（排水沟）模块和 Wall（隔水墙）模块作为本次数值模拟使用的水流边界条件。

4.2.1　模型建立

基于 VisualMODFLOW 的 Drain 模块和 Wall 模块，将物理模型中不同结构形状的岩溶管道概化为综合水力传导系数较大的排水沟，模型边界概化为隔水墙边界，岩溶裂隙含水介质概化为等效连续多孔介质（图 4.21），用如下数学模型描述物理模型中的三维非均质各向异性潜水含水层的地下水流运动：

$$\begin{cases} \dfrac{\partial}{\partial x}\left[K_{xx}\dfrac{\partial H}{\partial x}\right]+\dfrac{\partial}{\partial y}\left[K_{yy}\dfrac{\partial H}{\partial y}\right]+\dfrac{\partial}{\partial z}\left[K_{zz}\dfrac{\partial H}{\partial z}\right]+\varepsilon=\mu_s\dfrac{\partial H}{\partial t}, & (x,\ y,\ z)\ \in\Omega,\ t>0; \\ h\ (x,\ y,\ z,\ t)\ \mid_{t=0}=h_0\ (x,\ y,\ z), & (x,\ y,\ z)\ \in\Omega; \\ h\ (x,\ y,\ z,\ t)\ \mid_{r=1}=h_1\ (x,\ y,\ z,\ t), & (x,\ y,\ z)\ \in\Gamma_1,\ t>0; \\ T\dfrac{\partial H}{\partial n}\bigg|_{\Gamma_s}=q\ (x,\ y,\ z,\ t)\ =0 & (x,\ y,\ z)\ \in\Gamma_2,\ t>0 \end{cases} \quad (4.2)$$

式中，K_{xx}，K_{yy}，K_{zz} 分别为各向异性主方向渗透系数（m/d）；h 为点（x，y，z）在 t 时刻的水头值（m）；ε 为源汇项（L/d）；h_0 为计算域初始水头值（m）；h_1 为第一类边界的水头值（m）；μ_s 为弹性储水率（L/m）；t 为时间（d）；Ω 为计算域；Γ_1 为第一类边界；Γ_2 为隔水边界；T 为单位流量在垂直 Γ 上的分量。

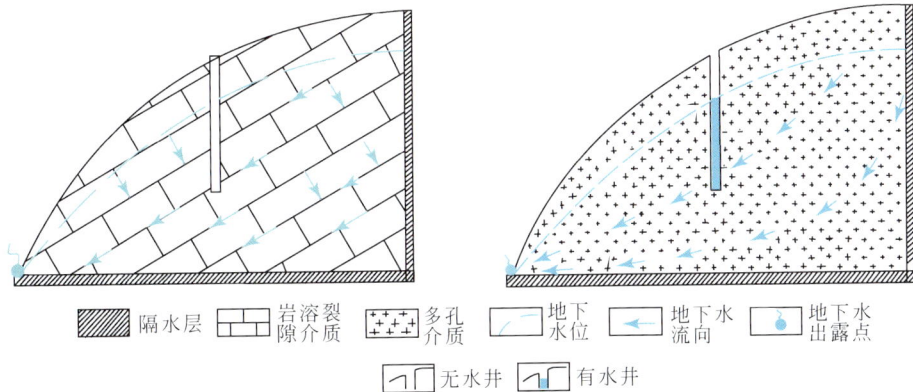

图 4.21　裂隙含水介质及其等效连续多孔介质（覃小群等，2011）

　　数值模型的建立遵循几何相似原则，各项参数与物理模型的保持 1∶1 比例赋值。模型网格剖分为 100 行，60 列，单元格大小为 10mm×10mm，含水层层数为 3。图 4.22 为模型的平面网格剖分图、模型的隔水墙边界和水位观测井位置。

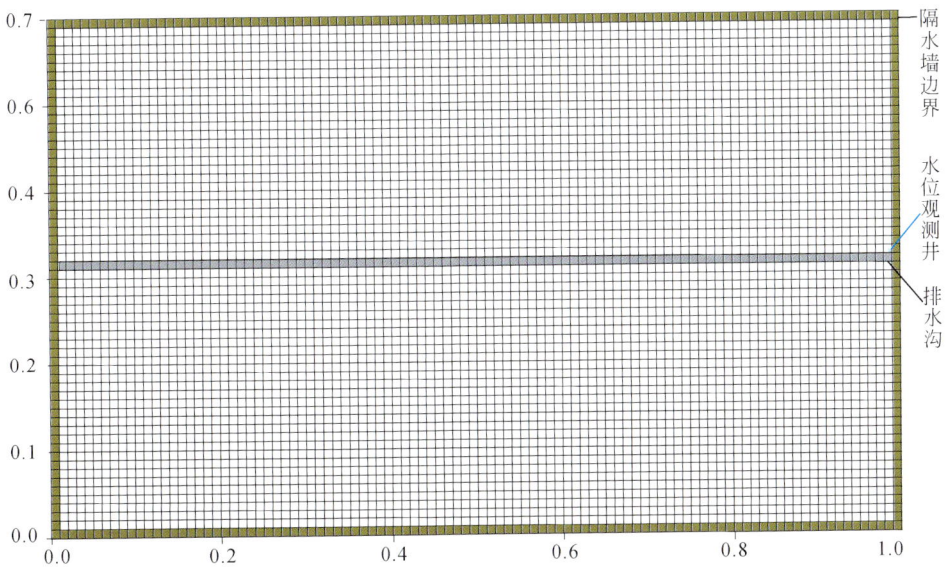

图 4.22　模型平面网格剖分图

数值模型参数取值根据《水文地质手册》中同类岩性含水层的经验值范围，通过参数调试，最终取值如表 4.18 所示。降雨时长为 360s，模拟期为 900s，计算时间步长为 1s。

表 4.18　岩溶地下河数值模拟模型的参数设置表

参数	网格个数	含水层层数	给水度 S_y		等效连续介质渗透系数 $K/$（m/s）	
			经验值	取值	经验值	取值
数值	100×60	3	0.005~0.15	0.03	>0.00015	0.005

4.2.2　模拟结果

4.2.2.1　岩溶管道的埋深对岩溶地下河系统水文响应过程的影响

在 6min 时长，10mm/min 强度的相同降雨条件下，不同岩溶管道埋深的单一管道型岩溶地下河系统流量和水位计算值与实测值之间的对比显示（表 4.19）：

（1）降雨初期和降雨停止后，流量实测值的响应速度略快于计算值，表明物理模型对降雨输入条件的敏感性和岩溶管道的输排水能力略高于数值模拟建立的等效连续介质排水沟模型；

（2）流量平稳期，数值模拟的计算值大小与降雨补给量相同，不同之处在于没有物理模拟结果中数值上下的波动现象，表明数值模拟建立的等效连续介质排水沟模型没有很好地体现岩溶地下河系统中岩溶管道水流的紊流情况。

表 4.19　不同埋深的单一管道型岩溶地下河流量和水位实测值与计算值对比

续表

类型	三维效果图	模拟值与实测值对比
深埋深		
流量对比		
水位对比		

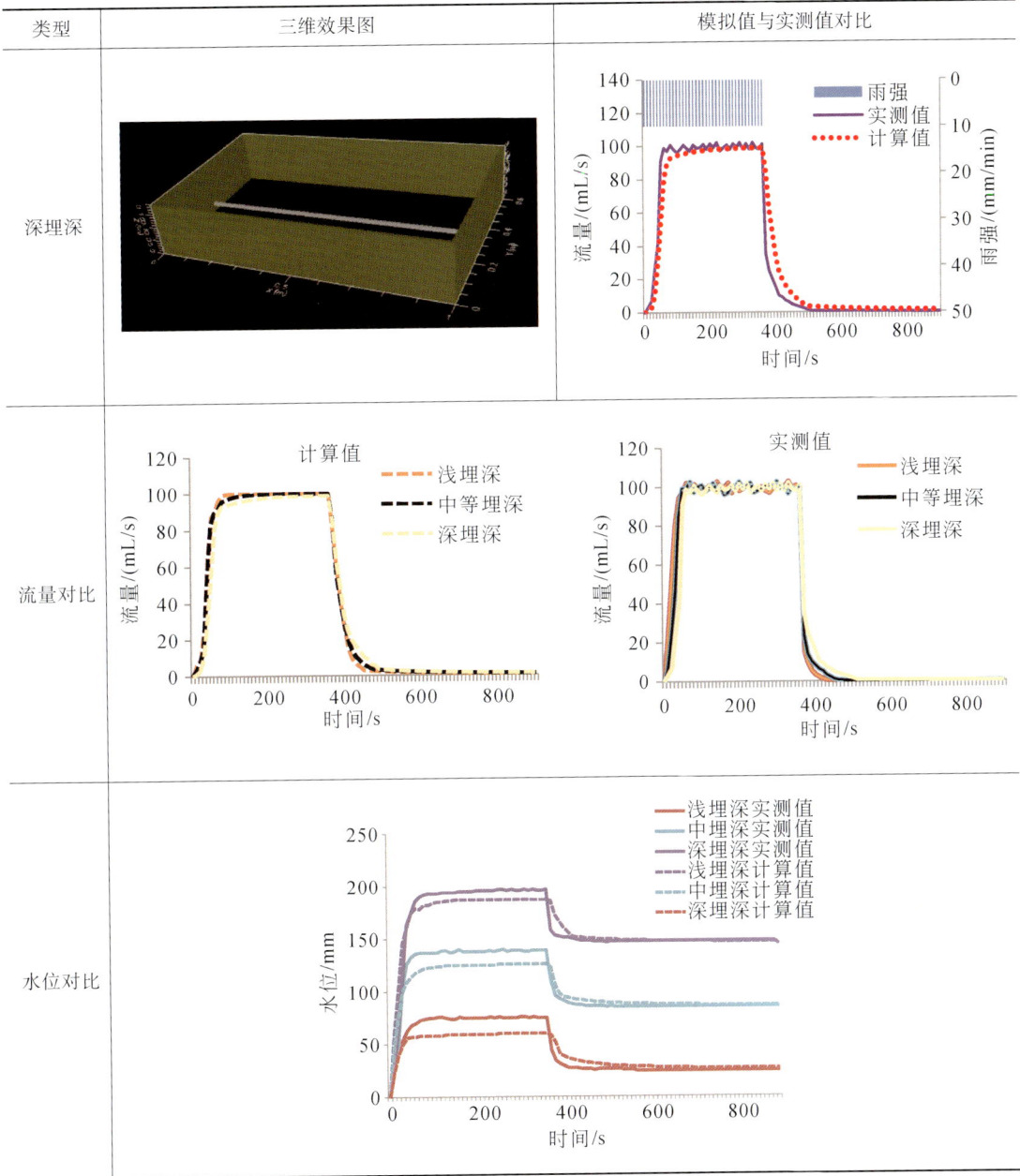

4.2.2.2　岩溶管道的坡降和平面展布形态对岩溶地下河系统水文响应过程的影响

不同岩溶管道坡降和平面展布形态的岩溶地下河系统数值模型三维效果图见表 4.20。

表 4.20　不同岩溶管道坡降和平面展布形态岩溶地下河系统数值模型三维效果图

在 6min 时长，10mm/min 强度的相同降雨条件下，不同岩溶管道坡降和平面展布形态的岩溶地下河系统流量和水位计算值与实测值之间的对比结果显示（表 4.21 和表 4.22）：与不同岩溶管道埋深的岩溶地下河系统流量计算值和实测值相同，降雨初期和降雨停止后，流量和水位实测值的响应速度均快于计算值；流量平稳期，数值模拟的计算值大小与降雨补给量相同，无物理模拟中上下的波动现象。

但是，总体上，在相同降雨条件下，岩溶地下河系统流量和水位的计算值与实测值的变化趋势相同，即整体上分为增长、平稳和衰减三个阶段，计算值与实测值之间的对比结果也相同：①降雨初期的流量增长阶段和降雨停止后的流量衰退阶段，下游岩溶管道坡降较陡和岩溶管道分支较多的岩溶地下河系统响应最快；②流量平稳期，水位上升高度较低的是岩溶管道坡降较陡和分支较多的岩溶地下河系统。表明，数值模拟建立的等效连续介质排水沟模型模拟结果大体上实现了对物理模型实验结果的拟合，数值模拟一定程度上反映了真实情况，具有可靠性。

表 4.21　不同岩溶管道坡降和平面展布形态岩溶地下河系统流量实测值与计算值对比

表 4.22　不同岩溶管道坡降和平面展布形态岩溶地下河系统水位实测值与计算值对比

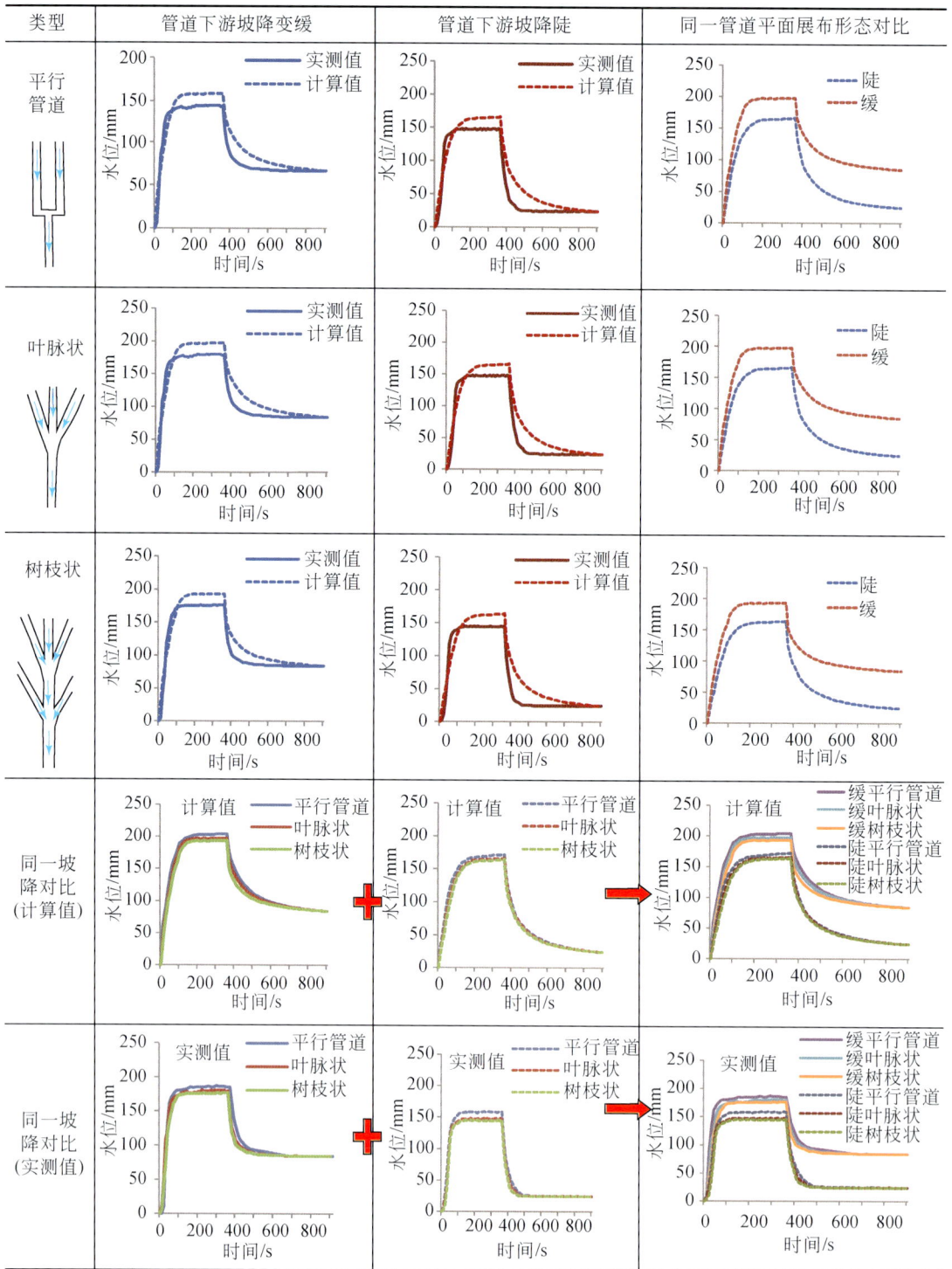

类型	管道下游坡降变缓	管道下游坡降陡	同一管道平面展布形态对比
平行管道			
叶脉状			
树枝状			
同一坡降对比（计算值）			
同一坡降对比（实测值）			

4.2.2.3　数值模拟结果小结

采用 VisualMODFLOW 软件的 Drain（排水沟）模块和 Wall（隔水墙）模块，将不同岩溶管道特征的岩溶地下河系统物理模型以 1∶1 的比例概化为相应的等效连续介质排水沟数值模型，模拟计算在 6min 时长、10mm/min 强度的相同降雨条件下，岩溶管道的埋藏深度、坡降和平面展布形态对岩溶地下河系统流量和水位的降雨响应过程。数值模拟计算值与物理模拟实测值间的对比结果显示：虽然数值模拟建立的等效连续介质排水沟模型对降雨输入条件的敏感性和岩溶管道的输排水能力略低于物理模型，也没有很好地体现岩溶管道水流的紊流情况，但是数值模拟建立的等效连续介质排水沟模型模拟结果大体上实现了对物理模型实验结果的拟合，数值模拟一定程度上反映了真实情况，具有可靠性，可以代替物理实验模拟，对岩溶管道特征对岩溶地下河系统水文过程的影响进行进一步定量分析。

4.3　岩溶地表地下因素影响下洪涝灾害风险分析

实验表明，同等暴雨强度下，地面消水时间的长短、消水速度的快慢与六种因素都有一定的关系，而地下水的涨水时间多少与岩溶洼地的类型、地表地下岩溶连通管道结构、地下岩溶管道埋深和水力坡度有关，消水时间的多少与地下岩溶管道的多寡、结构的布置关系密切。

对岩溶洼地系统和岩溶管道系统中的这六种因素影响下发生旱涝灾害的风险性进行分析。因为此次物理模拟实验过程的降水条件选择的是特大暴雨。因此，在暴雨期内基本上不会发生旱灾，由于室内试验的局限性，实验最终的灾害分析只能将着重点放在洪涝灾害上面，而本章有关干旱灾害的分析则属于定性分析。根据实验结论，分析六种地表地下因素在强降水（暴雨）条件下发生洪涝灾害的风险（表 4.23）。

表 4.23　岩溶地表地下因素在强降水条件下发生洪涝灾害风险统计表

因素	分类	长期持续降水		
		降水中期	降水后期	降水停止
岩溶地形地貌	峰丛洼地	涝	涝	涝
	峰林谷地	—	涝	—
岩溶洼地类型	"平底圆筒"型	—	涝	—
	"抛物线形四周合围"型	涝	涝	涝
地下岩溶管道	树枝型（复杂）	—	涝	—
	单直管型（简单）	涝	涝	涝
	埋深浅	涝	涝	涝/—
	埋深深	—	涝	—
	水力坡度较大	—	涝	涝/—
	水力坡度较小	涝	涝	涝
地表地下岩溶管道连通性	连通性好	—	涝	—
	连通性差	涝	涝	涝

注："—"表示基本无灾害，"涝/—"表明涝或无灾，一场大暴雨停止之后，不会立刻产生干旱灾害，而是否洪涝也要由降水量和地下水水位高度决定。降水停止后消水速度快则无灾害，地下水位过高外溢则易涝；地下岩溶管道各因素的对比是在"抛物线形四周合围"型的岩溶洼地中进行。

分析表 4.23 可知:

(1) 在强降水条件下, 岩溶洼地系统和岩溶管道系统中的这六种因素影响下, 发生洪涝灾害的风险都比较高;

(2) 在地表地下岩溶发育的地区, 各种岩溶地形地貌里属峰丛洼地和"抛物线形四周合围"型岩溶洼地发生洪涝灾害的风险最大, 持续的时间最长, 从降水中期到降水停止后的一段时间, 都有可能遭受洪涝灾害;

(3) 在岩溶地形地貌一定的情况下, 地下岩溶管道的管道结构越简单、埋深越浅、水力坡度越小, 越容易发生洪涝灾害, 灾害持续的时间也较长;

(4) 地表地下岩溶管道连通性越差, 消水速度越慢, 发生洪涝灾害的可能性越高。

另外, 对比峰丛洼地和"抛物线形四周合围"型岩溶洼地两者的地下出口流量、地下水水位对降水的响应过程和成灾的风险可知, 两者显示出来的特点高度一致。因此从另一方面说明了本次试验所选取的模块理论上可以代表整个岩溶区该类小模块比较集中分布的大区域的成灾规律和风险, 符合"分形论"关于局部与整体相似的理论。

4.4　岩溶地下河系统旱涝致灾因素分析

由前文的分析可知, 在中国西南岩溶区, 岩溶地下河系统的旱涝致灾过程是因极端气候条件导致系统水文循环过程中的补给、径流、贮蓄和排泄失衡而形成的 (图 4.23)。

降雨补给量缺少或不足的情况下, 岩溶地下河系统内径流量减少, 贮蓄空间充足, 排泄水量减少, 加剧地区旱情的发展。

降雨补给量骤增的情况下, 岩溶地下河系统内径流量增多, 大量水充满贮蓄空间, 各种因素制约下, 系统排泄不畅, 导致涝灾的发生。

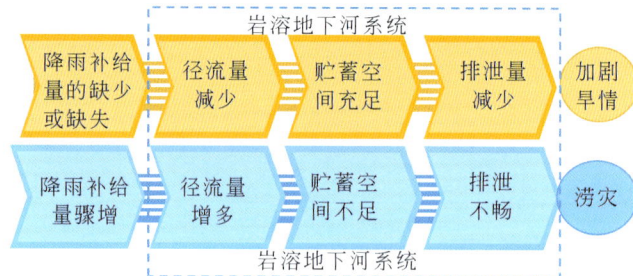

图 4.23　岩溶地下河系统旱涝致灾过程

物理模拟实验对比结果表明, 岩溶管道的埋深、坡降和平面展布形态对岩溶地下河系统流量和水位的降雨响应速度有影响并存在一定的规律。

4.4.1　岩溶管道的埋深

物理模拟实验结果表明, 相同降雨条件下, 岩溶管道埋藏深度较浅的岩溶地下河系统比岩溶管道埋藏深度较深的岩溶地下河系统对降雨输入较敏感, 响应较迅速, 降雨持续期水位保持较高。由图 4.24 可知，岩溶管道埋藏深度越深，上覆含水层厚度越大，系统的贮蓄空间越大；反之，贮蓄空间越小。说明，岩溶管道的埋藏深度决定了岩溶地下河系统的贮蓄空间大小。

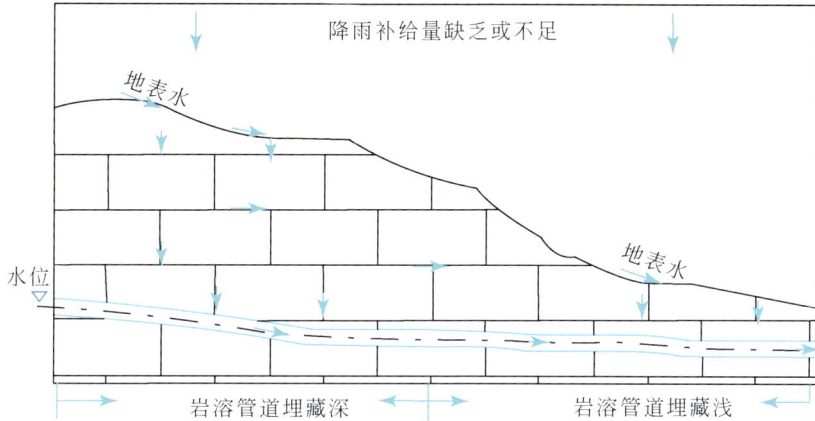

图 4.24　降雨补给量缺乏或不足的情况下不同埋藏深度岩溶管道的水位情况示意图

在降雨补给量缺乏或不足的情况下，岩溶管道埋藏深的岩溶地下河系统贮蓄空间充足，地表水源漏失流入地下，岩溶地下水位深埋，岩溶管道排水量减少，旱情加剧（图 4.23）。

岩溶管道埋藏浅的岩溶地下河系统贮蓄空间小，在降雨补给量骤增的情况下，岩溶地下河系统有限的贮蓄空间迅速被充满，地下水位高涨，岩溶管道排泄不畅，导致涝灾形成（图 4.25）。

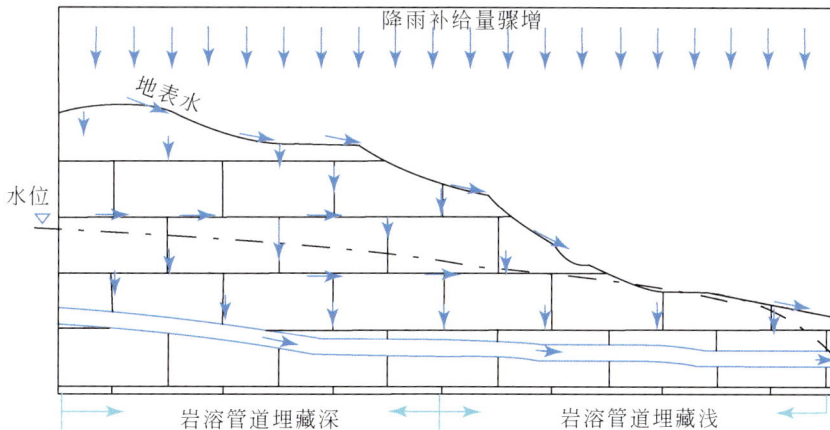

图 4.25　降雨补给量骤增的情况下不同埋藏深度岩溶管道的水位情况示意图

由以上的分析可知，岩溶管道的埋藏深度通过决定岩溶地下河系统的贮蓄空间大小，间接影响和决定旱涝的发生和发展（图 4.26）。岩溶管道埋藏深度越深的岩溶地下河流域，降雨量缺乏的情况下，越容易形成干旱；岩溶管道埋藏深度越浅的岩溶地下河流域，降雨量骤增的情况下，越容易形成涝灾。

图 4.26　不同岩溶管道埋深的岩溶地下河系统旱涝致灾过程

4.4.2　岩溶管道的坡降

物理模拟实验结果表明，相同降雨条件下，岩溶管道下游坡降较陡的岩溶地下河系统比岩溶管道下游坡降较缓的岩溶地下河系统对降雨响应迅速，降雨持续期水位保持较低。图 4.27 显示，岩溶管道下游坡降较缓的岩溶地下河系统水力坡度较小，反之，水力坡度较大。

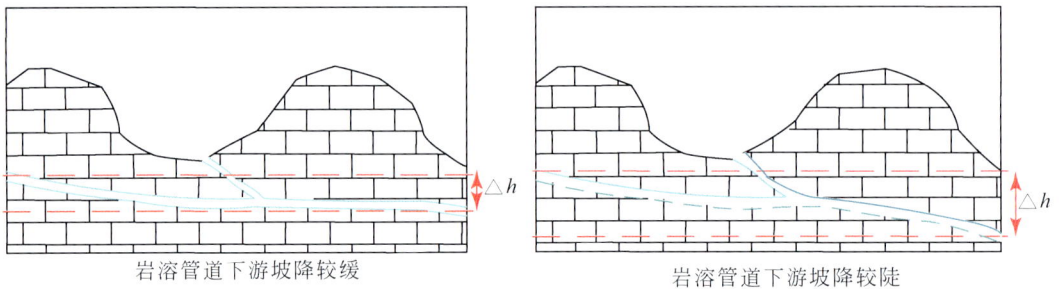

图 4.27　不同下游坡降的岩溶管道示意图

下游坡降较陡的岩溶地下河系统水力坡度较大，排水能力较强，降雨补给量缺乏或不足的情况下，地表水源通过岩溶管道快速流失，易导致旱情加剧（图 4.28）。

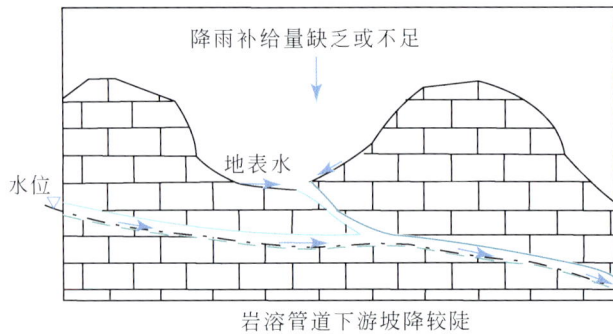

图 4.28　降雨补给量缺乏或不足的情况下不同下游坡降的岩溶管道中水流流动示意图

岩溶管道下游坡降较缓的岩溶地下河系统水力坡度较小，排水能力较弱，降雨补给量骤增的情况下，上游来水量急增，下游排泄不畅，水流通过落水洞或天窗涌出地表，形成局部涝灾（图 4.29）。

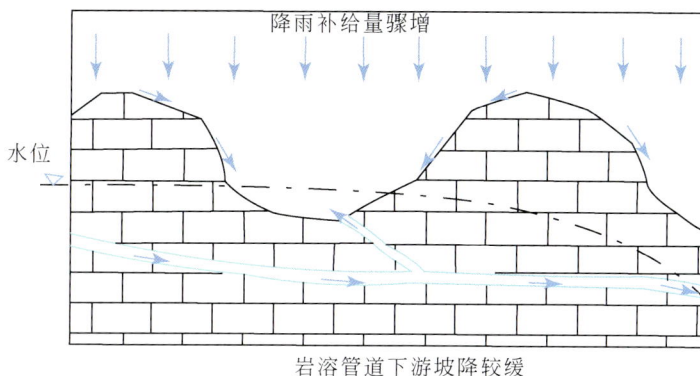

图 4.29　降雨补给量骤增的情况下不同下游坡降的岩溶管道中水流流动示意图

由以上的分析可知，岩溶管道的坡降通过决定岩溶地下河系统的水力坡度，影响和决定旱涝的发生和发展（图 4.30）。岩溶管道下游坡降陡的岩溶地下河流域，降雨量缺乏的情况下，越容易形成干旱；岩溶管道下游坡降缓的岩溶地下河流域，降雨量骤增的情况下，越容易形成涝灾。

图 4.30　不同岩溶管道下游坡降的岩溶地下河系统旱涝致灾过程

4.4.3　岩溶管道的平面展布形态

物理模拟实验结果表明，相同降雨条件下，岩溶管道树枝状展布的岩溶地下河系统对降雨响应较迅速，降雨持续期水位保持较低。由图 4.31 可知，岩溶管道中上游发育数量最多的树枝状岩溶地下河系统，汇水能力最强。所以岩溶管道的平面展布形态控制着岩溶地下河系统的汇水能力，管道发育数量越多，系统汇水能力越强。

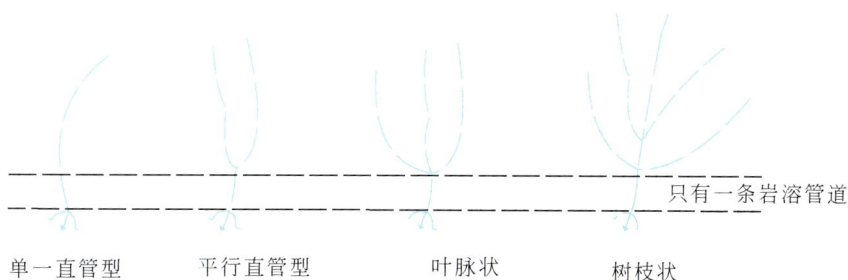

图 4.31　岩溶管道不同展布形态示意图

此外，本次物理实验中所选岩溶管道的平面展布形态有一共同特点，下游至出口处都只有一条岩溶管道且过水断面相同（图4.31）。实验中，只要堵塞这个控制性过水断面，则模型箱极少或无出流形成，水位急剧上涨（图4.32）。表明，这种结构设置控制了岩溶地下河系统的排泄能力。

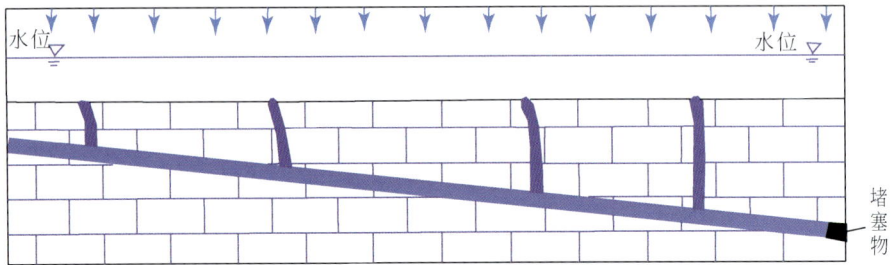

图4.32　岩溶管道控制性断面被堵塞情况下模型箱水位上涨情况示意图

本次物理实验中为了控制变量，实验设置的汇水面积都是一样的。而实际情况中，岩溶管道中上游发育数量较多的岩溶地下河系统，通常汇水面积较大（图4.33中树枝状岩溶地下河系统汇水面积最大），系统本身具备的汇水能力也较强。

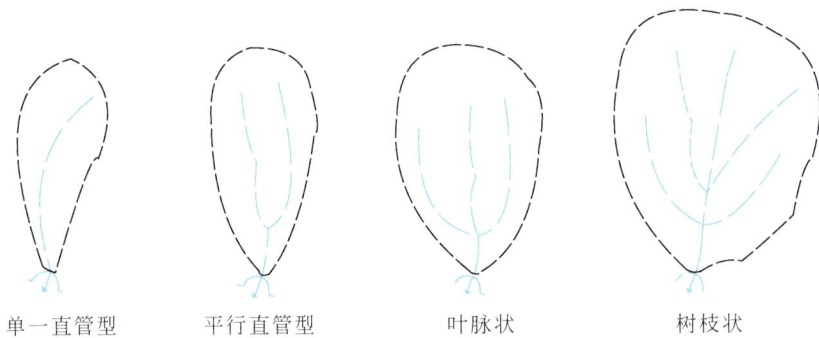

单一直管型　　　　平行直管型　　　　叶脉状　　　　　树枝状

图4.33　不同岩溶管道展布形态的岩溶地下河系统汇水面积示意图

降雨补给量骤增的情况下，岩溶管道中上游发育数量较多、下游存在控制性过水断面的岩溶地下河系统，岩溶管道汇水能力较强，形成上游来水量较多，下游受控制性过水断面制约，排泄不畅，导致岩溶地下河系统下游区发生涝灾；降雨补给量缺乏或不足的情况下，岩溶管道中上游发育数量较多的岩溶地下河系统，地表水源通过高密度发育的岩溶管道快速流失，易导致上游旱情加剧。因此，岩溶管道中上游发育数量较多的岩溶地下河系统，易导致旱期上游发生旱灾，下游存在控制性过水断面的岩溶地下河系统，雨季下游易发生涝灾（图4.34）。

图4.34　岩溶管道中上游数目较多、下游存在控制性过水断面的岩溶地下河系统旱涝致灾过程

综合以上分析可知：岩溶管道埋深、坡降和平面展布形态是通过影响和控制岩溶地下河系统的贮蓄空间、排水能力和径流量，间接影响岩溶旱涝的发生和发展（图4.35）。

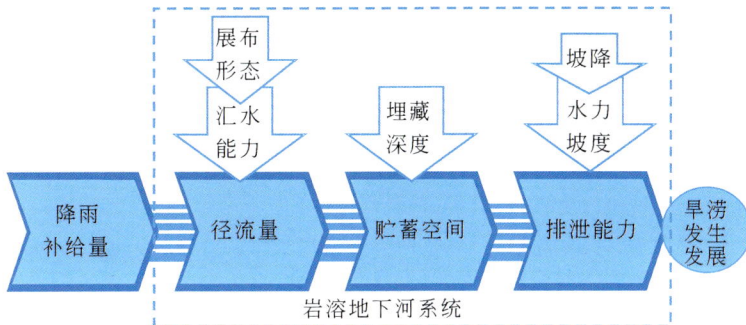

图 4.35　岩溶管道特征间接引起岩溶地下河系统旱涝致灾的过程示意图

条件和独特的岩溶环境特征形成了中国西南岩溶区旱涝灾害频发的大背景。岩溶地下河系统作为岩溶环境中水体的主要调节和汇集中心，影响和决定了岩溶旱涝的发生和发展。岩溶管道特征（埋深、坡降、平面展布形态）通过影响和控制岩溶地下河系统中的贮蓄空间、排水能力和径流量，间接影响岩溶旱涝的发生和发展，是中国西南岩溶地下河系统旱涝致灾的内因。

值得说明的是，文中所得的结论是基于特定的物理模拟条件下产生的实验结果，模型各项参数没有与实际相结合，结论是相比较而言的，并非绝对定性。

4.4.4　应对措施

旱涝危害极大，干旱时，人畜饮水困难，庄稼枯死；内涝时，房屋农田被淹，损失惨重；此外，旱涝灾害均可导致滑坡或坍塌。因此，研究中国西南岩溶区旱涝灾害防治对策，对提高区内农业生产和人民生活水平具有重要的现实意义。

结合本次对岩溶管道特征间接引起岩溶地下河系统旱涝致灾过程的分析结果，建议中国西南岩溶地下河系统发育地区的旱涝灾害防治，可根据岩溶管道特征的不同，因地制宜采取相应的应对政策和防治措施。涝灾的形成情况较为复杂，建议根据岩溶地下河系统径流、贮蓄和排泄过程中受到的不同制约因素，采取相应的应对措施（表4.24）。

表 4.24　针对岩溶地下河系统中易致涝的岩溶管道特征建议采取的防治对策

水文过程	易致灾的岩溶管道特征	涝灾成因	防治措施
径流	中上游发育数量较多、下游存在控制性过水断面的岩溶管道	岩溶管道汇水能力较强，形成上游来水量较多，下游受控制性过水断面制约，排泄不畅	重点查明岩溶地下河系统的岩溶管道控制性断面位置，雨季来临之前，及时疏通排泄通道的控制性断面

水文过程	易致灾的岩溶管道特征	涝灾成因	防治措施
贮蓄	埋藏浅的岩溶管道	贮蓄空间不足，调蓄功能有限	应避免居住在常年内涝积水的低洼区域，甚至可以考虑开发利用岩溶地下河系统，围堵成湖或库，以增加调蓄空间
排泄	坡降较缓的岩溶管道	水力坡度较小，排水能力较弱	开挖排洪隧洞，加大排水能力；及时疏通岩溶管道，保持排水通畅

　　岩溶地下河系统中岩溶管道特征导致干旱发生的情况基本是由水源的快速流失而引起的，情况简单，但是解决的难度更大，需综合采取措施，才能更好地应对和防治干旱的发生（表 4.25）。

表 4.25　针对岩溶地下河系统中易致旱的岩溶管道特征建议采取的防治对策

水文过程	易致灾的岩溶管道特征	干旱成因	防治措施
径流	中上游发育数量较多的岩溶管道	岩溶管道汇水能力较强，地表水源通过发育的岩溶管道快速流失	①开发适宜岩溶地下河系统成地下水库，增加蓄水能力，抬高地下水位；②加强应急水源和各类地表蓄水工程的建设，实行多水源联合应急调度；③创造条件取水，钻井抽水，或在天然出露点装机抽水；④重视岩溶生态的恢复、重建与保护工作，提高岩溶地下河系统生态水的涵养能力
贮蓄	埋藏深的岩溶管道	贮蓄空间充足，地表水源漏失流入地下深埋	
排泄	坡降较陡的岩溶管道	排水能力较强，地表水源通过岩溶管道快速流失	

4.5　本 章 小 结

　　（1）首先详细介绍了室内物理实验模拟的装置与设计方案，并通过控制变量的方式对岩溶洼地系统和岩溶管道系统中六种可能影响岩溶区旱涝灾害的因素（岩溶地形地貌、岩溶洼地类型、地下岩溶管道结构、地表地下岩溶管道连通方式、地下岩溶管道埋深、地下岩溶管道水力坡度）进行了对比性的实验。分析在强降水情况下，不同因素组合的地下岩溶管道出口流量和地下水水位对降水响应过程。

　　中国西南岩溶区岩溶地貌类型繁多，本书主要选取最为典型的峰丛洼地和峰林谷地两种地形地貌进行分析，岩溶洼地的选择主要选择峰丛洼地中最典型的"平底圆筒"型岩溶洼地和"抛物线形四周合围"型岩溶洼地两种。地下岩溶管道的形状复杂程度对比实验的设计选择岩溶区常见的上游分叉型和树枝型为主，同时选择单一直管型作为理想型对比模型。地下岩溶管道水力坡度对比实验选择以岩溶区常见的上游坡度大，下游坡度小的构造为主，为凸显矛盾选择整段较大的水力坡度构造为对比。另外，地表地下岩溶管道连通性和埋深程度的设计都是对比性设计，所需数据至少两组。

（2）采用 VisualMODFLOW 软件的 Drain 模块（排水沟）和 Wall 模块（隔水墙），将不同岩溶管道特征的岩溶地下河系统物理模型以 1∶1 的比例概化为相应的等效连续介质排水沟数值模型，模拟计算相同降雨条件下，岩溶管道的埋藏深度、坡降和平面展布形态对岩溶地下河系统流量和水位的降雨响应过程。数值模拟结果表明，虽然数值模拟建立的等效连续介质排水沟模型对降雨输入条件的敏感性和岩溶管道的输排水能力略低于物理模型，也没有很好地体现岩溶管道水流的紊流情况，但是数值模拟建立的等效连续介质排水沟模型模拟结果大体上实现了对物理模型实验结果的拟合。数值模拟一定程度上反映了真实情况，具有可靠性。针对物理模拟存在的建模过程复杂烦琐，模型结构不易改变等特点，数值模拟可以代替物理实验模拟，进一步定量分析岩溶管道特征对岩溶地下河系统水文过程的影响。

（3）分析六种地表地下因素在强降水（暴雨）条件下发生洪涝灾害的风险。可知，地表为峰林谷地、"平底圆筒"型岩溶洼地，地表地下连通性越好，地下岩溶管道越复杂、水力坡度越大、地下水埋深越深，发生干旱的风险越大；地表为峰丛洼地、"抛物线形四周合围"型岩溶洼地，地表地下连通性差，地表消水慢，发生洪涝淹没的风险较大，地表地下连通性好，地下岩溶管道越简单、水力坡度越小、地下水埋深越浅，地下水易因地下水位过高而在地势低洼的负地形处形成浸没内涝。

（4）岩溶管道埋深、坡降和平面展布形态是通过影响和控制岩溶地下河系统的贮蓄空间、排水能力和径流量，间接影响岩溶旱涝的发生和发展，是中国西南岩溶地下河系统旱涝致灾的内因：

①岩溶管道的埋藏深度通过决定岩溶地下河系统的贮蓄空间大小，间接影响岩溶旱涝的发生和发展，岩溶管道埋藏深的岩溶地下河系统易加剧旱情，岩溶管道埋藏浅的岩溶地下河系统易引发涝灾；

②岩溶管道的坡降通过决定岩溶地下河系统的水力坡度，影响系统的排泄能力，间接影响岩溶旱涝的发生和发展，岩溶管道下游坡降较陡的岩溶地下河系统易造成旱情加剧，岩溶管道下游坡降较缓的岩溶地下河系统易引发涝灾；

③岩溶管道的平面展布形态通过控制岩溶地下河系统的汇水能力，间接影响岩溶涝灾的发生，岩溶管道中上游发育数量较多的岩溶地下河系统，易导致上游干旱缺水，当下游存在控制性过水断面时，易导致下游区发生涝灾。

第5章 中国西南岩溶区旱涝灾害演变机理与水安全

前文通过对中国西南岩溶区降水量、岩溶区地表地下影响因素（岩溶洼地类型、地形地貌、地下岩溶管道结构、地表地下岩溶管道连通方式、岩溶地下河埋深、岩溶地下河水力坡度）等因素的分析可知，导致中国西南岩溶区旱涝灾害发生的因素是比较复杂的。灾害的形成是气象与岩溶多重介质环境变异的结果。分析中国西南岩溶区旱涝灾害的演变机理，应首先明确导致旱涝灾害发生的各项因素影响方式。前文分析可知，降水条件是直接导致旱涝发生的主要外界因素，岩溶区地表地下复杂的因素组合是旱涝灾害发生的重要内因。当然，岩溶区旱涝灾害的形成过程也离不开人为因素的推波助澜。

5.1 强降水条件下中国西南岩溶区可能发生的灾害及演变机理

强降水指的是 24h 降水量在 50mm 以上。此类降水在中国西南岩溶区比较常见，集中分布在 5~9 月。

在强降水条件下，降水降落至地表，往往会迅速分成两部分，一部分通过表层岩溶带与包气带下渗至地下，形成土壤水、孔隙水或者地下径流；另一部分在雨强大于地表下渗速度的同时产生坡面汇流，进入河流的集水区，形成地表径流。此时，如果降水停止，地表水多由落水洞、天窗等地表地下连通管道而进入地下，表层岩溶带因截水能力差而缺水，连续十天无雨，此地将会发生旱灾；另外，由于地表水已大部分进入地下与附近的河流水库，对河流水库附近的岩溶洼地而言，当河流水库的水位超过岩溶地下河水位的时候，便会在堵住地下河出口的同时回水倒灌，使地下河的水从地势比较低洼的出口（岩溶洼地的落水洞、天窗）涌泄而出，在岩溶洼地处积水，而岩溶洼地一般是土壤养分比较好的农耕区，因此会影响农作物的正常生长而形成内涝，损失情况比较严重。如果降水一直持续到汛期结束，往往只会出现内涝，汛期内将不会发生旱灾，但是这种情况一般来说比较少见。

表 5.1 分析了强降水条件下中国西南岩溶区各种岩溶地表地下因素组合下可能发生的灾害和灾害的演变机理。

表 5.1　强降水条件下中国西南岩溶区可能发生的灾害及演变机理

因素		分类	降水中期	降水后期	降水停止	灾害演变机理
岩溶洼地系统	岩溶地形地貌	峰丛洼地	涝	涝	涝	地表汇流作用大于入渗和转化为地下水的作用，在地势低洼处形成小"湖泊"，加之于地下水水位上涨而外溢，在岩溶洼地淹没成涝，降水停止后不能立刻消水，会有长时间的洪涝
		峰林谷地	—	—	旱	地表水迅速通过地表地下岩溶管道转化为地下水，缺少汇流作用，地表干旱
	岩溶洼地类型	"平底圆筒"型	涝	涝	涝/旱	地表水迅速通过地表地下岩溶管道转化为地下水，缺少汇流作用，往往只能在降水雨强过大时形成洪涝，降水停止，通过将地表水转化为地下水而消水，地表干旱
		"抛物线形四周合围"型	涝	涝	涝	地表汇流作用大于入渗和转化为地下水的作用，在地势低洼处形成小"湖泊"，加之地下水水位上涨而外溢，在岩溶洼地淹没成涝，降水停止后不能立刻消水，会有长时间的洪涝
岩溶管道系统	地下岩溶管道	复杂	—	涝	涝/旱	持续降水导致地表水和地下水水位同时上升，在降水后期，地表积水不能迅速消去，地下水水位过高而沿着地表地下连通管道外溢，在地势低洼处长期淹没成"湖泊"而涝，降水停止后，会因为地表地下连通管道和复杂的地下岩溶管道消水，接下来长时无雨则会由涝转旱
		简单	涝	涝	涝	地表水不能顺利向地下水转化，汇水成"湖泊"；转化为地下水的地表水因地下排水管道不畅，在地势低洼处通过地表地下连通管道外溢而涝，且在降水停止后持续淹没成涝
		埋深浅	涝	涝	涝/旱	地表水在降水中期和后期在汇水作用下形成"湖泊"，又由于地下水埋深浅，易在地势低洼处外溢而涝，降水停止后，会因为地表地下连通管道和复杂的地下岩溶管道消水，接下来长时无雨则会由涝转旱
		埋深深	涝	涝	旱	降水中后期，地表水在降水中期和后期在汇水作用下形成"湖泊"，降水停止后，地表水逐渐转化为地下水，地下水深埋，地表缺水而干旱
		水力坡度较大	—	涝	涝/旱	降水中期，地表水尚能通过地下岩溶管道转化为地下水，在降水后期，随着地下水位的升高，地下需水量减少，地下水外溢形成岩溶洼地内涝，降水停止后，地表水通过地下岩溶管道消水，最后地表干旱
	地表地下岩溶管道连通性	水力坡度较小	涝	涝	涝	地表水不能顺利向地下水转化，汇水成"湖泊"；转化为地下水的地表水因地下排水管道不畅，在地势低洼处通过地表地下连通管道外溢而涝，且会在降水停止后持续淹没成涝
		连通性好	—	涝	涝/旱	在降水前期，由于地表地下连通性好，尚能将地表水迅速转化为地下水，后期随着地下水水位的上升而在地表地势低洼处外溢而形成淹没洪涝，降水停止后短消水，地表缺水而旱
		连通性差	涝	涝	涝	地表水难以通过地表地下连通管道快速转化，在地表低洼处汇流成小"湖泊"，降水停止后仍会长期被淹没

续表

因素	分类	降水中期	降水后期	降水停止	灾害演变机理
人为	地表建有水库	—	涝	—	发生降水时，降水前期水库蓄水，岩溶地下河水位也上涨，在降水中期，水库的水位升高，对岩溶地下水系产生倒灌。降水后期随着水量的增多水位的上升，当水位高于地下河水位的时候，将会引起水库周围大范围洪涝。
	提水工程	—	—	—	提水工程对降水无特别显著的响应

注：地下岩溶管道各因素的对比是在"抛物线形四周合围"型的岩溶洼地中进行，"—"表示基本无灾害。降水停止指的是降水停止后的第"X"（"X"由中国西南岩溶区当地的气象条件决定）天以后。

5.2 一般降水条件下中国西南岩溶区可能发生的灾害及演变机理

一般降水条件指的是雨强较小的持续的或非持续的降水。可以是持续性淫雨，也可以是间歇性非持续降水。持续性淫雨的雨强较小，绵绵不绝，降水历时长。间歇性非持续降水之间连续无降水时长超过中国 2006 年公布的气象干旱灾害等级划分时长时必会造成干旱（表 5.2）。间歇性非持续降水即为在一场大雨之后的"X"（"X"为连续无降水时长，由中国西南岩溶区当地的气象条件决定）天之内再无其他降水过程。由于中国西南岩溶区特殊的地质环境影响，素有"一场暴雨千洼涝，十日不雨禾焦田"一说，因此，在西南岩溶区对干旱等级划分中的持续无降水时长应该在国家标准上再减少，减少时长应该视当地用水困难情况而定。

表 5.2　中国气象干旱灾害的等级划分（2006 年）

连续无降水时长	春季	夏季	秋冬季
小旱	16 ~ 30 天	16 ~ 25 天	31 ~ 50 天
中旱	31 ~ 45 天	26 ~ 35 天	51 ~ 70 天
大旱	46 ~ 60 天	36 ~ 45 天	71 ~ 90 天
特大旱	61 天以上	46 天以上	91 天以上

一般降水条件在中国西南岩溶区非汛期比较普遍，经常是在 2 ~ 3 月，10 ~ 11 月。降水降落至地表，大多数都会下渗至地下，地表缺水，江河水位会因为无降水补给而降低，不会从地下河口倒灌入地下，因而岩溶浸没内涝不易发生，长期无雨时，必须要利用水库或者地下提水工程，引水灌溉，维持正常的生产生活，否则便会引发干旱。这个过程中，地表水基本上都会通过地表地下岩溶管道转化为地下水（图 5.1），这种降水条件下不会因为地表水来不及转化为地下水而产生洪涝。

表 5.3 分析了一般降水条件下中国西南岩溶区各种岩溶地表地下因素组合下可能发生的灾害和灾害的演变机理。

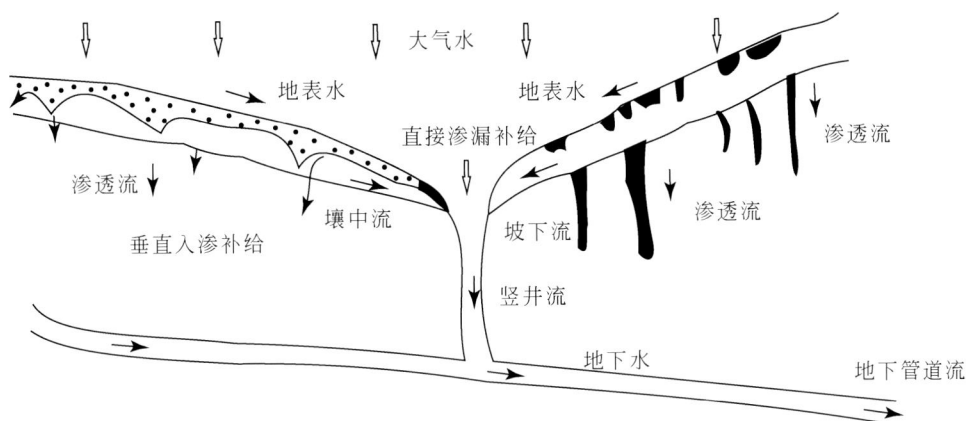

图 5.1　一般降水条件下中国西南岩溶区大气降水转化为地下水过程示意图

表 5.3　一般降水条件下中国西南岩溶区可能发生的灾害及演变机理

因素		分类	降水后期	降水停止	灾害机理
岩溶洼地系统	岩溶地形地貌	峰丛洼地	涝	旱	地表汇流作用大于入渗和转化为地下水的作用，在地势低洼处形成大量的小"湖泊"，淹没成涝，后期水排干而旱
		峰林谷地	—	旱	地表水迅速转化为地下水，地表缺水而旱
	岩溶洼地类型	"平底圆筒"型	涝	旱	地表水迅速转化为地下水，地表缺水而旱
		"抛物线形四周合围"型	涝	旱	地表汇流作用大于入渗和转化为地下水的作用，在地势低洼处形成小"湖泊"，淹没成涝，后期水排干而旱
岩溶管道系统	地下岩溶管道	复杂	旱	旱	地下水排水畅通，地表水迅速转化为地下水，岩溶洼地聚水排干而旱
		简单	涝	旱	地下水排水不畅，在地势低洼处通过地表地下连通管道外溢而涝，后期水排干而旱
		埋深浅	—	涝	地表水迅速转化为地下水，地下水埋深浅，易在地势低洼处外溢而涝
		埋深深	—	旱	地表水迅速转化为地下水，地表缺水，地下水深埋地表干旱
		水力坡度大	—	旱	地表水迅速转化为地下水，地表缺水而旱
		水力坡度小	涝	旱	地下水排水不畅，在地势低洼处通过地表地下连通管道外溢而涝，后期水排干而旱
	地表地下岩溶管道连通性	连通性好	—	旱	地表水迅速转化为地下水，地表缺水而旱
		连通性差	涝	涝	地表水难以通过地表地下连通管道快速转化，在地表低洼处汇流成小"湖泊"，降水停止后仍会长期被淹没

因素	分类	降水后期	降水停止	灾害机理
人为因素	地表建有水库	涝/—	—	降水前期水库蓄水，岩溶地下河水位也上涨，在降水中期，水库的水位升高，对岩溶地下水系产生倒灌。降水后期随着水量的增多水位的上升，有可能造成洪涝，也可能无灾害，主要取决于水库水位与地下水水位的高度
	提水工程	—	—	提水工程对降水无特别显著的响应

注：地下岩溶管道各因素的对比是在"抛物线形四周合围"型的岩溶洼地中进行，"—"表示基本无灾害；降水停止指的是降水停止后的第 X（X 由中国西南岩溶区当地的气象条件决定）天以后。

提水工程对降水的响应比较小，但是它从另一方面影响着灾害的发生。岩溶区地下水水资源开发的过程中，由于岩溶区特殊的地质条件，成井率比较低，因此对每一个提水工程的利用率都达到极点，往往会超过允许开采的限额，这就会影响竖井周围的整个区域的地表地下水循环，周边地表的河道的水位也会因为补给地下水水位而降低，导致地表水资源量降低，造成河道附近的用水户用水困难，造成区域性干旱。

在实际情况中，由于岩溶区每个地区地表地下的影响因素及各因素的类型不同，因此每个地方发生旱涝的可能性和成灾过程不同。要具体分析该区的旱涝灾害，必须首先摸清该地区的岩溶地表地下因素的组合类型。如果是岩溶洼地系统，则可根据实验中各因素的组合类型来判断可能发生的灾害类型，做好灾前的预防工作。

5.3 中国西南岩溶区旱涝灾害演变机理

岩溶旱涝灾害是气象、人类参变与岩溶多重介质环境变异的综合产物，亦是气象灾害、地质灾害和人为灾害的复合体。岩溶旱涝灾害是因当地大雨（或无雨）期间，岩溶多重介质环境内水量和水能重新分配所产生的一种自然和（或）人为现象，是由"天"、和"地"两方面因素决定的。"天"是指当地大气中是否存在含大量水汽的暴雨云，是否存在造成水汽凝结的动力条件等；"地"是指岩溶多重介质环境的特殊性，其内是否存在地表河流和岩溶地下河系统，是否存在与岩溶地下河系相连通的大量岩溶洼地和岩溶谷地（图5.2a、b）。

实际上，岩溶旱涝灾害的孕灾环境是其发生和发展过程的客观表现（"源"）；在岩溶多重介质环境内外，人与自然的相互作用，激活了各类致灾因子，产生了致灾的物质流、能量流、信息流（"流"）；使岩溶多重介质环境内部组构和功能发生变化，产生物理、化学等组合作用，导致环境内各种类型和性质的作用场和复合作用场形成（"场"）；岩溶多重介质环境内各种作用场的存在，对环境各层次的各种脆弱体（承灾体）产生作用（"效应"）；最终在环境内各种承灾体构成程度不同、规模有异的灾害事件集（"灾情"）。

综上所述，岩溶旱涝灾害的链式规律可简化为"源"、"流"、"场"、"效应"和"灾情"5个有序化的环节。岩溶旱涝灾害链式规律源于岩溶多重介质环境，其5个简化环节受控于环境中的各类环境介质，且以岩溶地下河系统时空分布的数量、规模、结构与功能为主控因素。

a.洪涝

b.干旱

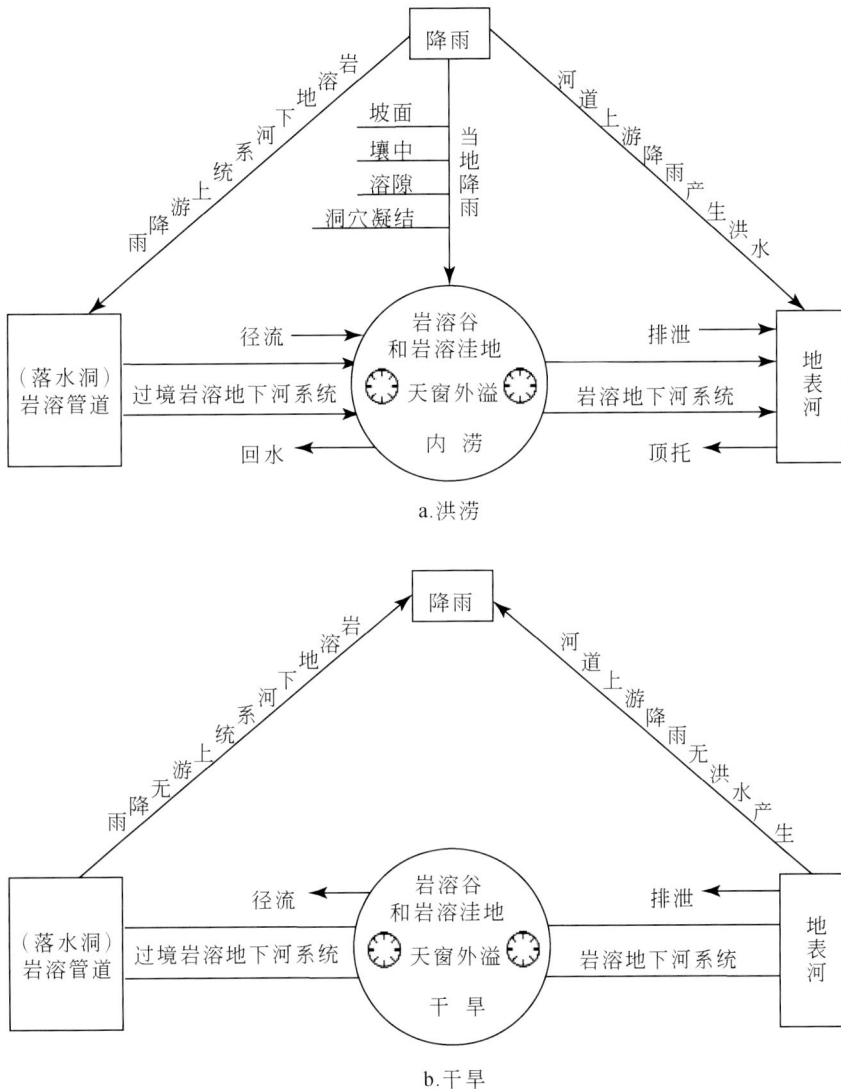

图 5.2　岩溶旱涝灾害成灾示意图

5.4　中国西南岩溶地下河水安全利用模式

　　岩溶地下河系统是中国西南岩溶地区最具特色的岩溶现象之一，既是岩溶旱涝灾害发生发展的主控因素，又是该地区岩溶水资源的主要储存体。

　　岩溶地下河系统的开发利用具一次性投资、短期见效、功能多、长期实用等优点，因地制宜、合理开发岩溶地下河系统对解决中国西南岩溶区旱涝、调节水资源的时空分布不均、改善生态环境、保障地区水安全和促进地方经济的持续发展等具有积极意义。岩溶地下河系统水资源开发利用典型模式总结概括为"引"、"提"、"堵"和"围"。

（1）引。即利用岩溶地下河系统的高位出口、溢流天窗等，开渠直接引水，或在溶洞修建隧道引水（图5.3）。

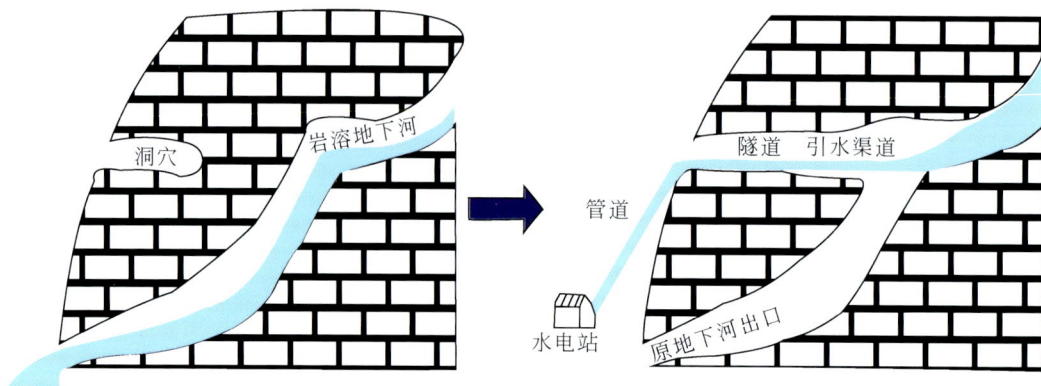

图5.3　岩溶地下河系统修建隧道引水工程示意图

（2）提。即在岩溶地下河系统不能直接排出地表或排泄点较低的地段，从岩溶竖井、天窗等天然露头中装机提取地下水，用于灌溉和城镇供水。根据不同情况，配备不同类型井泵，采用不同形式进行抽水（图5.4）。

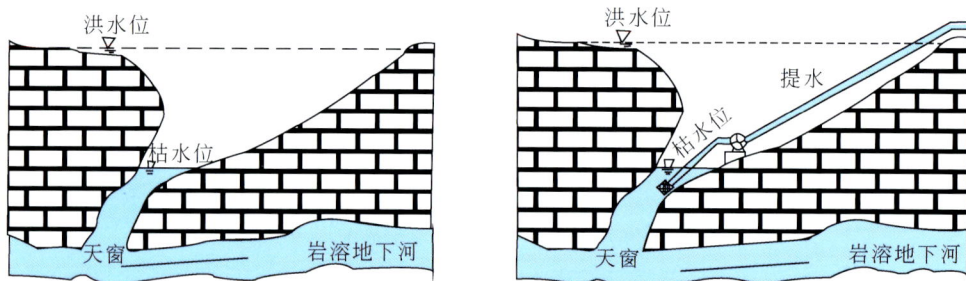

图5.4　岩溶地下河系统天窗提水工程示意图

（3）堵。即在岩溶地下河系统出口、天窗处筑坝堵截岩溶地下河系统，或在洼地落水洞、消水洞处堵截岩溶地下河系统，抬高地下水位，利用岩溶地下河系统的原有的岩溶管道、溶隙、溶洞和部分洼地，形成地下水库或地表、地下联合水库。岩溶地下水库的主要用途是灌溉和供水，其次为发电，极少数的岩溶地下库作为旅游。"堵"有四种模式：岩溶洼地堵消水洞成库、岩溶洼地堵伏流成库、岩溶管道中堵洞成库和岩溶地下河系统出口堵洞成库。

岩溶洼地堵消水洞成库即是在岩溶洼地处筑坝堵住消水洞，使岩溶地下河系统水流在洼地处聚集形成水库（图5.5）。

岩溶洼地堵伏流成库即是在岩溶洼地处堵住伏流的出口，使得水流在洼地聚集成库（图5.6）。

岩溶管道中堵洞成库即是在岩溶地下河管道中有利位置筑坝抬高地下水位，以方便提取岩溶地下河系统水资源（图5.7）。

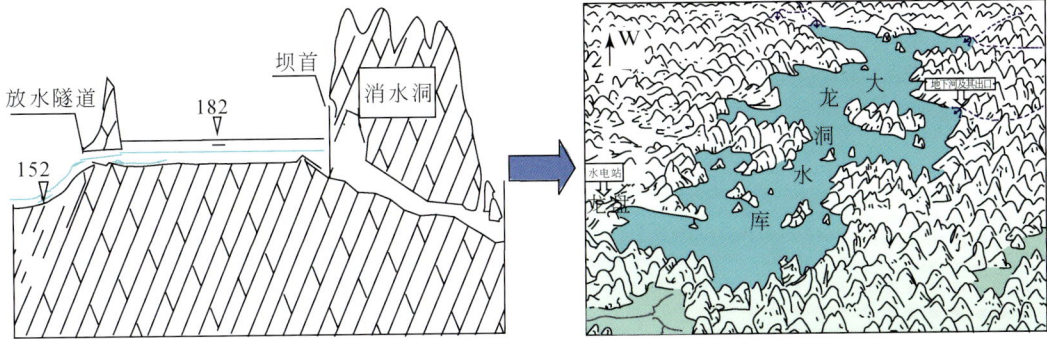

图 5.5　广西大龙洞岩溶地下河系统洼地堵消水洞成库工程剖面和平面示意图

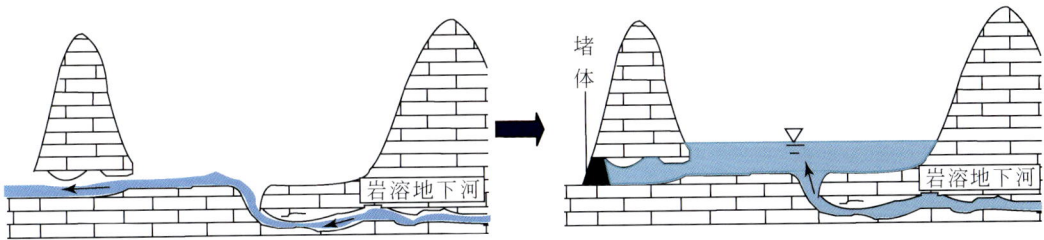

图 5.6　广西里洞岩溶地下河系统堵伏流成库工程示意图

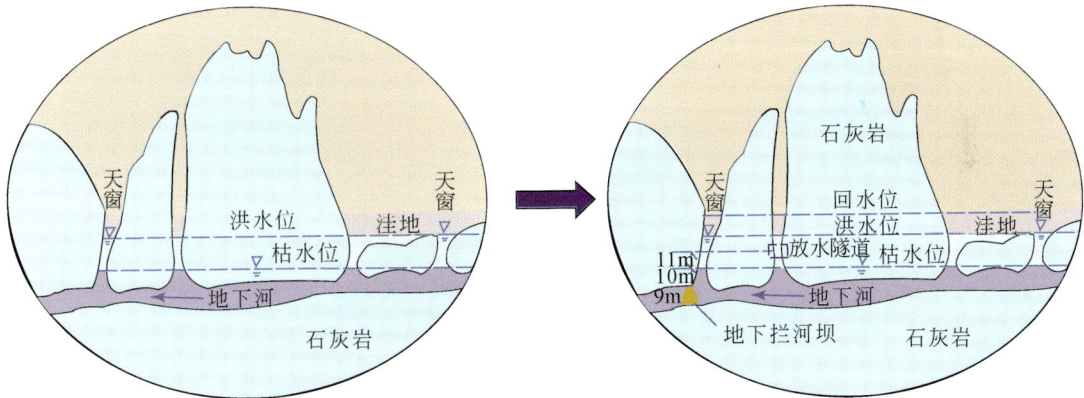

图 5.7　广西鸡叫岩溶地下河系统堵洞成库工程示意图

岩溶地下河系统出口堵洞成库即是堵住岩溶地下河系统出口，抬高地下水位，形成地下水库（图5.8）。

（4）围。即利用岩溶地下河系统出口处的有利成库条件，围拦蓄水成库，用于灌溉和发电（图5.9）。

岩溶地下河系统水资源开发利用要基于科学、合理的技术支持和理论支持，重视水文地质研究，必须通过水文地质调查，查清其来龙去脉及其水资源状况（水量及动态）。对大中型岩溶地下河系统，则必须根据调查资料，对每条岩溶地下河系统分别制定开发利用规划，并根据不同河段的不同特点，制定不同的开发利用工程措施，且要统筹考虑上中下

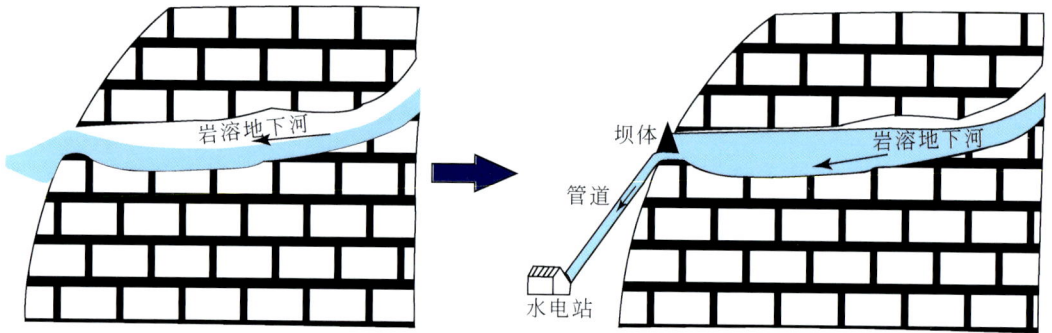

图 5.8   岩溶地下河系统出口堵洞成库工程示意图

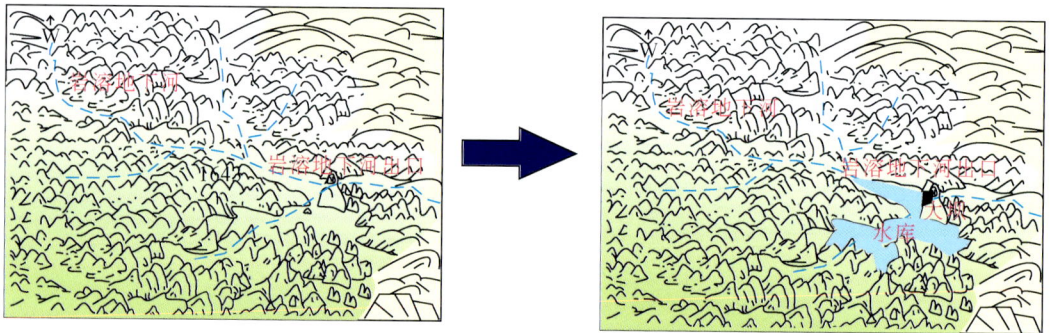

图 5.9   广西卡达岩溶地下河系统出口围拦成库工程示意图

游水资源的调蓄分配方案。岩溶地下河系统修建地下水库时，必须先分析研究水资源、地下储水空间及库区渗漏等问题。

对不合理的岩溶地下河系统水资源开发利用现象，应尽量予以改正。一些地区的岩溶地下河系统研究工作滞后于开发利用工程，同时由于岩溶地下河系统管理水平较低等原因，导致了不合理开发利用岩溶地下河系统水资源现象的发生；对此，需要对不合理工程进行必要的改造，避免超采水资源、向河道排污等现象，以保护宝贵的岩溶地下河系统水资源。

5.5   中国西南典型岩溶洼地——块所岩溶区旱涝灾害演变规律

在中国西南岩溶区存在一种特殊的岩溶地质单元，即岩溶洼地，岩溶易形成地表半封闭或封闭的岩溶地貌形态，有利于短时间大量降水的汇集，导致涝灾的发生；受控于地质构造、岩溶发育程度和气候的影响，难于储水，又导致旱灾的发生。

5.5.1   基本概况

块所岩溶区位于滇东北，属北亚热带季风气候，绝大部分地区属暖温带高原季风气候。年温差小，日温差大，干湿季节分明，气候垂直变化明显，河谷地区气温高、降水量少；年平均气温约为 12.1 ~ 14.4℃，年降水量约为 887.0 ~ 1211.9mm，约有 90% 的年降水量集中在 5 ~ 10 月。研究区内有海堂河，由南东流向北西，并穿过块所岩溶洼地，经八哥洞伏流入口，向北西方向的牛栏江排泄。

块所岩溶洼地受岩溶、地形地貌和形态控制，属于构造–溶蚀–侵蚀地貌。受北东—北北东向构造控制，构成岭谷相间、平行排列的向斜山谷、背斜山谷、单面山地形。山体碳酸盐岩地层与非碳酸盐地层呈条带或夹层展布，坡面溯源侵蚀较强烈，崩塌、坍滑等物理地质现象常见。最高点位于关家大山，高程为 2186.1m，最低点位于八哥洞伏流入口处，高程为 1945m，块所洼地北西方向为牛栏江，河床高程为 1673m（图 5.10）。

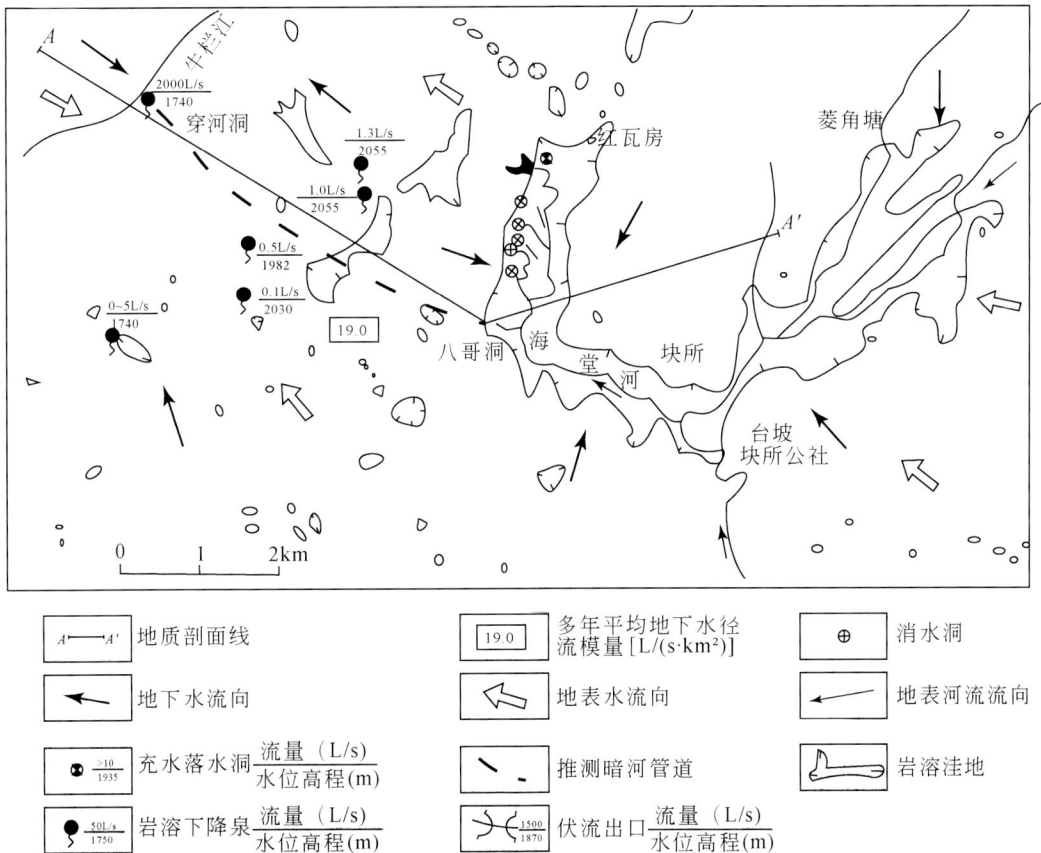

图 5.10　块所岩溶洼地岩溶地貌及水系概图

5.5.1.1　岩溶发育特征

研究区范围出露各碳酸盐岩地层。根据岩性、岩溶发育条件和岩层结构特征，把地层划分为均匀状纯碳酸盐岩层组、间层状纯碳酸盐岩层组与碎屑岩碳酸盐岩互层岩组三大类。

一类为均匀状纯碳酸盐岩层组，岩组以灰岩、白云岩、白云质灰岩或白云质斑块灰岩等为主，岩性纯、厚度大、分布连续，岩溶作用过程中溶蚀速度最快，岩溶最发育，沿层面或构造破裂带易形成规模较大的溶洞-管道-管缝状岩溶系统，在这类岩组分布区，地下水常以不均匀的洞-管-缝型赋集为主；二类为间层状纯碳酸盐岩层组，该层组纯碳酸盐岩连续沉积的单层厚度比大于90%，不纯碳酸盐岩的比例增大，单层厚度比一般小于10%，岩溶较为发育，地下水常出在洞穴-溶隙型岩溶水系统中；三类为碎屑岩碳酸盐岩互层岩组，主要为碎屑岩夹不纯碳酸盐岩，可溶岩溶蚀程度不高，碳酸盐岩厚度比一般为30%~70%，而碎屑岩厚度比则为70%~30%，岩溶发育极微弱或不发育，地下水赋存于岩溶裂隙、孔隙和线缝中。

三大类碳酸盐岩地层发育的溶洞、管道、裂隙和孔隙等特殊地下岩溶含水介质体的多重组合与复合，构成研究区特殊的地下输蓄水空隙空间，构建了岩溶多重介质环境生态脆弱的基础，致使该区旱涝灾害频繁。

5.5.1.2　八哥洞伏流

八哥洞伏流进口位于菱角塘乡西南方向八哥洞村附近，伏流长约7km。洞口宽约10m，高15m，深达数百米，洞口底高程为1945m。发育在灰岩地层中，岩溶发育强烈。调查时，处在旱季，流量较小，大于250L/s，水位高程为1972m；洪水期，水位高程为1995m左右，洪水流量达10m³/s以上。水位、水量动态变化很大，主要受降水影响和控制。

从八哥洞至红瓦房，地处断层影响带，山前岩石强烈破碎，沿北东向断裂派生的次一级横向断裂，裂隙十分发育，沿断裂带的两侧有纵、横交错的溶沟、溶槽、溶缝等岩溶地貌。八哥洞谷地是岩溶内涝重灾区，也是岩溶洼地最大的地表水排泄区，并沿北西向的牛栏江排泄。

5.5.1.3　块所岩溶洼地

块所岩溶洼地范围下伏地层均为均匀状纯碳酸盐岩层组，该岩组为本区分布最广、厚度最大、富水性最强的含水岩层，多年平均地下水径流模数达19.0L/（s·km²），岩溶发育十分强烈，以垂直溶隙、切层裂隙、水平管道及溶洞等为主。沿洼地四周及谷坡边缘，形成深度为10~30m的表层岩溶带，该带地下河管道以上约300m深度内，为强岩溶发育带。块所洼地形态如字母"U"，开口向北东，平均宽约为1km，面积达14km²。在洼地的北东段，谷地宽阔、平坦，洼地边缘发育了大小数十处落水洞、消水洞、竖井、溶潭、伏流进口等岩溶地貌形态。洼地底部为第四系地层，主要为残坡积层、冲洪积层、冲湖积层成因。岩性为粉质黏土、粉土、砂卵砾石、淤泥质土等，厚度介于0.5~1m之间（图5.10）。

5.5.1.4　红瓦房落水洞

红瓦房落水洞位于八哥洞北东方向约2000m坡脚下方，洞口高程为1935m，发育在C_1地层中。由于位置较低，附近地表水集中汇入，消水不畅形成深潭状。目前，矿山安装两台抽水机抽水，供矿山生产、生活用水，出水量达50m³/h以上，水位变幅10m左右，水量丰富，动态变化比较稳定。

　　菱角塘—八哥洞一带特大型的块所岩溶洼地的形成，不仅与新构造运动、地形产生剧烈的抬升等作用有关，而且沿谷地边缘发育一系列的消水洞、落水洞、伏流进口等岩溶个体形态，均形成于地形相对低洼处，这些地段有利于地表水和地下水集中汇流、冲刷、侵蚀等作用。枯水期，这些消水洞、落水洞均无水。

5.5.1.5　海堂河

　　研究区内有一条河，名为海堂河。由南东流向北西，并流经块所岩溶洼地，穿过洼地长约 3km，近平缓流向八哥洞，并经八哥洞伏流向北西方向的牛栏江排泄。海堂河流量受降水控制，旱季流量较小，为 260L/s，特大干旱则无水量，水位较低，高程为 1972m；洪水期，水位高程 1995m 左右，洪水流量达 20m³/s 以上，水位、水量动态变化很大。

5.5.1.6　水文气象

　　块所岩溶洼地地处滇东北，属暖温带高原季风气候。干湿季节分明，气候垂直变化明显，河谷地区气温高、降水量少；年降水量约为 887.0 ～ 1211.9mm，约有 90% 的年降水量集中在 5 ～ 10 月。该区经常出现春旱，丰水期降水常常快速汇流成地表水流，向岩溶洼地集中汇流，最终汇流到块所岩溶洼地最低点八哥洞，由于八哥洞泄洪量有限，洪水暴涨水量增大了八哥洞岩溶地下管道的排水压力，致使洪涝灾害形成。

5.5.2　块所岩溶洼地水文循环特征

　　块所岩溶洼地范围补给（"源"）为海堂河流流量、大气降水、岩溶裂隙水。径流（"流"）分为地表径流和地下径流。地表径流为降水和海堂河水，降水径流范围为洼地范围，约为 14km²；海堂河在洼地内径流长度约 3km；地下水径流空间为广泛发育的岩溶裂隙、孔隙，总体径流方向为南东向北西方向，径流空间受岩溶地层倾向和岩溶发育强度控制，径流空间大。排泄（"场"）分为地表水和地下水，地表水向岩溶洼地最低点八哥洞排泄，空间和时间受限制，地下水由南东向北东排泄，最终进入牛栏江。岩溶洼地储水（"蓄"）类型为地表水、大气降水和地下水。地表水为海堂河流水，直接从洼地南东向洼地最低点八哥洞排泄，难存储；大气降水集中在岩溶洼地内，形成坡面流，快速流入洼地内各消水洞、落水洞和八哥洞，加之，洼地内第四系覆盖层 0.5 ～ 1m，储水量小或无法储水；地下水主要为岩溶裂隙地下水，赋存于岩溶裂隙、孔隙中，储水量受大气降水控制，在洼地下伏径流（图 5.10、图 5.11），对岩溶旱涝灾害影响较大。

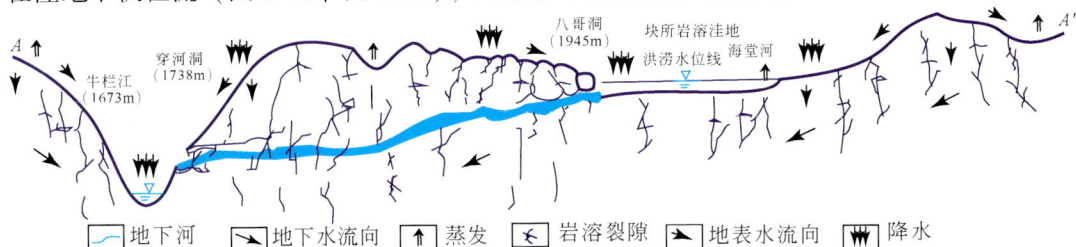

图 5.11　块所岩溶洼地区水文循环示意图

5.5.3　变化环境下岩溶洼地水文循环响应及致灾成因

块所岩溶洼地区的旱涝问题，不同于非岩溶地区，有其独特之处，主要是由岩溶洼地区特殊的地表和地下水赋存与径流特征所决定的。通过图 5.11、图 5.12a、图 5.12b 和图 5.12c可以看出，在变化环境下，岩溶洼地水文循环过程不同。

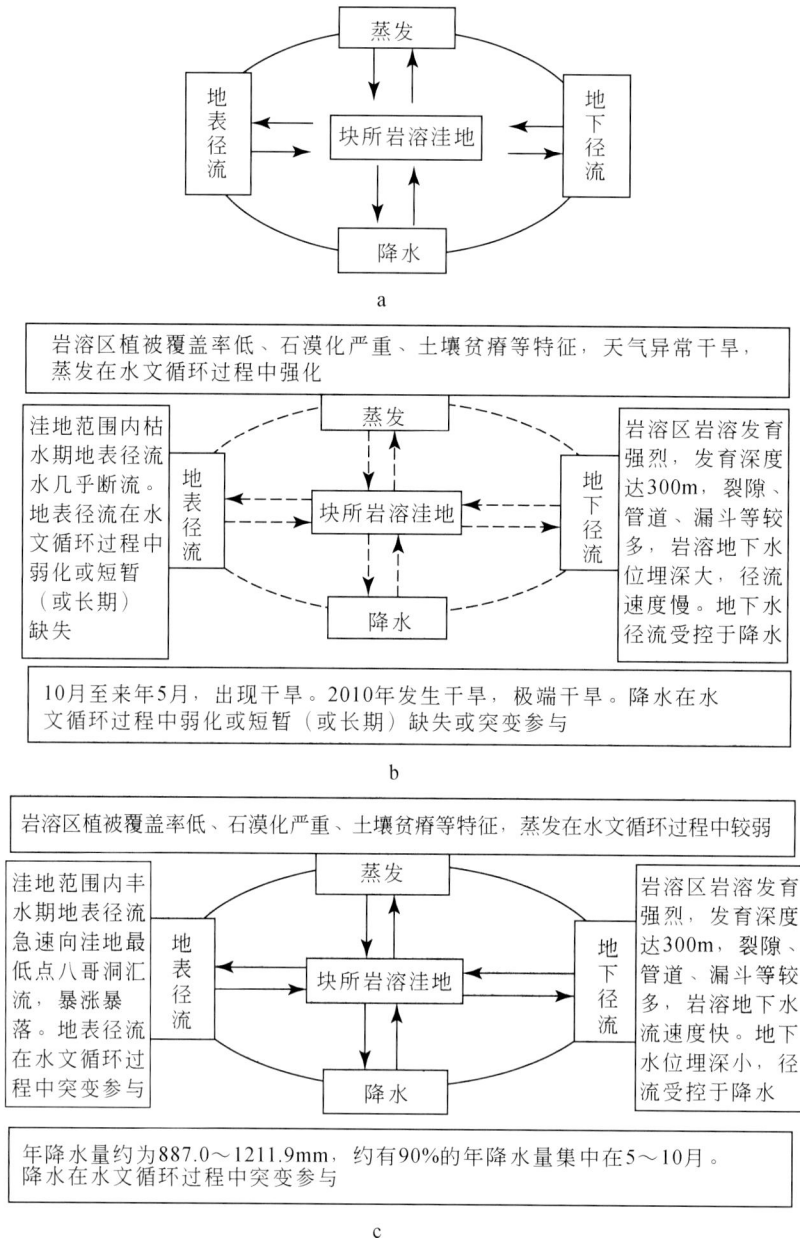

图 5.12　块所岩溶洼地水文循环过程
a. 自然演变下水文循环过程；b. 极端干旱条件下水文循环过程；c. 特大暴雨条件下水文循环过程

在自然条件下（图 5.12a），水文循环过程中每个环节均存在，无变异现象。

在极端干旱条件下（图 5.12b），块所岩溶洼地水文循环过程中蒸发、降水和地表径流几乎消失，只有地下径流的单一循环过程表现为"源"无、"流"少或空、"场"弱或空、"蓄"小或空等特征，呈现旱灾。

在特大暴雨条件下（图 5.12c），块所岩溶洼地水文循环过程中蒸发、降水、地表径流和地下径流变异，即岩溶洼地区水文循环的"源"、"流"、"场"、"蓄"均发生突变。表现为"源"多、"流"滞、"场"堵、"蓄"满等特征，呈现涝灾。

对比自然状态、特大暴雨和极端干旱三种情况下块所岩溶洼地水文循环过程，发现过程中"源"、"流"、"场"、"蓄"中的任何一个环节变异均导致岩溶灾害的发生。如"源"增加为涝灾，减少为旱灾；"流"快速集中汇流成涝灾，"流"无或减少成旱灾；"场"径流受阻为涝灾，"场"弱或空为旱灾；"蓄"满为涝灾，"蓄"小或空为旱灾。可见，水文循环中某个因子变异，即短暂缺失或突然参与水文循环，必诱发其他因子连锁反应，导致岩溶旱涝灾害的发生。

5.5.4　块所岩溶洼地旱涝灾害防治对策

通过岩溶洼地自然状态下、极端干旱和特大暴雨条件下水文循环过程的差异，治理块所岩溶洼地旱涝灾害，应从岩溶洼地水文循环系统出发，从块所岩溶洼地水文循环过程的"源"、"流"、"场"、"蓄"四点入手，综合考虑可控制条件，其治理对策如下：

（1）"源"。块所岩溶洼地补给（"源"）为海堂河流流量、大气降水、岩溶裂隙水。为更好控制"源"，可以在海堂河入块所岩溶洼地上游修建水库，枯水期补给岩溶洼地区灌溉、生活和工业用水。建立雨量观测站，建立水文预报模型，为水库蓄水和放水提供基础数据支撑。

（2）"流"。块所岩溶洼地径流（"流"）分为地表径流和地下径流。为更好控制"流"，海堂河上游修建水库，调控河流来水量；人工拓宽八哥洞岩溶管道（长约 7km），暴雨来临，增强泄洪能力。为流经洼地近 3km 的海堂河河道修建河堤，增强其泄洪能力，封堵岩溶洼地各消水洞和落水洞，减少岩溶洼地内贫瘠的土壤侵蚀。

（3）"场"。块所岩溶洼地排泄（"场"）分为地表水和地下水。在干旱期，地表无水，主要是岩溶洼地区岩溶裂隙水在排泄，应该在岩溶地下水由南东向北西径流方向上，打钻井取水，再结合海堂河上游水库蓄水，可以解决干旱问题。

（4）"蓄"。块所岩溶洼地储水（"蓄"）类型为地表水、大气降水和地下水。其内第四系覆盖层 0.5~1m，储水量小或无法存储水。旱季，地下水主要为岩溶裂隙地下水，赋存于岩溶裂隙、孔隙中，需打井取水，并结合海堂河上游水库取水，或在岩溶洼地下伏岩溶地下河流域修建地下水库，可以解决干旱问题。

5.5.5　典型岩溶洼地旱涝灾害演变规律及防治措施

岩溶区岩溶洼地、盆地和峰丛谷地均存在水资源匮乏、土壤贫瘠、石漠化严重、植被覆盖率低、旱涝频发、地面塌陷等现象，岩溶洼地、岩溶谷地和岩溶盆地是旱涝灾害易发区（郭纯青，2001；曹建华等，2004）。治理岩溶洼地区旱涝灾害应重视水文循环过程的每个环节，对岩溶水文过程的"源"、"流"、"场"、"蓄"每个环节尽可能地控制在自然状态下。不同的岩溶洼地受断层、地形地貌、岩溶发育程度和水文气象的影响，其旱涝灾害的致灾因子不一样（张之淦等，2005；陈雷，2010），在分析其治理对策时，可以从水文循环过程入手，针对每个环节，采取相应的工程措施（表5.4）。

表5.4　典型岩溶洼地旱涝灾害演变规律及防治措施

因子	特征	内涝成因	干旱成因	工程防治措施	
				治旱	治涝
"源"	大气降水、地表水和地下水	特大暴雨导致"三水"迅速汇集（灌入）	极端干旱减少或大部分缺失"三水"	因地制宜，充分利用岩溶洼地附近地表水体修建水库、水窖、打井等措施，增加"源"	修建水利工程截断"三水"，消减汇入洼地的水量
"流"	洼地范围降水和地表水汇流、地下水沿岩溶裂隙、线缝、岩溶管道径流	地表水流汇流速度快（涌入、灌入）	"三水"量少，甚至无水流活动	修建水利工程引岩溶洼地附近水体，增加"流"	在枯水期，利用岩溶洼地中消水洞、落水洞或者管道等泄洪通道，拓宽"咽喉"，采取工程扩大泄洪能力
"场"	岩溶洼地范围内，降水和地表水活动范围，形同一个封闭地表水库，岩溶岩层为地下水活动场所	岩溶洼地空间有限，"三水"活动"场"受阻，"场"不通畅	场弱或空	岩溶洼地中修建水库蓄水	岩溶洼地迅速汇流"三水"，扩大其泄洪空间
"蓄"	岩溶洼地常为封闭或半封闭有限的空间，洼地底部为第四系覆盖层，盖层较薄，存储水量少或无水，受构造、岩溶发育特征控制，岩溶裂隙、洞穴、孔隙管道为主要蓄水空间	有限空间迅速充满，蓄满成涝	地表水和大气降水少或者空，只有岩溶洼地下伏岩溶含水层有极少岩溶裂隙或溶洞水	在岩溶洼地岩溶强径流带打井获取岩溶裂隙水，增加蓄水能力	采用工程措施提升与改造其蓄水空间，主要是岩溶洼地地表地下空间

5.6　本章小结

本章主要介绍中国西南岩溶区降水和地表地下各因素相结合直接、间接地影响该区旱涝灾害发生的过程。以降水条件为前提，对中国西南岩溶区在不同降水条件下可能发生的灾害和灾害的演变机理进行了系统的分析研究。

中国西南岩溶洼地区"水利"和"水害"并存，一方面水资源匮乏，一方面涝灾频发，旱灾和涝灾交替呈现，严重阻碍了岩溶区经济的可持续发展，应宏观系统分析岩溶洼地区的岩溶水文循环"源"、"流"、"场"和"蓄"特征，结合旱和涝交替出现规律，将治旱工程与治涝工程有机结合，相互兼顾，地表水（建地表蓄水工程）和地下水（建地下水库）联合调度，因地制宜，彻底根治岩溶洼地区旱灾和涝灾，保障水安全。

（1）系统地分析了强降水条件下和一般降水条件下，中国西南岩溶区在各种岩溶地表地下因子组合下可能发生的灾害和致灾的机理。分析表明，在同样的降水条件下，比较而言，峰丛岩溶洼地容易发生洪涝，峰林谷地容易发生干旱；同体积的岩溶洼地，"平底圆筒"型岩溶洼地比"抛物线形四周合围"型岩溶洼地消水更快；地表地下连通性好的条件下，发生干旱和洪涝的可能都比较大，此时产生洪涝大多是因为地下水水位上升而在负地形处外溢而成内涝，地表地下连通性差的条件下，发生洪涝的可能性较大，此时产生洪涝这是因为地表入渗作用小于汇流作用，因而降水汇集至洼地负地形而涝；地下岩溶管道埋深较浅、上游水力坡度大而下游水力坡度小的时候发生洪涝的可能性较大，地下岩溶管道埋深较深、全程水力坡度较大时发生干旱的可能性较大。

（2）在极端干旱或者极端暴雨的情况下，西南岩溶区特有的旱涝灾害完全被避免的机会太小，只能靠人力改变、整合、重新分配岩溶区的水资源，旱涝灾害发生的频率才会降低，灾情才会减轻。

（3）岩溶旱涝灾害是气象、人类参变与岩溶多重介质环境变异的综合产物，亦是气象灾害、地质灾害和人为灾害的复合体。岩溶旱涝灾害的链式规律可简化为"源"、"流"、"场"、"效应"和"灾情"5个有序化的环节。岩溶旱涝灾害链式规律源于岩溶多重介质环境，其5个简化环节受控于环境中的各类环境介质，且以岩溶地下河系统时空分布的数量、规模、结构与功能为主控因素。

（4）因地制宜、合理开发岩溶地下河系统对解决中国西南岩溶区干旱缺水、调节水资源的时空分布不均、改善生态环境、保障地区水安全和促进地方经济的持续发展等具有积极意义。岩溶地下河系统水资源开发利用典型模式总结概括为"引"、"提"、"堵"和"围"。

（5）以块所岩溶洼地为研究对象，以水文循环为轴线，分析自然状态、特大暴雨和极端干旱三种条件下水文循环连锁反应及旱涝灾害的致灾规律，提出抗旱和治涝应重视水文循环过程中各环节，人为参与水文循环，采取工程措施参与水文循环，迫使水文循环各环节不突变或异常参变，为岩溶旱涝灾害治理提供借鉴。

第6章 中国西南典型岩溶干旱区 地下水开发利用经验

6.1 典型岩溶干旱区基本情况

2009 年秋至 2010 年初夏，我国西南地区遭遇特大旱情，自 2009 年 7 月至 2010 年 4 月以来几乎无降水。持续干旱造成云南省上百万人畜饮水困难，并给工农业生产造成严重损失，给灾区人民生活带来重大影响。其中滇中、滇东及滇西东部大部分地区干旱达百年一遇，干旱范围之广、历时之长、程度之深、损失之重为历史罕见。据国家防汛抗旱总指挥部办公室统计，截至 2010 年 2 月 5 日，云南全省作物受旱面积已达 2243 万亩，其中重旱 1537 万亩，干枯 385 万亩；有 490 万人、334 万头大牲畜因干旱缺水饮水困难。

国土资源部闻讯云南旱情后迅速行动，3 月 28 日以国土资源电发〔2010〕30 号发出《国土资源部关于商请支持开展西南旱区抗旱找水打井工作的函》，提出了"充分发挥国土资源系统技术优势，努力开展抗旱找水打井工作，支援西南旱区抗旱救灾"的具体部署要求，并立即实施了"国土资源系统西南旱区抗旱救灾找水打井紧急行动"。随后中国地质调查局以水〔2010〕矿评 01-07-30 号文件下达了"西南严重缺水地区地下水勘查"项目任务书。

在本章中，对实施"西南严重缺水地区地下水勘查"项目（〔2010〕矿评 01-07-30 号）中积累的对云南省红河曲靖市、红河哈尼族彝族自治州泸西县的地下水开发利用经验进行总结。

6.1.1 云南省曲靖市岩溶干旱区基本情况

6.1.1.1 云南省曲靖市社会概况

曲靖位于云南省东部，云贵高原中部，滇、黔、川、桂四省（区）结合部，地处 $102°42'~104°50'E$，$24°19'~27°03'N$，东西距 215km，南北长 302km。区内铁路有贵（阳）—昆（明）干线和塘子至东川、沾益至红果两条支线。公路有昆明—贵阳，昆明—曲靖—陆良县高速公路，另有县市县级公路，交通尚可，但在山区交通多为盘山简易公路、乡间公路，交通运输颇为困难（图 6.1）。

曲靖市辖 1 市 7 县，即宣威市（县级）、麒麟区、沾益县、马龙县、富源县、罗平县、师宗县、陆良县、会泽县。总面积 32565km²，人口 575 万，其中彝族、回族、壮族、布依族、苗族、瑶族、水族等各少数民族有 44 万人，占人口总数 7.8%。

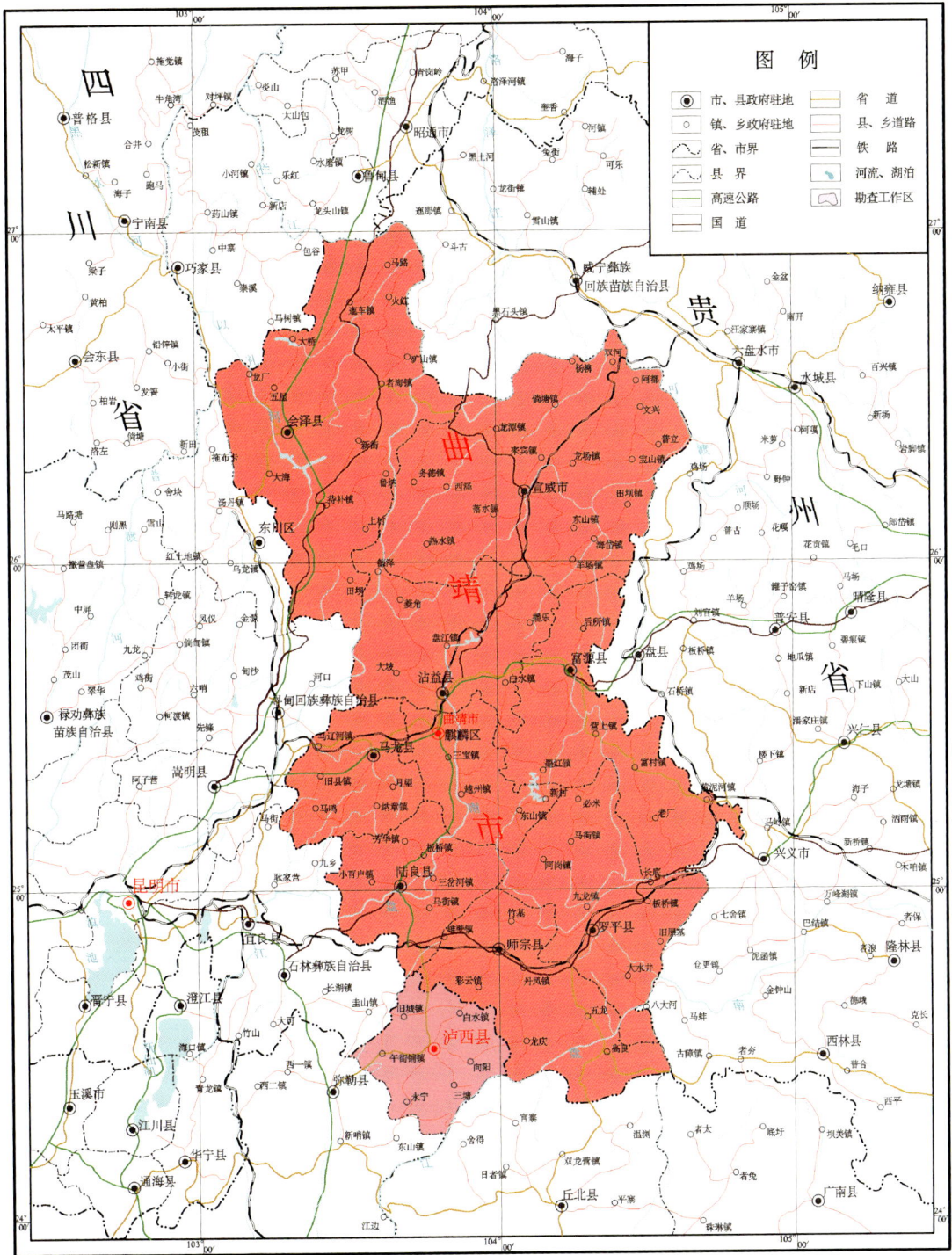

图 6.1　云南省曲靖市地理位置图

6.1.1.2　云南省曲靖市气象概况

曲靖属于亚热带高原型季风气候，由于地势高低和微地形影响，气候类型多样，曲靖北部会泽、宣威、富源等县为暖温带气候，其他各地属于亚热带气候。最热的 7 月份平均气温 19℃，最冷的 1 月份平均气温 14℃，年降水量在 900～1000mm，雨季多集中在 6～10 月，占年降水量的 80% 以上，月降水量 160～210mm，个别地区高达 400mm 以上，是地下水补给旺盛期，年蒸发量 2027mm 左右。

6.1.1.3　云南省曲靖市地貌概况

曲靖属于云贵高原一部分，全区西部高，南东低，西北部海拔 2500～3200m，切割深度 700～1500m，最大可达 2000m 左右，属高中山区，全区之冠在西北角巨龙梁子南侧，海拔 3294.7m。东南部海拔在 1900～2500m，切割深度 500m 左右，属中山区。山脉多呈北东—南西走向，与构造线基本一致。山岭间分部众多、大小不等的盆地（坝子），其中以曲靖盆地最大，嵩明、金所、松镇、马龙、竹园、寻甸、卡郎、仓溪、功山，盆地次之，全区盆地总面积达 $673km^2$（图 6.2）。地貌类型及分布特征简介于下。

1. 构造侵蚀地貌（Ⅰ）

分布在曲靖西北角，山体基底复杂，总体延伸方向与构造线一致，呈南北向，其地势北高南低，为残留高原和高中山。近期以接受侵蚀作用为主。

2. 构造侵蚀溶蚀地貌（Ⅱ）

分布在曲靖西北部，以高中山、中山和低山特征分布。受构造控制，山岭沟谷相间，为平行排列的向斜山、向斜谷、背斜山，单面山地形。

3. 侵蚀剥蚀地貌（Ⅲ）

分布于曲靖大部分地区，标高在 1900～2300m，相对高度除马龙南的黄草地以外，一般不足 300m，地形坡度在 25° 以下。属低中山地形。

山体间水系发育，河流弯曲，沟谷开阔，多侵蚀谷地。在马龙一带保留有较好的高原面，标高在 2100m 左右。近期以接受侵蚀剥蚀作用为主。地下水常就地补给排泄，岩溶不发育，以溶蚀裂隙为主，属夹层型。

4. 岩溶地貌（Ⅳ）

曲靖市岩溶地貌分布很广，可谓遍及全区。在曲靖北部大面积出露。按组合形态，大致可分为下列四种类型。

（1）河间地块。分布在牛栏江西侧的后山梁。是由牛栏江及其支流强烈下切分割地块而成。山顶平坦，基岩裸露，少有覆盖，岩溶形态以峰丛洼地为主，并可见串珠状漏斗、落水洞、石芽等，地下水垂直循环带厚，地表严重缺水。山坡陡峻，岩溶发育较弱，仅以石芽、溶沟为主。整个地块补给快，径流排泄也快，在地块边缘可见地下径流集中排泄点。

（2）峰丛谷地。基座相连的群体峰顶和洼地，漏斗是地貌上的主要景观，峰丛圆锥形，比高一般不足百米，基底常见有红土覆盖，岩溶洼地大部分规模不大，呈倒锥形，底

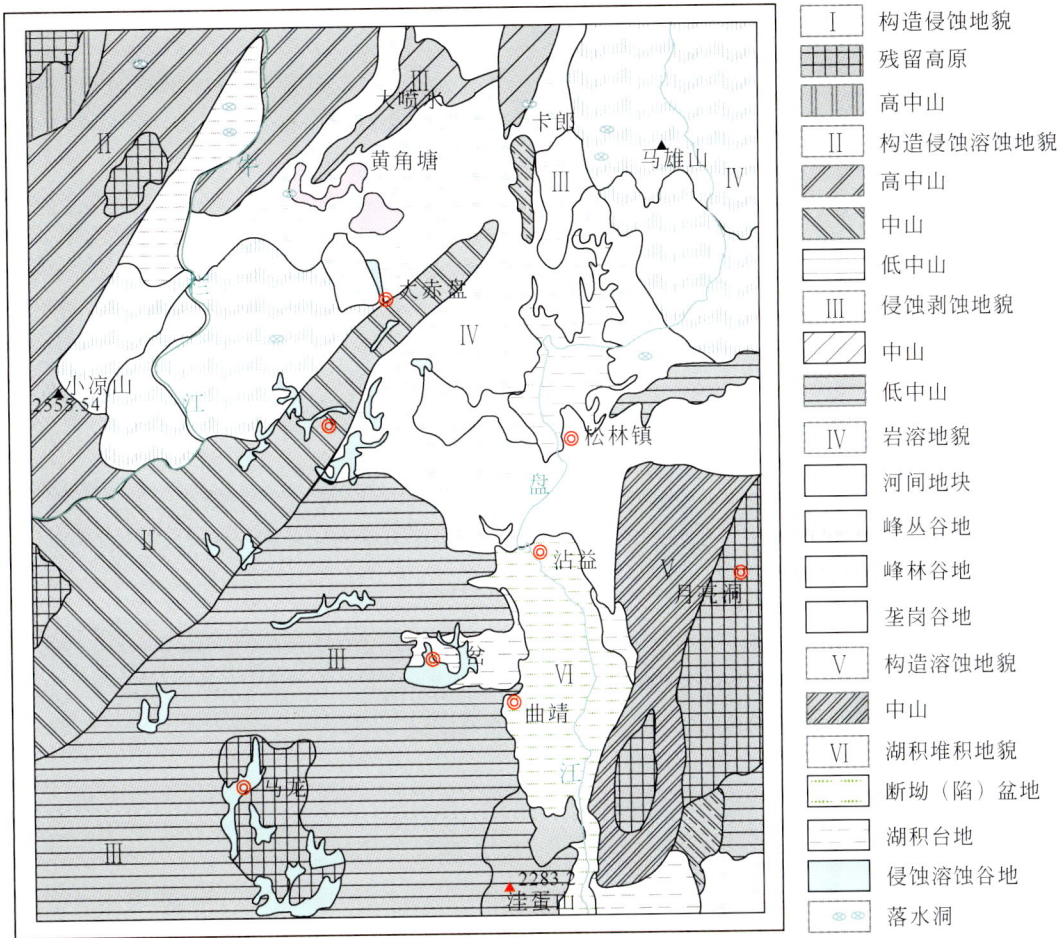

图 6.2　云南省曲靖市地形地貌图

部常可见较大型裂隙或竖井状落水洞。分布区少见地表水及泉水，但在构造有利部位常能形成大型暗河系统。

（3）峰林谷地。分布于曲靖北部的马雄山南，曲靖西部的小凉山东部一带。岩溶作用以水平溶蚀为主，局部保留有垂直溶蚀。峰林一般比高数十米至百余米，圆锥形，大部分基岩裸露。峰林间有谷地相连，谷地底部除局部地区外，大部分被厚层红土覆盖。峰林地貌分布区表现为一种地下水径流排泄地形特征。

（4）垄岗谷地。分布在卡郎、松林镇盆地周围等地。形态上具一种岗地形式，间有谷地相隔。岩溶作用以水平溶蚀为主，亦有垂直溶蚀作用。表现为地下水补给，径流区地形特征。

5. 构造溶蚀地貌（Ⅴ）

分布在曲靖东山和卡郎黎山，是由断块隆起形成的岩溶山地。曲靖东山标高 2300～2450m，相对高度 500～600m，属中山地形，大部分为碳酸盐地层，地形坡度 5°～15°左右，山顶平缓。山地周围与其他地形交接处，均有较大型泉水出露，其东侧有悬挂泉。整个地形具有明显的补给、径流、排泄带，组成了独立的水文地质单元。

卡郎黎山标高 2300～2600m，相对高度最大 600m，属中山地形。山顶平缓，地形坡度 5°～10°。山地西侧山坡线垂直，断崖明显。基岩裸露，以石芽坡地为主，南端可见间歇泉。南坡和东坡是地形倾斜区，亦为构造交汇带，可见较大泉水。

6. 湖积堆积地貌（Ⅵ）

分布于曲靖、松林镇、卡郎等盆地。

（1）曲靖盆地。盆地面积 288km²，其成因为断坳。盆地南北向椭圆形，东侧为构造溶蚀中山，西侧为侵蚀、剥蚀低中山，南北均有岩溶山地存在，南东有新近系茨营断坳盆地和古近系蔡家冲断坳盆地。盆地西侧河流有四级阶地，新近系茨营组形成湖积台地，盆地底部地段平坦，水系发育，多排水不畅的低洼地，为经历渐新世、上新世、第四纪三个盆地形成时期之盆地。

（2）松林镇盆地。盆地面积 79km²，其成因为岩溶。走向不明显，四周均由垅岗谷地及侵蚀、剥蚀低中山围绕，北部为南盘江发源地，水系发育，盆地底部平坦，可见两级阶地，新近系茨营组形成湖积台地，盆地中部有溶蚀残丘，第四系较薄。为经历渐新世、上新世两个盆地形成时期之盆地。

（3）卡郎盆地。盆地面积 13km²，其成因为断坳。盆地为南北狭长形，北部为构造溶蚀中山，其他三面由岩溶石芽原野及侵蚀、剥蚀低中山围绕，盆地底部微向西倾斜，东侧有洪积扇发育，河流有三级阶地，有地下溶洞袭夺地表河水现象。为形成较晚的第四纪盆地。

6.1.1.4 曲靖市地层岩性

曲靖市内出露地层由老至新有蓟县系、震旦亚界、古生界、中生界、新生界（表6.1）。

表 6.1　曲靖市地层岩性特征

界	系	统	阶（组）	符号	地层岩性特点
新生界	第四系	全新统		Q_4	顶部为杂色黏土、砂、砾石，中下部灰黑色黏土，棕黄色粉砂，砾石、角砾、钙华。底部黄褐色玄武质泥砾，砂砾石层
		上更新统		Q_3	以棕黄色、灰黑、灰白色为主，除西北部地区在后期出现泥石洪流粗砾堆积外，均以细粒沉积为主；腐殖质黏土层或草煤泥层以及钙华层作物标志层；仍然存在洞穴堆积；地貌上形成二级地，二元相结构较为明显
		中更新统		Q_2	呈条带状沿河分布；剖面颜色主要为棕红色、黄褐色，均经历红土化作用；晚期 Q_2 二元结构明显，早期砾石粗大无分选，似有冰水堆积特征；成分以石英砂为主；往往上覆有棕红色、棕黄色壤堆积；具结晶程度较高的洞穴钙华层及富含化石的洞穴堆积层

界	系	统	阶（组）	符号	地层岩性特点
新生界	第四系	下更新统		Q_1	岩性颜色以黄褐、灰白、灰黑色为主；成因复杂，厚度变化大；具明显阶段性，顶部有红土层，上部层理欠佳，下部微显层理或具有交错层；含泥质较重，砾石成分以玄武岩为主，此为石英岩具冰水沉积特征；主要出露在测区西部；地形上构成台地或高阶级
	古近系和新近系	上新统	茨营组	N_3c	上部为深灰、蓝灰色厚层状粉砂质泥岩，夹细粒岩屑杂砂岩及褐色的黏土岩，产介形类及植物碎片化石。下部岩性为褐灰色、浅灰色、厚层细粒长石石英杂砂岩及灰色块状黏土岩、粉砂质泥岩及数层褐煤
		渐新统	蔡家冲组	E_3c	岩性为浅黄色、灰白色的铁质含粉砂泥晶灰岩及厚层块状细晶粒岩屑岩，底部为一层钙泥质屑砂岩
			小屯组	E_3x	区内仅出露于东部曲靖县杨家冲、青龙及沾益县十里铺等地，总面积 $30km^2$。岩性主要为棕红、紫红色泥岩、钙质泥岩、泥质粉砂岩夹细砂岩，泥岩中混杂有灰绿色斑点和条带。底部为砖红色砾岩，砾石成分以灰岩、白云岩为主，次为玄武岩，并有少量的燧石、石英岩，粒径一般 $10 \sim 30cm$，分选差，呈棱角状，钙质胶结，厚 $73.0m$
中生界	侏罗系	下统	下禄丰组	J_1l	底部为石英质砾岩，其上为一套杂色不等粒岩屑杂砂岩夹粉砂岩、铁质泥灰岩。厚大于 $420.4 \sim 724.2m$
	三叠系	上统	须家河组	T_2x	仅见于竹卡向斜核部及下额秧。为一套陆相屑岩含煤建造。岩性以黄绿、黄棕色细–中粒岩屑石英砂岩、长石石英砂岩为主，底部夹透镜状煤层，顶部砂质页岩增多。区内岩性变化不大，厚 $113.2m$
		下统	关岭组	T_2g	分布于卡竹向斜及菜子山向斜两翼。下段：为紫红色、灰绿色细粒岩屑长石砂岩、长石石英岩、粉砂石英岩、粉砂岩、粉砂质泥灰岩与浅灰、灰绿色泥晶、粉晶白云岩互层。厚 $272.4m$
			永宁镇组	T_1y	分布于卡竹向斜及菜子山向斜两翼。下部为浅灰、黑色粉晶、泥晶白云岩夹薄层泥质白云岩、钙质泥岩。上部灰绿色细粒含粉砂质页岩。厚度 $72.5m$
			飞仙关组	T_1f	为一套紫红色为主的陆相碎屑岩建造，岩性以紫红色、灰紫色夹灰绿色中–细粒长石岩屑砂岩、泥质粉砂岩、粉砂质泥岩为主，底部为玄武质砾岩。厚 $758.8m$
古生界	二叠系	上统	宣威组	P_2x	在东部陆缘沼泽相带，仅见于曲靖哈马寨附近，上部为一套灰、灰黄色细粒岩屑砂岩夹粉砂质页岩、碳质页岩及煤层。下部为铁质砂岩、铝土矿岩及鲕状铝土矿。厚度大于 $82.2m$。在卡竹向斜两翼，下部为暗紫色玄武质砾岩，向上逐渐变细，以岩屑粉砂岩为主，厚 $174m$，由北向南减薄。富水性弱
			峨眉山玄武岩组	$P_2\beta$	岩性以斑状玄武岩、多玻玄武岩、杏仁状玄武岩、块状玄武岩、安山玄武岩为主，夹玄武质火山角砾岩、中基性火山岩、凝灰岩等。厚度 $413 \sim 1355.6m$

界	系	统	阶（组）	符号	地层岩性特点
古生界	二叠系	下统	茅口组	P_1m	淀晶、泥质骨屑灰岩及白云岩化灰岩、白云化白云岩，具有很大的原始孔隙。是本区赋水性最好的地层之一
			栖霞组	P_1q	灰、灰白色淀晶、泥晶骨屑灰岩，富藻灰岩，夹烟灰色交代白云岩、白云质斑块灰岩，厚104.7～297m
			梁山组	P_1l	除区内中部及南部中段外广泛分布。岩性主要为灰白色石英砂岩、黑色页岩夹煤层，西部为铝土矿及铝土质页岩，厚度东区8.2～224.8m，西区5.4～68.6m
	石炭系	上统		C_3	灰、浅灰色、灰白色骨屑灰岩、鲕状灰岩，顶部常具豆状构造
		中统		C_2	
		下统	岩关组	C_1y	
			大塘组万寿山段	C_1dw	岩性以灰白、黄白色及灰褐色红色中层状细粒石英砂岩为主，夹紫色黑色页岩、粉砂质页岩及硅质岩，厚度由南向北变薄，粒度变细，寻甸至沾益地区厚度4.5～48.4m，仓溪至卡浪地区厚1.5～5.1m，赋水性差，可起隔水作用
	泥盆系	上统	宰格组	D_3zg	上段灰、灰红色骨层泥晶岩。下段粉细晶白云岩、角砾状白云岩夹灰绿色页岩。在曲靖东山滨海相带厚57～113m；寻甸—松林镇咸化海盆相带，厚6.79～18.1m；驾车湾—卡郎海凹相带，沉积厚度大于300m；纛明海凹带，厚度一般小于300m
		中统	曲靖组	D_2q	深灰色生物礁状灰岩，生物泥灰岩，含生物泥质白云岩夹石英细砂岩
			海口组	D_2h	为灰白色石英砂岩，夹红色泥质粉砂岩、粉晶白云岩
			上双河组	D_2s	出露于曲靖坝区两侧，为曲靖城附近的主要含水层。大体以曲靖东山断裂为界分为两个岩相带：断层以西为一套潟湖-滨海相沉积，底部为厚层细晶白云岩及白云岩，中上部为细粒石英杂砂岩夹细粒-中长粒石英砂岩及砂质页岩
			穿洞组—上双河组	D_2c+s	仅见于沾益城西南穿洞、西冲、龙华山一带。岩性为紫红、黄绿色砂、钙质泥质岩与含长石石英砂岩、石英杂岩互层。西部西冲一带厚约87.3m，向东厚度减薄，龙华山一带仅32.6m，泥质相应增多
		下统	翠峰山组	D_1c	仅见于曲靖翠峰山—沾益华山一带，岩性为黄、黄绿、褐黄色细粒石英杂砂岩与褐红、灰绿色粉砂岩、泥岩互层，厚度869.5m

界	系	统	阶（组）	符号	地层岩性特点
古生界	泥盆系	下统	桂家屯组	D_1g	仅见于曲靖翠峰山至沾益方桥一带。岩性为褐红色粉砂质泥岩为主，与灰绿色细粒菱铁矿、钙质石英岩组成复式韵律层，中下部夹砂质粉晶质灰岩及泥灰岩。曲靖—翠峰山一带最厚达 361m
			西屯组	D_1x	下部为灰绿-黄绿色钙质页岩、粉砂泥质岩为主。曲靖翠峰山一带厚度414.8m，向北减薄，至马龙山厚仅 1.6m。随厚度减薄及碳酸盐夹层减少赋水更趋于微弱
			下西山组—西屯组	D_1x+x	下部为一套灰黄色中-厚层状细粒石英砂岩为主夹岩屑石英砂岩、长石石英砂岩组成。厚60.6~312.1m，由曲靖向北逐渐减薄，富水性随之渐弱，曲靖一带的下部砂岩赋水性相对较好
	志留系	上统	玉龙组	S_3y	岩性较稳定，以灰色钙质页岩、泥质页岩夹薄层泥灰岩为主。曲靖一带最厚达 339.1m，向西北渐薄
			妙高组	S_3m	灰、深灰色瘤状灰岩、泥灰岩、泥质白云岩及钙泥质页岩。海湾凹陷地带：凹陷中心位于曲靖一带，厚度 200~400m。潟湖地带厚 50~200m
			关底组上段	S_3g^2	关底组集中出露于南部马过河、马龙、曲靖一带。灰绿色、黄绿色泥质页岩、钙质页岩及灰色泥灰岩、泥质灰岩组成。厚度 90~575m
			关底组下段	S_3g^1	紫红、褐红色泥质页岩、钙质泥岩粉砂岩夹灰绿色钙质页岩、灰色泥质粉晶灰岩透镜体。厚度 175.1~704.7m
	奥陶系	下统	下巧组	O_1q	岩性为灰色、浅灰色-厚层状粉细晶白云岩，内砾屑白云岩为主，夹鲕状白云岩、砂质灰岩、泥质灰岩及粉砂岩、钙质页岩薄层。厚度181m
			红石崖组	O_1h	紫红色灰色长石石英砂岩夹紫红色灰绿色粉砂质页岩、泥质页岩。厚度108.3m。富水中等
			汤池组	O_1t	浅黄色灰色长石石英砂岩，与深灰色、灰绿色泥质页岩互层，厚45.34~81.46m。富水中等
	寒武系	中统	双龙潭组	$\in_2s$	深、深灰色白云岩，粉泥晶白云岩，粉砂质白云岩夹砂岩、粉砂岩及页岩
			陡坡寺组	$\in_2d$	灰绿色钙泥质页岩，粉砂岩夹泥质白云岩、白云岩
			龙王庙组	$\in_1l$	灰-深灰色、粉-细晶白云岩夹粉砂岩、页岩
		下统	沧浪铺组	$\in_1ch+w$	灰绿、紫红色砂质页岩，粉砂岩、细粒长石碎屑岩石英砂岩，石英砂岩
			筇竹寺组	$\in_1q$	
			渔户村组	$\in_1y$	深灰、灰绿色页岩，粉砂质页岩为主，夹长石石英岩，粉砂岩
					灰、深灰色粉砂质磷块岩、粉晶白云岩，含磷硅质岩，粉砂岩。海凹相地层厚度一般在150m以上，浅海相一般在 50~150m

界	系	统	阶（组）	符号	地层岩性特点
新元古界	震旦亚界	上统	灯影组	Z_2dn	灰、灰白色块状粉晶、泥晶白云岩，硅质白云岩、含磷白云岩，含藻骨屑白云岩和钙质白云岩。厚度207～989m。赋水性弱
			南沱组、陡山沱组	Z_2n+d	下部冰积层，紫红色页岩及冰积泥砾岩，上部浅灰-紫红色岩屑石英砂岩，含砾石英砂岩或粉细砂岩夹白云岩薄层。南沱组厚度20～60m，陡山沱组厚度8～110m。赋水性弱
		下统	澄江组、熊家村组	Z_1c+x	上部灰绿色、下部紫红色细粒长石碎屑岩，长石砂岩夹粉砂岩及页岩。厚度大于758.5m。该两组岩石孔隙率小，后期风化，构造裂隙多呈闭合状或充填，赋水性弱
中元古界			昆阳群鹅头厂组	$ZjKne$	为区内最老地层，出露甚少，小面积分布于寻甸阿旺三家村、会泽县田坝乡段家湾及寻甸富乐果三地。为一套轻变质的碎屑岩建造。以板岩、粉砂质板岩为主夹变质的不等粒岩屑石英岩、岩屑砂岩、粉砂岩等。厚度879～2068m，赋水性弱，地下水多呈散流状出露

6.1.2　云南省泸西县岩溶干旱区基本情况

6.1.2.1　云南泸西县概况

泸西县位于云南省东南部（古称迤东边郡），红河哈尼族彝族自治州北部，距云南省会昆明市206km；距红河州府蒙自市194km；距曲靖市176km；距文山州235km；距贵州省兴义市182km。地理坐标103°30′～104°03′E，24°15′～24°46′N，县境东西最大横距54km，南北纵距54.75km，总面积为1674km²。东北面与师宗县接界；东南面与丘北县相望；西南面与弥勒县毗邻；西北面与路南、陆良县相连。泸西县辖5个镇、3个乡：中枢镇、金马镇、旧城镇、午街铺镇、白水镇、向阳乡、三塘乡、永宁乡。中枢镇位于县境中部，是全县政治、经济、文化、交通中心。

6.1.2.2　云南泸西县气象概况

泸西由于地处低纬高原，气候总体上属亚热带季风气候，气候温和，降水量适中。年平均气温16.9℃，最高36.1℃，最低-4.3℃。年平均降水量979mm，最大1251.5mm，降水多集中在5～10月，占年降水量的80%以上。水面蒸发量1204～1279mm。年平均日照2112h，无霜期272.7天，年平均相对湿度75%，主要风向是西南风，平均风速2.3m/s。

6.1.2.3　泸西县地貌

泸西县地势北高南低，东高西低，盆地（坝子）标高在1550～1850m，山区标高在1900～2300m。根据地貌成因类型及形态分为构造剥蚀、河流侵蚀、岩溶和构造溶蚀盆地四种成因类型（图6.3），现分述于下。

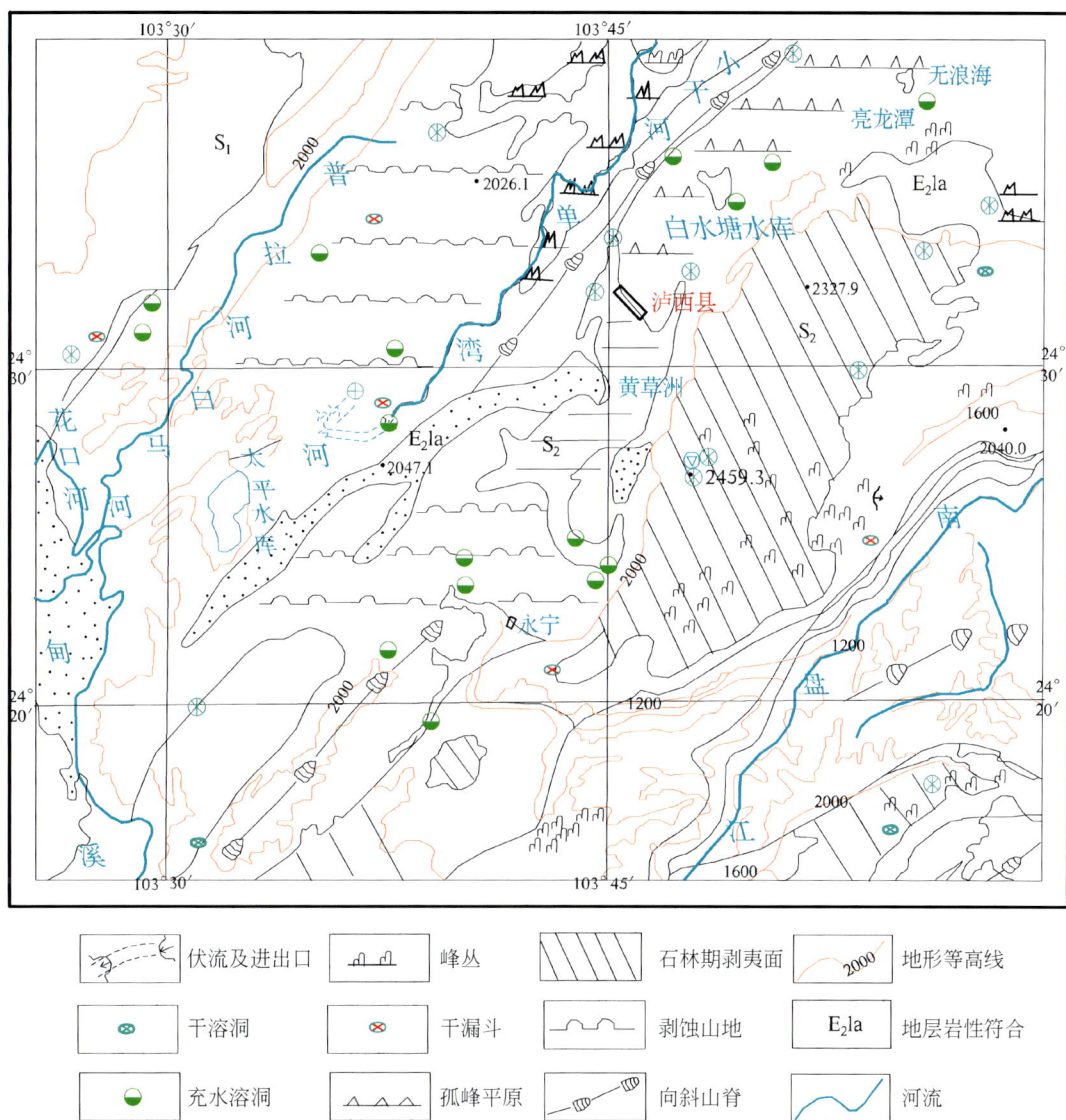

图 6.3 泸西县地貌图

1. 构造剥蚀地貌

分布于县境内西部马槽冲一带，北东部白水水库以东 2km 处，以及境内中部桃园—丁合村、大逸圃以南，永宁村西南部，由碎屑岩组成。

2. 河流侵蚀地貌

分布于境内南盘江河谷，由地壳抬升、河流径流沿褶皱断块侵蚀作用而形成的构造河谷，切割深度 500~1150m。河谷大部分为峡谷形态，坡度 30°~60°，谷坡陡峭，呈明显的"V"字形。部分地段两岸为断层崖，谷型狭窄，呈险隘谷特征。

3. 岩溶地貌

1）剥夷面

分布于县境内南东一带，有两个剥夷面，第一级剥夷面分布高程在 180～2200m，县境内的大型水平溶洞高程多为 1880～2050m。第二级剥夷面分布高程在 1600～1700m，典型地段有泸西盆地、大水塘盆地等。盆地内有溶蚀残丘及厚约 20 余米的红土层覆盖。盆地边有大型水平溶洞，高出盆地 3～10m，如泸源洞、半仙洞。

在第一剥夷面上，受后期不同岩溶作用的改造，形成如下地貌形态。

（1）溶丘洼地：分布在向阳一带的剥夷面上，由于水对岩石长期溶蚀作用，形成溶丘或丘峰，并在溶丘间分布着洼地、漏斗，成为丘洼地高原。

（2）峰丛洼地：分布在向阳南东一带，其形态特征是山峰呈锯齿状排列，山峰尖锐，山峰基座之间分布着洼地、漏斗、山峰和洼地，漏斗的高差一般为 50～100m。

（3）孤峰平原：分布在白水塘水库东至县境边界，以及金马盆地，海拔在 1800～1850m，地形平坦，零星分布有孤峰。孤峰与平原相对高差 10～20m。地下水埋藏浅，枯水季节水位埋深一般为 3～5m。

2）石芽坡地

分布于溶原向溶洼过渡的斜坡地带，如境内南东法土到布德隆，孔照普到俱久等地。此地带地形较为平坦，为地下水补给-径流区，发育了以溶蚀残丘、低山为基础的石芽坡地，有串珠状漏斗、落水洞分布。地下水埋藏较深。

境内的永宁冒烟洞，知府塘岩溶斜坡地带地形崎岖，相对高差 50～200m，局部高差达 700m 左右，地下水以垂直渗入为主，地下水溶蚀作用强烈，部分地表沟谷已失去排泄地下水的能力，干谷、盲谷、漏水洞发育，地下水埋深 300～950m。

4. 构造溶蚀盆地

泸西盆地属于构造溶蚀盆地，其特征是处于断裂带或断裂带附近，经长期溶蚀作用形成。盆地边缘及中部都有溶蚀残丘，边缘不规则，地形封闭。受后期地壳抬升的影响，湖水退出，边缘发育有落水洞，迄今盆地内仍有残余湖泊（黄草洲）。

6.1.2.4　泸西县地层岩性

泸西县出露地层有古生界石炭系、二叠系；中生界三叠系分布普遍；新生界古近系和新近系、第四系分布零星（表 6.2）。

表 6.2　泸西县地层岩性特征

界	系	统	阶（组）	段	符号	地层岩性特点
新生界	第四系				Q	黏土，砂质黏土、细砂和砾岩。与下伏地层呈不整合接触。厚 1～15m
	古近系和新近系	下统			N_{1-2}	主要分布于大雨白地区，底部为细砂砾岩层，上部为杂色黏土，砂质黏土。与下伏地层呈假整合接触。厚度 263～1046m

界	系	统	阶（组）	段	符号	地层岩性特点
中生界	三叠系	下统			E_2l^a	分布于县境山间盆地中，上部为灰质砂岩，含砾砂岩和粉砂岩互层。与下伏地层呈不整合接触。厚 381~816m
		上统	火把冲组		T_3h	由细砂岩、粉砂岩、页岩组成，含煤层，岩性变化大。与下伏地层呈整合接触。厚度大于 1080m
			鸟格组		T_3n	由粉砂岩、页岩、下伏夹较多石英细砂岩组成，岩性、厚度变化较大，与下伏地层呈整合接触。厚 91~250m
			法郎组	上段	T_2f^b	由泥质页岩、粉砂岩、细砂岩组成，与下伏地层呈整合接触。厚 105~491m
				下段	T_2f^a	由泥质夹硅质灰岩组成，与下伏地层呈整合接触。厚 9~682m
			个旧组	第五段	T_2g^e	中厚层状灰岩，夹少量白云岩条带。与下伏地层呈整合接触。厚 526~1043m
				第四段	T_2g^d	块状白云岩，顶部为硅质条带白云岩。与下部地层呈整合接触。厚 998~1071m
				第三段	T_2g^c	中厚层状灰岩夹厚层状白云岩、白云质泥岩，顶部夹页岩。与下伏地层呈整合接触。厚 185~388m
				第二段	T_2g^b	上部以砂质页岩、泥质白云岩为主，夹长石石英砂岩；中部为白云岩夹泥灰岩，泥质白云岩夹砂质页岩；下部为页岩、砂质白云岩、硅质页岩。与下伏地层呈整合接触，厚 165~242m
				第一段	T_2g^a	为中厚层状灰岩夹白云质灰岩，白云岩和泥灰岩，泥质页岩。在三塘、具久、隆德一带，白云质几乎全部消灭，与下伏地层呈整合接触。厚 320~480m
			永宁镇组	上段	T_1y^a	由中厚层状灰岩，白云岩、泥灰岩组成。与下伏地层呈整合接触。厚 151m。县境北部减少，南部灰岩增多
				下段	T_1y^b	由泥质粉砂岩夹厚层状岩屑组成或不等厚互层。与下伏地层呈整合接触。厚 25m
			飞仙关组或洗马塘组		T_1j 或 T_1x	由粉质砂岩、页岩及细砂岩组成。与下伏地层呈假整合接触。厚 294~555m

界	系	统	阶（组）	段	符号	地层岩性特点
古生界	二叠系		卡以头组		P_2k	分布于县境北西部，由厚层细粒岩屑石英砂岩夹粉砂质泥岩组成，与下伏地层呈整合接触。厚104m
			峨眉山玄武岩		P_2m	分布于县境北西部，由陆相基性熔岩和玄武质碎屑沉积岩组成，构成三个喷发旋回，与下部地层呈假整合或喷发不整合接触。厚0~274m
			茅口组		P_1m	分布于栖霞组一侧，上部为块状灰岩，下部为块状白云岩和生物灰岩，与下伏地层呈整合接触。厚146~345m
			栖霞组		P_1q	分布于县境北西部，由白云岩、白云质灰岩组成，与下伏地层呈整合接触。厚30~59m
			倒石头组		P_1d	分布于县境西北部，由砂页岩、铝土岩夹灰岩及煤层组成，与下伏地层呈整合接触。厚23m
	石炭系	上统	马平组		C_3m	分布于县境西部，为厚层状灰岩夹生物灰岩，上部为白云岩，与下伏地层整合接触。厚43~655m
			威宁组		C_2w	分布于县境内西北部，上部为深灰色薄-厚层状硅质灰岩夹生物灰岩，下部为生物灰岩和白云岩，与下伏地层呈整合接触。厚166m

6.1.3 典型岩溶干旱区地质构造

6.1.3.1 地质构造

区内发育多种构造，发育径向、新华夏、山字型、华夏型、人字型地质构造，地质构造纵横交错、复合、切割，其关系十分复杂，断裂尤为发育。地质构造对地下水起着重要的控制作用。

地质构造与地下水的赋存和运动有着密切关系，不但在区域内对地下水有着控制作用，而且在小范围内，某些局部地段也可看到构造与地下水密切相关。构造体系控制了区域地下水运动的排泄方向，而各构造部位构成了条件不同的赋水构造类型，这些赋水构造对寻找地下水具有意义。经总结可划出五种赋水构造类型，现分别简述于下。

1. 向斜谷汇流赋水构造

各构造体系形成的向斜构造，除个别抬升为较高山地或受到后期构造破坏外，本区绝大部分的向斜构造，处于丘陵中低山区，构造轮廓较完整，特别是现为负地形的由碳酸盐岩组成的向斜构造，往往为地下水的富集区。

2. 单斜汇流赋水构造

区内较为宽缓的单斜构造众多，除个别为连续完整外，多被断裂破坏，其中保留较大片的碳酸盐岩含水层组就构成了单斜汇流地下水富集区。

3. 背斜谷汇流、背斜山分流赋水构造

背斜构造，特别是背斜轴部是张应力集中带，一般情况下岩石都受到不同程度的破坏，形成背斜谷。在此情况下地下水向谷地集中集聚排泄，构成背斜谷汇流赋水构造。如果背斜轴部在地形上为正地形，此时地下水向背斜两翼分流。

4. 构造交汇（复合）带赋水构造

区内构造交汇（复合）带比较清楚，如本区西部的入字型构造与径向构造交汇带，新华夏构造体系与径向构造交汇带，本区东部的新华夏系、华夏系、纬向构造与径向构造交汇带，都是地下水赋水构造。而且具备以下几个特点：

（1）在交汇（复合）带上形成的断陷（坳）盆地，下伏有较丰富的岩溶水；

（2）在交汇带处形成地下水的排泄点，构成富水块段；

（3）构造交汇带形成谷地区，为大泉的排泄点（其原因一是地形低洼，二是受到径向构造弱透水带的隔阻）；

（4）径向构造本身由于规模很大，常常形成宽度不等的（1~2km）的碎裂岩带。它本身与其他构造形迹复合后，形成贮水构造，而地下水径流量也有靠近断裂带小于远离断裂带的特点；

（5）在径向断裂带及其他构造体系与径向构造带的复合部位，经常形成温泉出露条件，温度较高、流量较大的温泉都出露在此部位。

5. 导水（贮水）断裂赋水构造

本区主要构造体系的横张断裂，例如垂向主干裂的附近东西向断裂，垂直新华夏及华夏系主干断裂的北西向断裂，以及被新华夏改造过的沾益山字型构造两翼的北西向弧形断裂都是本区的张性、张扭性断裂，或者是先压后张断裂，都起到了沟通含水层的作用。

6.1.3.2　新构造运动

新构造运动是影响地形、地貌发育、岩溶分布规律、地下水动力条件分布等直接控制因素之一。新构造运动迹象在本区内表现在以下几个方面，现分述于下。

1. 地形地貌方面

地形地貌能宏观反映出整个新构造时期运动。新构造运动地貌标志有：

（1）明显的地势反差强度及地貌景观差异；

（2）主要盆地都与南北向控制性断裂延伸方向一致；

（3）夷平面的倾斜形变，由北西部 2700m 降至 2100m 左右；

（4）断裂带两侧的洪积扇裙、阶地及局部剥蚀面在相应高度上不便对比，常构成不对称地形；

（5）红土化作用明显、界限分明，在地表常见棕红、棕黄色与红色界线；

（6）中更新统沉积物高出现代河床；

（7）北西部岩溶不发育，少见溶洞存在，中东部可见多层溶洞；

（8）现代岩溶发育破坏了原有均势，垂直或垂直水平发育，岩溶垂直形态大量出现；

（9）溶洞具有袭夺地表河流迹象；

（10）曲靖等盆地内多见现代积水洼地或沼泽地。

2. 构造方面

（1）新构造运动切割或改造先期构造，继承性活动，新生界地层有不同程度的形变；

（2）剥夷面呈台阶状分布；

（3）水平溶洞成层发育及新河床产生裂点。

3. 地震与温泉

发震构造带体系与地热异常分布一致，近期地震活动频繁。如：1939 年 7 月至 1980 年 2 月 17 日，共发生地震 15 次，其中损害震 4 次，强震一次，震中位于弥勒县。

区内出露的温泉除与储热地层有关外，均以线状形式分布在活动断裂带内，并具有水温高、水质成分复杂等特征。如泸西县弥勒、师宗断裂带共出露 5 个温泉，沿北东向有热异常带分布。

6.2　典型岩溶干旱区水文地质条件

6.2.1　云南省曲靖市水文地质条件

地下水赋存于不同的岩层（岩体）之中，不同的岩层（体）成因结构类型不同，储存地下水的空间亦不同，从而决定了不同的地下水类型。曲靖市地下水分为孔隙水、裂隙水、岩溶水三种类型，现概述如下。

6.2.1.1　孔隙水

赋存于新生界松散岩类（Q、N_2^c）及半固结岩类（E_3^c、E_3^l）地层中。前者为孔隙水、孔隙层间水，后者多为孔隙层间承压水。全区孔隙水多集中分布于山间盆地之中，寻甸盆地、曲靖—沾益盆地，卡郎盆地，松林等盆地中。

根据孔隙水的成因、地貌条件，将孔隙水分为：①河谷冲洪积型，包括盆谷地冲洪积砂砾亚型，盆谷地洪积砾石碎石亚型，谷地冲积黏质砂土、砂亚型；②盆谷地湖积型，包括盆谷地湖积黏土、砂、钙华、泥炭亚型，盆谷地黏土、褐煤亚型，盆谷地湖积泥岩、泥灰岩亚类；③高台冲积、冰水砾石、泥砾型。

6.2.1.2　裂隙水

地层岩性（岩相）是决定裂隙水赋存条件的基础。地下水的富水性、均匀性不一，各具有特征。但总的来看，此类型水一般以分散的裂隙潜流为主，受大气降水补给，泉水流量不大，一般为 $1\sim3$L/$(s\cdot km^2)$ 及 $3\sim5$L/$(s\cdot km^2)$。

6.2.1.3　岩溶水

为区内主要含水层组，大量储集丰富的岩溶水，其运动和分布规律在不同地段具有不同的特点。

（1）西北部小江断裂东西两支造成强烈断裂隆起，使岩溶发育分为三带。

①断裂影响带：岩溶水以垂直循环交替为主，简称垂隙式。常见大型的竖井落水洞、垂直溶隙、锥状溶洞、洼地等组合形态，其充填物较少，分布密度一般达 7~10 个/km²，岩溶率 12.1%~20%。

②碎裂带：岩溶发育虽比前者稍差，但裂隙分布较密集，是赋存地下水的主要空间。

③压碎结构带：由于碎裂颗粒较密集，虽然裂隙密集，但被断层泥密实充填，岩溶不发育，起相对的阻水作用，沿断裂面两侧为岩溶水的排泄带，构成岩溶大泉或富水带。

（2）中部：牛栏江侵蚀、溶蚀河谷两岸中山地带，东组成短轴褶皱构造，岩溶广布；西岸可溶岩与非可溶岩呈层状条带展布，沿接触面可溶岩一侧，顺走向有稀疏的规模不大的溶洞，密度一般 3~5 个/km²，岩溶率在 4.9%~5.6%，外貌发育特点为条带溶蚀岭谷型，称层间式。

（3）东北部：地处北盘江、南盘江及牛栏江支流鲁洞河三江分水岭地带。水平方向及垂直方向岩溶较发育，形成较多的峰丛和较大的岩溶槽谷洼地。洼地中有大型的落水洞、溶斗分布，一般密度为 7 个/km²，线岩溶率 19.26%~25.66%。洼地多是岩溶水的补给径流区，岩溶水位深，如马雄山、蛤蟆沟一带 49.2m，洼地倾向方向指示岩溶水径流方向。而且溶洞暗河伏流多见，简称洞隙式。

（4）东南部：位于曲靖盆地及东山一带，构造以断裂、断凹为特征。曲靖盆地沉积了古近系和新近系、第四系，形成了深覆盖式（大于 500m）和浅覆盖式（小于 100m）岩溶。50m 以下还有溶隙、溶洞发育，成为岩溶水的富集带。曲靖东山断块抬升为高原溶蚀面，其上星罗棋布着大型的洼地、溶斗、落水洞、溶隙、石芽等形态，则以垂隙式为主，偶见暗河、伏流，密度高达 8 个/km²，溶隙率 12.15%~19.55%，岩溶发育强烈。

（5）西南部：指嵩明、寻甸一带，构造上处于小江断裂东西两支南沿部位，形成嵩明断陷和寻甸断坳盆地，沉积了较厚的古近系和新近系、第四系，埋深有 C_{1-3}、P_1q+m 等可溶岩层，其中嵩明盆地向南拗陷逐渐加深。盆地周围可溶岩呈层状条带展布，岩溶发育中等，多见层间式岩溶形态。在分水岭地带，可溶岩呈块状展布，为垂向式的形态，岩溶发育强烈，一般密度为 8 个/km²，溶隙率 16.5%~20%。本区岩溶水与区内东南部有近似特点，盆地下部有覆盖型岩溶水，盆地边缘为断坳斜坡泉水溢出带。

依据全区岩溶发育的特征及形态组合，结合岩矿鉴定、化学分析资料及岩溶率统计，将本区岩溶发育规模及形态特征分为洞穴-溶隙（A）、溶隙（B）、溶孔-溶隙（C）三带。曲靖市岩溶垂向发育程度特征参见表 6.3。

表 6.3　曲靖市岩溶垂向发育程度分带对比表

垂向分带					指标及特征说明				岩溶水
带	代号	程度	典型地段	地貌类型	下限深度/m	平均溶隙率/%	钻孔能见率/%	埋藏岩溶形态特征	水动力状态分带
洞穴–溶隙	A	强烈	曲靖	断坳埋藏	60±	17	80	较多大型溶洞、暗河、伏流、地下水通道以管道流为干枢，逐渐发展为脉状通道系统，垂直发育	洞流隙流带（急流）
溶隙	B	中等	曲靖	断坳埋藏	100±	4.5	45	主要为小型溶洞及溶隙，且多密集的蜂窝状溶孔，通道为脉状隙流，水流有一定的潜水面	隙流带（缓变流）
溶孔–溶隙	C	弱	曲靖	断坳埋藏	140±	2.5	30	主要为小型溶隙，零星分布有溶孔，多为隙流，通道不畅流	

6.2.1.4　地下水水化学特征

曲靖水化学特征与含水层组的岩性、水动力条件及地形地貌、地质构造有密切联系，而局部地段受径流途径长短和人为活动的影响。

区内以岩溶水、裂隙水为主，次为孔隙水。一般径流途径短，地下水径流循环交替较强烈，从已有资料表明，地下水物理性质较好，无色、五味、无嗅、透明，水化学类型简单，以 HCO_3–Ca・Mg 为主，其次为 HCO_3–Ca・Mg・Na 型水，水温一般 12 ~ 17℃。温泉 22 ~ 63℃；pH 一般 7.2 ~ 8.47；总硬度 260.7 ~ 368.57mg/L；氯化物 0 ~ 13.2mg/L；硫酸盐 4.0 ~ 350mg/L，重金属离子铁、砷、汞、镉、六价铬、铅等指标均符合饮用水标准，总大肠杆菌未检出至>1600。

6.2.2　云南省泸西县水文地质条件

6.2.2.1　地下水类型

根据其赋存条件、含水层性质和水力特征，可将泸西地下水划分为松散岩类孔隙水、岩溶水和裂隙水三大类（表6.4）。

表 6.4　泸西县地下水类型划分表

地下水类型	亚类	含水层组代号
松散岩类孔隙水（Ⅰ）	—	N_1、Q_h^{al}

地下水类型	亚类	含水层组代号
岩溶水（Ⅱ）	碳酸盐岩夹碎屑裂隙溶洞水（Ⅱ₁）	C_2w、C_3m、P_1q、P_1m、T_1y^a T_2y^a、T_2g^c、T_2g^d、T_2g^e、T_2f^a
	碎屑岩、碳酸盐岩裂隙溶洞水（Ⅱ₂）	T_1y^b、T_2g^b、E_2l^{a-b}
基岩裂隙水（Ⅲ）	碎屑岩风化带网状裂隙水（Ⅲ₁）	T_1f、T_2f^b、T_3u、T_3h、P_1d、P_2l、P_2k
	碎屑岩风化带网状裂隙水（Ⅲ₂）	$P_2\beta$

6.2.2.2　含水层组富水性等级划分

以年平均径流模数（M）为主要指标，单井出水量（q）、泉流量（Q）为辅助指标划分。含水层根据富水性指标，分不同的地下水类型划分含水层组（表6.5）。

表6.5　泸西县含水层组富水性等级划分表

富水性级别	代号	主要指标	辅助指标	
		$M/[\text{L}/(\text{s}\cdot\text{km}^2)]$	$q/[\text{L}/(\text{s}\cdot\text{m})]$	$Q/(\text{L}/\text{s})$
强	A	> 10	> 5	> 50
较强	B	5～10	1～5	10～50
中等	C	1～5	0.1～1	1～10
较弱	D	0.1～1	0.01～0.1	0.1～1
弱	E	< 0.1	< 0.01	< 0.1

6.2.2.3　含水层组的划分

泸西县含水层组合分为三类。
（1）松散岩类含水层组（Ⅰ）；
（2）碳酸盐岩含水组（Ⅱ）；
（3）碎屑岩、火成岩含水组（Ⅲ）。
泉流量 Q、地下水位埋深 H、单位出水量 q、地下水年平均径流模数 M 等特征值如表6.6。

表6.6　泸西县含水层组类型及特征

含水层组类型		地层及分布位置	含水介质	各参数值
松散岩类含水层组（Ⅰ）	富水性较弱的含水组（Ⅰ$_D$）	N$_{1-2}$、Q$_h^{al}$，泸西盆地、金马盆地、旧城盆地、三河盆地	主要为一套较纯的薄-巨厚层状白云岩、灰岩、白云质灰岩、硅质灰岩及生物灰岩	$q = 0.002 \sim 0.028$ L／（s·m）
碳酸盐岩含水组（Ⅱ）	碳酸盐岩夹碎屑岩含水组（Ⅱ$_1$）富水性强的含水组（Ⅱ$_{1-A}$）	C$_2$w、C$_3$m、P$_1$q、P$_1$m、T$_1$g^d、T$_2$g^d、T$_2$g^c，在县城境内分布广泛，C$_2$w、C$_3$m、P$_1$q、P$_1$m仅在县城西北部有小面积分布	薄-巨厚层状白云岩、灰岩、白云质灰岩、硅质灰岩及生物灰岩	$H = 1.53 \sim 88.20$m $q = 0.004 \sim 6.668$L／（s·m） $M = 12.098 \sim 22.80$ L／（s·km^2）
	富水性较强的含水组（Ⅱ$_{1-B}$）	T$_2$g^c、T$_2$g^a、T$_2$f^a	一套灰岩夹白云质灰岩，灰岩夹白云岩，灰岩夹硅质灰岩，泥质含量较高。另外还夹有泥岩、页岩	$H = 11.9 \sim 75.18$m $q = 6.038$L／（s·m） $M = 5.7 \sim 9.6$ L／（s·km^2）
	碎屑岩、碳酸盐岩含水组（Ⅱ$_2$）富水性中等的含水组（Ⅱ$_{2-C}$）	T$_1$y、T$_2$g^b、E$_2^{la}$	砂质页岩、泥质白云岩、灰岩、砾岩、含白云质砂岩、泥岩、粉砂岩	$H = 7.18 \sim 2.83$m $q = 0.28 \sim 6.89$L／（s·m） $M = 0.596 \sim 3.866$ L／（s·km^2）
碎屑岩、火成岩含水组（Ⅲ）	碎屑岩含水组（Ⅲ$_1$）富水性中等的含水组（Ⅲ$_{1-C}$）	P$_2$β，呈条带状分布于县境西北角	页岩、泥岩、砂岩及煤层	$M = 2.30 \sim 2.93$ L／（s·km^2）
	火成岩含水组（Ⅲ$_2$）富水性中等的含水组（Ⅲ$_{2-C}$）			$M = 1.44 \sim 5.0$ L／（s·km^2）

6.2.2.4　泸西县地下水水化学特征

县境内主要分布岩溶水、基岩裂隙水和孔隙水。由于地形切割强烈，地下水交替循环强烈，径流途径短，排泄条件良好，水化学类型为HCO$_3$-Ca或HCO$_3$-Ca·Mg型水，泸西地下水水化学特征值如表6.7。重金属和砷、汞、镉、全铬、铅指标均符合饮用标准。地下水物理性质为无色、无味、无嗅、透明。总之，泸西县地下水水质良好，有利于开采、适宜饮用。

表 6.7　泸西地下水水化学特征

离子、各要素名称	含量	均值
HCO_3^-/（mg/L）	191.73 ~ 408.19	297.27
Ca^{2+}/（mg/L）	32.13 ~ 136.56	69.92
Mg^{2+}/（mg/L）	0 ~ 46.51	25.82
SO_4^{2-}/（mg/L）	4.0 ~ 40.0	35.36
Cl^-/（mg/L）	3.73 ~ 45.43	15.727
NO_3^-/（mg/L）	0.002 ~ 0.137	2.63
pH	6.85 ~ 8.07	7.42
总硬度/（mg/L）	178.12 ~ 415.79	280.10
总矿化度/（mg/L）	331 ~ 645.63	280.10

6.3　成灾机理分析

6.3.1　云南省曲靖市岩溶干旱成灾机理分析

6.3.1.1　2010 年曲靖干旱情况

据曲靖市抗旱救灾工作领导小组办公室发布的通报，截至 2010 年 3 月 7 日，干旱已导致曲靖市 116 万人饮水困难，占总人口数的 1/5，农业和林业直接经济损失超过 32 亿元。具体受灾情况如下：

（1）人畜饮水安全情况。造成 110 个乡（镇）、944 个村（居）委会、116.587 万人饮水困难，其中农村人口 104.627 万人、城镇人口 11.96 万人，饮水困难人口占总人口的 20.04%，造成 86.3831 万头大牲畜饮水困难。

（2）农业受灾情况。农作物 351 万亩全部受灾，其中成灾 328 万亩、绝收 247 万亩，分别占 93%、70.37%。小春粮食作物 210 万亩全部受灾，其中成灾 196 万亩、绝收 182 万亩，预计小春粮食产量 0.3×10^8 kg，比计划减产 3×10^8 kg，减 91%；冬油菜 100 万亩全部成灾，其中绝收 51 万亩，预计油菜籽产量 5194×10^4 kg，比计划减产 8106×10^4 kg，减 61%；冬早蔬菜 41 万亩全部受灾，其中成灾 32 万亩、绝收 17 万亩；水果受灾 32 万亩，占 97%，成灾 28 万亩、绝收 5 万亩；蚕桑受灾 20 万亩，占 73%，成灾 17 万亩、绝收 0.25 万亩；水产养殖受灾 10 万亩，占 33%；绿肥受灾 117 万亩，占 93%。预计农业直接经济损失 16.77 亿元。

（3）林业受灾情况。受灾 662.7 万亩，报废 140.05 万亩，直接经济损失达 15.68 亿元。其中：核桃受旱 317 万亩，占 2006 年至 2009 年种植面积的 97.2%，成灾 114.98 万亩、报废 85.74 万亩、损失苗木 1871 万株，直接经济损失 3.87 亿元；以杉木为主的速生林受灾 65.72 万亩，占 80.07%，报废 32.31 万亩，经济损失 1.979 亿元；成林经济林、用材林、防护林受灾 482 万亩，报废 22 万亩，直接经济损失近 9 亿元；3294 亩育苗地近 6000 万株苗木受灾，林木种苗损失 1926 万元；发生森林病虫害 35.13 万亩，造成经济损失 1817 万元。

（4）火灾发生情况。自去年 12 月 1 日以来，发生森林火灾 50 起，其中一般火灾 11 次、较大火灾 39 次、火场面积 43452.15 亩，受害森林面积 9399.6 亩，林木损失 2601.82 万元，直接经济损失 4728.44 万元。自今年 1 月 1 日以来，累计发生民房失火 35 起，受灾 117 户，直接经济损失 107.59 万元。

6.3.1.2　曲靖市干旱致灾机理

曲靖市全市范围属云南省特旱区，是干旱频发地区，全年平均至少有 1/3 的月份会发生不同程度的干旱灾害，造成曲靖市大范围干旱的原因是多方面的，其主要原因为：降雨时空分布不均，地质因素、地形地貌影响，生态环境恶化，人口剧增，过度垦殖。

（1）降水多集中在 5~10 月，占年降水量的 80% 以上，11 月至次年 4 月，降水量只占全年的 10%~20%，气候异常年份干季降水量就更少，容易发生冬、春旱。

（2）曲靖市岩溶地貌分布很广，可谓遍及全区，以裸露型或覆盖型岩溶为主，岩溶发育强烈，基岩裸露，地表地下岩溶形态分布广泛，地表有溶蚀沟槽、天窗、漏斗及洼地竖井；地下有岩溶裂隙、岩溶管道及岩溶洞穴。地表地下岩溶形态构成岩溶双重水文网结构，使大气降水或大气降水形成的暂时性地表水流通过地表岩溶形态快速入渗补给地下水，部分地区入渗系统高达 0.8。在岩溶山区，地下岩溶管道坡度大，地下径流快速输出，流速高达 $n \times 10^2 \mathrm{m/s}$，故在岩溶补给区一般无地表河流存在或者只是暂时性地表河流。在地下河流域下游段一般为岩溶洼地地貌，漏斗、竖井和洼地等岩溶形态呈串珠状沿地下河展布，大气降水与地表水流易通过此岩溶形态注入岩溶地下河系统，因此容易造成"地表滴水贵如油，地下河水白白流"的岩溶干旱现象。

6.3.2　云南省泸西县岩溶干旱成灾机理分析

6.3.2.1　泸西县干旱史

1. 干旱特点

泸西历史上曾发生多次干旱，有 2~4 年发生小旱的规律，又有 12 年左右大旱灾的周期性。如：1677、1687、1907、1931、1947、1963、1977、1983 年均春夏连旱。1954 年干旱，1958 年又大旱，1993 年干旱，1998 年干旱，2001 年大旱。2005 年又大旱。历史上一直流传着"干旱一大片，洪涝一条线，霜雪春天现，雹打一条线"和"无灾不成年"的说法，是泸西县自然灾害的真实写照。

2. 干旱时间分布

全县冬季（11 月~2 月）降水量最少，仅占全年总雨量的 9%，夏季（6~8 月）降水量多，占全年的 50.7%，春季（3~5 月）降水占全年的 15%，秋季（9~10 月）降水占全年的 76%。全年降水主要集中在夏季。汛期（5~10 月）降水总量达 735mm，占全年的 76%，其余 7 个月降水总量只占全年的 24%，在作物生长季节的 5~10 月，降水总量为 735mm，占全年降水量的 76%。

降水量的年际差异很大，由于境内海拔高差过于悬殊，年、月降水量的差异，致使干旱几乎可在一年内任意时段出现。同时，一年主汛期（5~10 月）各月的降水量分布也不均匀，从而形成了旱涝同年的情况。一般有先旱后涝和旱涝交替发生两种形式。

6.3.2.2　2010 年泸西县干旱情况

2009 年 9 月至 2010 年 4 月，全县库塘蓄水大幅减少，蓄水量仅有 $4658 \times 10^4 \mathrm{m}^3$，为正常年蓄水量的 32.8%。县境内水池、水窖干枯 11231 个，水库、坝塘、小水塘干枯 110 个，由于水位大幅度下降，导致 48 个水潭和 3316 眼井干枯。

严重的旱情，导致农作物大面积受灾，全县受灾面积达 $30.34 \times 10^3 \mathrm{hm}^2$，约占全县耕地面积的 98%。全县小春麦作物基本绝收，造成各种经济损失达 2.67 亿元。全县有 14.1 万人、3.3 万头大牲畜因旱发生饮水困难，其中山区、半山区受旱尤为严重，全县需要拉水解困的有 49 个村委会 157 个村民小组 6.6 万人。全县农作物受旱面积 45.5 万亩，约占全县耕地总面积的 51%，其中：轻旱 3.3 万亩，重旱 22.3 万亩，干枯 19.9 万亩，水田缺水 5150 亩，旱地缺墒 3.9 万亩。由于旱情发展迅速，县境内 9000 余个小水池、小水窖已干涸 5461 个；300 余眼水潭、泉眼出水量大幅减少，部分已经完全枯绝；全县 16000 余眼浅层井中有 12000 余眼出水不足，4000 余眼干涸。

6.3.2.3　泸西县干旱致灾机理

在泸西县第一级剥夷面上，受后期不同岩溶作用的改造，地貌形态有：溶丘洼地、峰丛洼地、孤峰平原等。溶丘间分布着洼地、漏斗，成为溶丘洼地高原。溶原向溶洼过渡的斜坡地带，如境内南东法土到布德隆，孔照普到俱久等地。此地带地形较为平坦，为地下水补给-径流区，发育了以溶蚀残丘、低山为基础的石芽坡地，有串珠状漏斗、落水洞分布。地下水埋藏较深。石山区陡峭的地形条件和百孔千疮的岩溶地面使得地表持水能力差，渗漏严重，大气降水在地表的汇流一部分汇集在岩溶洼地中、通过落水洞直接"注入"地下，另一部分在地表汇积于冲沟中迅速汇入深切河谷，造成大面积岩溶山区（特别是峰丛洼地）地表水资源极其匮乏，在年均降水量 979mm 的区域出现了常年缺水的特殊干旱状态。

另外，由于森林植被遭受破坏，岩溶区石漠化严重，加重区域干旱。由于人口过快增长，人类活动范围扩展，对森林资源的不合理利用造成森林植被破坏严重，泸西县森林覆盖率由 1955 年的 49% 下降到 1983 年的 13.1%，1985 年的 10.2%。

6.4　地下水勘查及供水安全实施情况

6.4.1　工程实施情况

6.4.1.1　水文地质调查

针对复杂的水文地质条件和本区研究程度较低现状，找水定井工作需要进行以寻找地下水、确定抗旱井位置为主要目的的水文地质条件调查。工作重点围绕着寻找地下水、确定井位、钻探施工、解决群众饮用水困难而展开。调查中，首先选定缺水旱庄，围绕着干旱村庄附近的水文地质条件、地层岩性、地质构造、地下水赋存条件和成井条件进行调查，调查精度相当于1∶1万。

水文地质调查主要内容：

（1）从区域上了解调查点所在的水文地质单元、地形地貌、地表水径流汇水条件，地下水补给、径流、排泄条件。

（2）调查本地地层岩性分布情况，了解第四系岩性、覆盖层厚度，风化裂隙情况；下覆基岩岩性、厚度、含水层结构、地下水类型，含水层空间分布、岩溶裂隙发育情况，地下水水位埋深，取水层富水性及其季节性水量变化情况。

（3）调查岩溶类型储存、运动的分布规律；调查岩溶地下水的活动规律，如补给区，分水岭位置、含水层岩性分布范围及相变情况；岩溶地下水开采条件。

（4）了解研究区地质构造分布，断裂构造带分布情况，注重地质构造和新构造运动对现代浅层地下水和岩溶水的控制作用，对找水定井有意义的断裂构造进行追踪，判定地质构造对确定井位的影响。

（5）调查访问当地群众打井出水情况，如井深、岩性、裂隙岩溶发育情况，历年及现在出水情况，水位深度等。

（6）初步选定物探点位置及物探剖面线的布设，钻探施工进场及施工条件（道路、电力和供水条件）等。

经水文地质调查，找水、定井100眼，单井调查面积2.0~5.0km²/眼，调查总面积约400km²，有望成井位置86处，实施探采结合井75眼。

6.4.1.2　地面物探

1. 物探野外工作布置

1）物探点线布置原则

本次物探工作主要在水文地质调查、初步确定井位的基础上，在井位附近布置物探测点或测线，查明井位及其附近探测深度内的地层岩性、第四系厚度、岩溶裂隙发育、含水层分布及地下水水位埋深情况等，为最终确定井位、钻井施工提供依据。根据周围的房屋建筑、围墙、地面硬化等情况，尽量靠近井位布置物探测线及测点，布置3~4个测点，以便形成剖面而有利于定性分析地层的结构和连续性。

2）野外工作质量保证措施

在野外工作开展前，对投入施工的仪器设备进行一致性检查，野外施工中严格按照规范设计要求执行，发现问题及时纠正与返工。确保野外资料准确可靠。电测深外业测试中，观测的电位差不小于 0.3mV，供电电流不小于 10mA；外业测试中的激电二次场电位差大于 1mV，极化率测量分辨率达到 0.01%。

2. 物探工作重点

为了取得较好的物探效果，在实际工作中采用参照对比验证方法进行物探工作，即：在物探点附近寻找一个相对资料齐全的井孔，进行井旁测深，取证参数，取得依据，然后对需物探的点进行物探，并多次验证（测定三个以上的已知井的地质物探资料），从而分析、推断，物探解译，最终用钻探施工验证，并总结物探解译经验。

本区第四系厚度薄、主要为黏性土，含水微弱，在严重干旱情况下，已基本干枯或半干枯，一般不具备成井开采条件。泸西县地层主要含水岩性为新近系砾岩、个旧组灰岩、白云质灰岩和白云岩，是本次物探工作重点，应忽略浅层含水层，把找水重点放在下部基岩含水层。

6.4.1.3　钻探与成井

本次工作共完成钻探进尺 7101.85m，其中干孔进尺 1289.63m，占总进尺的 18.38%；施工 75 眼井，成井 63 眼；对已成的 63 眼全部进行了抽水设备配套；进行抽水试验 63 处、稳定抽水时间 500 余小时；水质取样分析 63 件，构筑井台 63 个，深井房建设 13 间；解决了 81629 人、27600 头大牲畜饮用水困难问题。

通过施工成井取得如下几点经验。

1. 抽水试验

抽水设备除考虑泵直径、扬程外，最主要的是考虑水量问题，水量过小不能充分发挥井的出水能力，水量过大容易造成地下水流加速，渗流变为管流，出水携带大量的红土黏泥，堵塞出水裂隙，造成出泥不出水或出水长时间出浑水，甚至井报废。有两种不同情况应特别注意：

（1）出水裂隙中充填大量黏土，抽水初期或水量很小，可保障出水，若大量抽水，地下水渗流转变为管流，水中携带泥土堵塞裂隙，抽水时初期水清、然后浑浊、最终易造成出泥不出水；

（2）遇溶洞上部为清水、下部含沉淀的泥情况时，当抽水量过大、水位降水过大时，抽取下部的泥，形成浑水，或堵塞泵头，不出水。

2. 水质

新井在未进行较长时间抽水的情况下，因施工中携带污染物大量进入井孔内，化验的细菌指标往往超标准。

6.4.2　效果分析

6.4.2.1　水文地质调查效果

水文地质调查是寻找干旱缺水地区地下水的重要基础，干旱地区之所以干旱，除气候干旱外，最重要的原因是含水层储水条件差、水文地质条件复杂。通过水文地质调查，获得对本地地形地貌、地下水补、径、排条件、汇水条件，地层岩性、含水层特征和地质构造的认识，才能做到有的放矢，减少钻探成井风险。

水文地质调查主要解决了两方面问题：

（1）对具备施工探采井的地点，初步确定了井位置、物探工作重点、取水层位目的层，减少了钻探成井风险，成功率在80%以上；

（2）对不具备成井条件的地方，对当地百姓作以解释，并尽可能提出解决饮水问题建议。如泸西县中枢镇阿平村，当地村民缺水严重，但该地汇水条件差，浅部无含水层，水位埋深又深，不具备浅井成井条件，建议布置深井取水；泸西县中枢镇中换村，为基岩裂隙水区，裂隙不发育，汇水条件又差，不具备地下取水条件；泸西县水库管理所为变质岩出露区，风化壳厚度很小（数米），下部为坚硬变质岩，上述地点都不具备地下水开采条件，建议利用地表水净化解决饮水问题。

6.4.2.2　地面物探效果

研究区为岩溶水、裂隙水，其含水均匀性不同于孔隙水，富水性差异很大，在水文地质调查初步确定井位后，需进行地面物探，进一步分析地层岩性，岩溶、裂隙发育段和地下水水位埋深，提高成井率。物探采用的视电阻率剖面法和激化法，对上覆第四系地层、下覆基岩界面、岩溶裂隙发育段、地下水水位埋深，预测出水量等方面进行解译，通过物探，剔除不具备成井条件的井位18个，配合水文地质调查确定井位63个，物探在一定程度上提高了勘查精度及成井率。不足方面：物探解译与实际验证尚存在一定差距，可能存在解译精度误差问题或者钻探、成井工艺问题。

物探解译从覆盖层厚度、水位埋深、含水段和出水量四方面进行对比分析。经初步统计分析，覆盖层厚度方面，解译基本正确，因地形起伏变化较大，并受AB参数设置限制，其解译精度存在一定差距；在水位埋深解译方面，物探预测误差在10%~15%，其他解译不同程度地存在误差；在含水段解译方面，定性基本正确，但往往缺乏更进一步的准确解译、判断。单井出水量预测定性基本正确，但其具体量化方面依据尚不充分、可靠。

6.4.2.3　钻孔成井率及出水量

本次工作施工探采结合抗旱井75眼，成井63眼，成井率84.0%，达到了国土资源抗旱指挥部成井率不低于80%的要求。在已成井中，深井（大于150m）成井13眼，浅井（小于90m）成井50眼，干孔总计12眼，其中：深井干孔2眼、浅井干孔10眼。

在 63 眼成井中，浅井单井出水量介于 1.5 ~ 247.37m³/d 之间，各单井合计总出水量可达 3360m³/d；深井单井出水量介于 28.8 ~ 1334.4m³/d 之间，各单井合计总出水量可达 6470.4m³/d。已实施的深、浅井已直接移交地方，解决了 81629 人、27600 头大牲畜饮用水问题。惠及曲靖 7 个县市 1 个区 14 个村、泸西县 5 镇 2 乡 24 个村委会 45 个村民小组，为缓解饮用水困难、抗旱救灾做出了重要贡献。

6.4.3　经验总结

6.4.3.1　水文地质调查方面

在干旱缺水地区找水，首先要搜集利用已有资料，尤其是大比例尺的水文地质调查和勘察资料，对区域地质、水文地质、地质构造、含水水层类型、富水情况、规律及特征有一定了解，做到心中有数。进行大比例尺的水文地质调查对抗旱找水打井很有必要，但在具体操作上又要区别于以往的水文地质调查，突出以"找水、打井、解决饮用水"为重点。实践证明在开展过大比例尺水文地质调查、资料多、研究程度较高的地方，找水风险小、成井率高。

6.4.3.2　地面物探经验

经总结，物探寻找地下水含水段层位有以下特点：

（1）第四系与下覆基岩接触带水受干旱影响或下部发育的岩溶的袭夺，大多处于无水或少水的状态。

（2）岩溶发育受构造的控制，呈串珠状出现一些落水洞，促使地下形成了管状水流，基岩含水层形成了极大的不均匀性，基岩含水分布有呈线状分布特征。

（3）特殊的地质气候环境，使地下岩层岩溶极其发育，形成大量不可预测的溶洞，而大部分溶洞又与地表土层相通，致使溶洞中沉积红色淤泥，与物探解译中含水反映极为相似。

（4）在地质构造带的交汇点上布点，在水文地质调查的基础上，物探点尽量向构造交汇点靠近，以其利用构造作用的相互切割，破坏地下水的管流原状，在地下形成相对均质含水层，易成井。

（5）呈串珠状出现的落水洞往往是地下水的径流通道，而落水洞长期接受大气降水，往往沉积大量泥沙，成井时需十分注意成井段滤水管下入位置及抽水量。

（6）横切地质构造带上布点。基岩地下水的走向受大地构造的控制，地下水呈管道流的形式沿构造带的展布方向运动，如果在横切构造点布点，可以增加直接接触地下水流动的管道的机会。

6.4.3.3　钻探基本经验

（1）施工前认真分析当地水文地质条件，准确把握地层资料，在水文专家定点布井基础上，结合物探资料和现场实际情况，精心制定合理有效的施工工艺及技术措施。

（2）严格按技术要求施工，做好水文观测，班报记录准确，对溶洞位置、大小及充填物情况了解详尽，为下管成井提供依据。

（3）精心施工，把握关键，注重成井细节，成井下管前仔细分析岩心含水段情况，准确把握第一手资料，合理安排下管顺序。

（4）曲靖、泸西县地质条件复杂，每口井施工情况不一，必须针对随时出现的复杂孔内情况采取有效的技术措施。

6.4.4 地下水赋存规律研究

典型岩溶干旱区地下水赋存受地形、地貌、地层岩性、地质构造、岩溶裂隙发育程度和岩性组合等多种因素影响，不同的地质形态组合对岩溶裂隙水影响很大。在岩溶地区，地下含水层往往缺乏相对隔水层的顶托，地下水难以赋存，岩溶裂隙发育的极不均匀性，使岩溶水分布变得十分复杂；在裂隙水区，裂隙的发育程度基本决定了地下水的赋存，裂隙发育带地下水相对富集，裂隙不发育则无水；无论岩溶水还是裂隙水，其岩溶、裂隙是否发育及其发育规律、特征和地质构造密切相关。地质构造断裂活动决定了岩溶裂隙的发育程度，也影响着地下水的赋存。因此，在岩溶地区寻找地下水应掌握本地的地层、构造、地下水补、径、排条件和岩溶裂隙发育规律特征等与地下水有关的全面信息，在进行水文地质调查、物探的基础上并加以综合研究，总结岩溶地下水赋存规律，才能提高岩溶地区找水效率。总结本次找水抗旱经验，云南曲靖、泸西岩溶干旱地区有以下特征规律。

6.4.4.1 岩溶水地下水赋存特征

岩溶水赋存特征与岩溶的分布特征基本相似，只有在岩溶发育区（带）岩溶水才有可能富集。在地下水补给区，一般地形较高、地形复杂、已有的溶洞多在当地地下水排泄基准面以上，为空洞、一般无水，只有在地表、地下汇水条件较好的沟谷、洼地才有可能有水。在地下水径流区，当地地下水的径流方向和径流带是寻找地下水最佳位置；在地下水排泄区（一般为盆地，当地称坝子）地下水储存汇集条件较好，地下水埋深浅，往往可找到适宜的地下水水源。在地质构造发育区（带）或断裂构造附近，岩溶相对发育，查明地质构造及其性质，对寻找地下水有着重要作用。白云岩、白云质灰岩、石灰岩等碳酸盐地层下部有相对隔水层（砂岩、泥岩、板岩、粉砂岩等）或多层组合，有利于地下水的赋存。

6.4.4.2 地面标高影响岩溶地下水

地形地貌对岩溶发育特征影响较为明显，在同一地貌单元内，地面高度控制着岩溶水的排泄基准面，对岩溶地下水影响明显。如：泸西县白水镇大寨村和直邑村勘查井，同处于裸露型岩溶山区，地面标高介于 1850~2000m 之间，地形起伏大，岩石裸露，地层岩性均为新生界古近系始新统路美邑组（E_2l）砾岩，砾石成分为白云岩、白云质灰岩，泥质及灰质胶结。直邑村勘查井地面标高 1985m，经施工 80m 井无水。而在大寨村地面标高 1860m，施工 80m 井出水量为 24m³/d，静水位埋深 20.01m，动水位 29.50m。直邑村勘查井钻孔揭露深度较浅、地下水水位位于当地排泄基准面上，大寨村钻孔虽为同一深度，但地面标高较低，在地下水排泄基准面以下，因此，前孔有水而此孔无水。对比说明，岩溶地下水排泄基准面是控制岩溶地下水的重要因素之一。

6.4.4.3　冲沟凸岸和凹岸控制岩溶地下水

岩溶山区，基岩裸露，地表岩溶发育，冲沟密布，受各种因素的影响，地下岩溶发育不均匀。在地表河流、冲沟凹岸侵蚀凸岸沉积，地表水流在凸岸稳定，在凹岸水流活动。因此，当地居民往往选择在凸岸的斜坡上居住。但是岩溶地下水的分布在凹岸和凸岸悬殊。午街铺镇过路田村，该村居住在冲沟的凸岸斜坡上，地面标高 1800～1900m 左右，地层为表层 0～4m 新生界第四系全新统（Q）红黏土，其下主要为中生界三叠系中统个旧组（T_2g）白云岩、白云质灰岩，在村东标高 1814m 处施工 90m 勘探孔无水，后来，又经过多处物探测量，均没有发现富水地段；中枢镇核桃沟新寨村地形和午街铺镇过路田村基本相似，地面标高 1750～1850m 左右，该村居住在冲沟的凸岸斜坡上，地层为表层 0～8m 新生界第四系全新统（Q）红黏土，其下主要为新生界古近系始新统路美邑组（E_2l）砾岩，砾岩由白云岩、白云岩质灰岩组成，泥质及石灰质胶结，在村东标高 1776m 处施工 80m 勘探孔无水。午街铺镇坝上村在距村北 400m 的冲沟的凹岸斜坡上地面标高 1796m 处施工 80m 勘探孔，地层为表层 0～7m 新生界第四系全新统（Q）红黏土，其下主要为中生界三叠系中统个旧组（T_2g）白云岩、白云质灰岩，出水量为 55m³/d。因此，凸岸和凹岸岩溶地下水明显不同，凹岸有利于寻找地下水。

6.4.4.4　单一岩性地下水富水不均匀

溶岩发育和岩性及岩性组合关系密切，就单一岩性而言，无论可溶岩还是非可溶岩，其地下水赋存都存在不均匀性。泸西县中枢镇核桃沟老寨村和白水镇直邑村，地层岩性除表层新生界第四系全新统（Q）红黏土外，以下为新生界古近系始新统路美邑组（E_2l）泥岩、砾岩，在两村泥岩分布区各施工 80m 勘探孔，两孔均无水；中枢镇小雨杂村 1 号孔和中枢镇双龙村勘探孔，该处地层岩性除表层较薄、为新生界第四系全新统（Q）红黏土外，以下为新生界古近系始新统路美邑组（E_2l）砾岩，砾岩成分为白云岩、白云质灰岩，泥质及灰质胶结，岩性均匀，变化不大，在 80m 深度内均无水；永宁乡白土山村和永宁乡永宁中学，相距 500m 左右，所处地层岩性除表层新生界第四系全新统（Q）较薄红黏土以外，下部为新生界三叠系中统个旧组（T_2g）白云岩、硅质白云岩，白土山村孔口标高 1534m，施工 80m 无水，永宁中学孔口标高 1561m，施工 51m 出水量 38m³/d。在本地单一岩性的地区，非可溶岩区地下水不丰富，但可解决庭院式饮用水问题，可溶岩区地下水分布受多种因素影响，地下水分布极不均匀。

6.4.4.5　不同岩性组合控制地下水的赋存

在不同地质时期，由于沉积环境的改变，岩性组合不同，其地下水赋存变化很大。在新生界古近系始新统路美邑组（E_2l）地层中，砾岩与黏土岩相组合，此类地层一般有水，出水量 50～72m³/d。中生界火把冲组（T_3h）地层，岩性为黏土、泥岩、泥质页岩和灰岩、白云质灰岩，此类岩性组合表现为裂隙及岩溶不发育，岩层近水平，出水量较小，仅为1.5m³/d。中生界三叠系下统飞仙关组（T_1f）砂泥岩、页岩夹泥灰岩相组合，出水量可达48m³/d。经调查，在本地不同岩性组合，非可溶岩区遇到可溶岩，地下水赋存受可溶岩分布影响；可溶岩区在一定深度遇到非可溶岩层，特别是在路美邑组砾岩分布区，往往地下水丰富。

6.4.4.6　断层裂隙控制地下水

地质构造控制着岩溶发育特征，岩溶往往就是裂隙溶蚀扩展的结果，裂隙越多，岩溶越发育，岩溶水越丰富，因此，在构造带或裂隙附近岩溶地下水较丰富。泸西县中枢镇小雨杂村，地处裸露型岩溶山区，地面标高水1850~1920m，为四周高，中间低的小盆地，地层岩性0~6.4m为新生界第四系全新统（Q）红黏土，6.4m以下为新生界古近系始新统路美邑组（E_2l）砾岩，砾岩成分为白云岩、白云质灰岩，泥质及灰质胶结。在本村施工两眼80m井，在村南山脚下1号孔无水，而在该井北部30m处2号孔出水量为30m³/d。两井地层一样，孔口地面标高都在1860m左右，所不同的是在2号孔井附近有一南北向的裂隙，因此2号孔受其影响岩溶发育，地下水丰富。

6.4.4.7　溶洞、溶隙中含泥时影响地下水赋存

在岩溶地区，地下溶洞、溶隙比较发育，但在后期的地质作用下溶洞、溶隙被泥质充填，地下水赋存受到很大影响。午街铺镇过路田村勘探孔，孔口标高1814m，地层为0~4m新生界第四系全新统（Q）红黏土，4~90m为中生界三叠系中统个旧组（T_2g）白云岩、白云质灰岩，46~50m岩心较破碎，溶蚀较严重，见泥质充填，经过试抽水，发现水中有泥，到最后几乎全部为泥，后经过封堵46~50m段后，结果该孔水和泥全无。旧城镇松鹤村委会乐业村边勘探孔，孔口标高1822m，地层为0~6m新生界第四系全新统（Q）红黏土，6~51m为中生界三叠系中统个旧组（T_2g）白云岩、白云质灰岩，钻至43.1m时遇溶洞掉钻，探至孔深51.1m，溶洞深约8.0m，进行试抽水，抽出都为黏稠泥浆，后用水泥封堵，结果该孔无水。溶洞被泥质充填，地下水交替活动能力降低，地下水的补给、径流条件变差，成井难度加大，容易造成泥水混合，甚至出泥不出水。

6.5　典型岩溶干旱区地下水开发利用经验总结

6.5.1　地下水开发工程成功经验总结

6.5.1.1　构造岩溶裂隙水开发工程成功经验

1. 曲靖市沾益县西平镇桃园村水井

位于曲靖盆地的边缘，西侧为巨厚的古近系和新近系泥质白云岩及钙质泥岩沉积，附近出露地层主要为泥盆系中统曲靖组（D_2q）深灰色灰岩、泥质灰岩夹钙质泥岩、石英砂

岩及页岩，二叠系栖霞组（P_1q）和茅口组（P_1m）灰白色、灰色厚层灰岩及梁山组（P_1l）石英砂岩夹页岩。踏勘时调查得知，附近构造复杂，断裂发育，雨季时沿山脚有串珠状泉水出露，并有喜水植物生长，且近山一侧有小断裂通过，起一定的阻水作用。井位置地处在岩溶发育区、地下水径流带，可利用断层的阻水作用，布置井位。经钻探验证，此井出水效果很好，单井出水量很大。

揭露地层情况：0～9m 红色黏土；9～100m 灰色、深灰色石灰岩夹薄层泥质灰岩，其中 23～46m 裂隙、溶隙及溶洞极为发育。钻探实际深度 100m，静水位 5.82m，动水位 15.66m，出水量 55.6m^3/h，日出水量可达 1334.4m^3/d。

分析：曲靖组地层因含泥质并夹有泥（页岩）岩，一般富水性中等。本井出水量如此之大，说明构造对溶隙水的影响较岩性因素更突出、更强烈，在断裂带附近，构造裂隙和溶蚀裂隙、溶洞、溶孔发育。岩性条件与构造条件两者相辅相成，构造条件起主导作用。

2. 曲靖市会泽县乐业镇罗布古村农机站水井

井位选于北北东向向斜的倾伏端的近轴部，构造裂隙岩溶发育。附近地层主要是三叠系飞仙关组（T_1f）红色砂岩与泥岩互层，东西两侧为突起的山峰，西侧有河流通过，地形有利于地表和地下水汇集，地下水补给条件好。

揭露地层情况：0～3.0m 红色黏土；3.0～176.0m 红色砂岩与泥岩互层，夹薄层石灰岩。从钻进中的涌水情况判断，20～32m、41～45m、90～92m、100～102m 裂隙发育，是主要出水段。本井实际深度 176m，出水量 21.5m^3/h，水位降深 9.61m。

分析：碎屑岩的富水性强弱与岩性、构造等因素有关，井位应在水文地质调查基础上，充分考虑岩性及构造地貌条件，选择在裂隙发育有利于地下水汇集的褶皱外转折端、褶皱轴部、褶皱与断裂复合构造富水部位布井。

6.5.1.2　岩溶（溶洞）水开发工程成功经验

1. 泸西县泸源中学井

该井钻井井深 80m，开孔口径 Φ150mm，终孔孔径 Φ110mm。钻探地层包括第四系和三叠系。第四系（Q^{el+dl}）0～10.40m：第四系黏土层，棕红色，硬塑，含钙质结核；第四系地层含水层较薄，水质较差，不作为该井的取水层位，用水泥作永久性止水。三叠系（T_2gd）10.40～80.00m：10.40～34.10m 石灰质砾岩，浅灰色，破碎，18～35.10m 见三层溶洞；34.10～80m 白云质灰岩，浅灰色，性脆，局部裂隙发育有水渍，方解石充填，局部有蜂窝状溶洞，36.2～68m 为该井的含水层位。

穿透黏土覆盖层后，进入强风化灰质砾岩，地层破碎坍塌并遇溶洞，在妥善处理复杂的钻探事故后，成井是关键。将成井管稳妥地下在完成基岩面上，因溶洞下部含泥，出水易浑浊，滤水管需下在溶洞上部，且抽水设备也应下在溶洞上部，达到了预期效果。水泵下入深度 35m，静水位 32.80m，连续抽水稳定 8h 动水位 34.06m，降深 1.26m，稳定出水量 2.4m^3/h。

2. 泸西县白水镇致祥村井

该井钻井井深 80m，开口孔径 Φ150mm，终孔孔径 Φ110mm。钻探得到的地层为第四系和三叠系。第四系（Q^{el+dl}）0～6.0m：第四系黏土层，棕红色，硬塑，含钙质结核；第四系地层含水层较薄，水质较差，不作为该井的取水层位，用水泥作永久性止水。三叠系（T$_2$gd）6.0～80.00m：灰岩、白云岩，浅灰色、青灰色，性脆，局部裂隙发育有水渍，方解石充填，局部有蜂窝状溶洞，16.90～19.50m、21.60～22.50m见溶洞，黏土充填，23～71m为主要含水层。

6.5.1.3　裂隙水开发工程成功经验

泸西县中枢镇小雨杂村井钻井井深80m，开口孔径 Φ150mm，终孔孔径 Φ110mm。钻探得到的地层自上而下为：第四系（Q^{el+dl}）0～9.0m，第四系黏土层，黄色，硬塑，含钙质结核；三叠系（T$_2$gd）9.0～80.00m，胶结砾岩，石灰质，坚硬致密完整，局部有裂隙，18～71m为裂隙含水层。

此前已施工一个孔，因未遇裂隙，未出水。再次分析后认为：裂隙发育极不均匀是本区的特征，寻找裂隙是成井、出水的关键所在。根据当地水文调查情况，再次布井施工，找到了局部裂隙发育段，解决了当地饮水问题。

6.5.2　地下水开发工程失败经验总结

岩溶地区地下水富水极不均匀，并且受地形地貌、地质、地质构造等多种因素的控制，岩溶、裂隙常受后期地质作用影响（裂隙被方解石充填、沉积黏性土充填裂隙），水文地质条件复杂。下面就几个不出水（即不成功）的勘探孔作为典型示范进行剖析，以便更好地总结、借鉴经验，为今后干旱区找水积累经验。

6.5.2.1　基岩裂隙水类型

1. 泸西县中枢镇既比村委会孔实录

泸西县中枢镇既比村委会黑桃沟老寨村，人口190人。该勘探孔设计孔深80m。地处岩溶径流-补给区，地形起伏不平，地面标高在1850～1995m左右，岩石裸露。分布有北山、西山和南山并且这三面山相连，在东部沟有出口，南山较陡，坡度大于60°，植被发育，北山和西山坡度在10°～15°左右，村子沿北坡就山势居住。沿南山分布着东西向的冲沟，北山分布着南北向冲沟，两个冲沟并在村南汇合。在山上岩石裸露，地层岩性全是新生界古近系始新统路美邑组（E$_2$l）砾岩。北山岩石向南倾，南山向北倾，其东西向的冲沟恰为一向斜的轴部。

经过调查，确定在两冲沟汇合处的村南施工一眼勘探孔，后又经过电测深物探方法进行物探。经勘探该地层：0～9.0m为第四系全新统（Q）棕红色黏土，9.0～80m为新生界古近系始新统路美邑组（E$_2$l）泥岩，棕色，致密，岩心较完整，岩性较均匀，裂隙不发育。施工结果为在80m勘探深度内无水干孔。

分析：其孔位处在该地标高最低，是两沟的交汇处，同时又是向斜构造的轴部。但是由于向斜构造的影响，在其轴部沉积的地层为新生界古近系始新统路美邑组（E$_2$l）泥岩，并且泥岩在该地区地表没有出露。由于构造的影响在该地区沉积了不富水的泥岩，裂隙不发育，导致该勘探孔无水。

2. 泸西县中枢镇既比村委会小雨杂村勘探孔

泸西县中枢镇既比村委会小雨杂村，人口 130 人。勘探孔井孔深 80m。地处裸露型岩溶山区，地面标高 1850～1920m，四面环山，为四周高、中间低的小盆地，南山较陡，坡度大于 40°，植被发育，其他山比较低缓，村庄沿东山及西山顺势而成。山坡岩石裸露，出露岩石为新生界古近系始新统路美邑组（E_2l）砾岩，砾岩成分为白云岩、白云质灰岩，泥质及灰质胶结，岩石溶蚀明显。

经过调查，确定在南山边距村较近处施工一眼勘探孔，电测深物探解译：土层厚 3m，$AB/2=110m$，静水位 2.5m，含水段 45～80m，预计出水量 2.0m³/h。

经勘探该地层：0～6.4m 为第四系全新统（Q）红色黏土；6.4～80m 为新生界古近系始新统路美邑组（E_2l）角砾岩，角砾由白云岩白云岩质灰岩组成，角砾大小不一，有一定磨圆、个别呈棱角状，泥质及石灰质胶结，灰白色、棕红色，块状，致密，岩心较完整，局部溶蚀，但见泥质充填。当勘探到目的深度后，进行试抽水，结果该勘探孔无水。

分析其原因：小雨杂村勘探孔，其孔坐落在南山脚下，地层单一，地质构造及节理裂隙不发育，岩石结构致密，岩溶裂隙发育条件较差、又被泥质充填，钻探施工有可能存在一定问题，从而导致在勘探深度内无水。

6.5.2.2　溶隙-裂隙泥土充填类型

1. 泸西县午街铺镇果吉村委会过路田村孔

泸西县午街铺镇果吉村委会过路田村，人口 260 人。地面标高 1880～1900m，地形起伏不平，西高东低，岩石裸露。村庄四面环山，仅在东北角有一缺口，在村北分布有东西的冲沟，在村东有一南北向的冲沟，两冲沟在村东北角相汇后向东有出口。村庄沿西山顺势分布，坡度为 10°～15°左右，该村所处为冲沟的凸岸，是相对稳定区，北山较陡，坡度大于 40°～60°，植被不发育，南山和东山比较缓并且低矮。出露岩石为新生界三叠系中统个旧组（T_2g）白云岩、硅质白云岩，岩石溶蚀明显。

经过调查，确定在村东相当较低处施工一眼勘探孔。后又经过电测深物探方法进行物探，覆盖层厚度 3.5m，含水段 46～50m 岩心破碎，溶蚀现象严重，见泥质充填，55.7～57.3m、70～72m 局部溶蚀，溶洞大小不一，溶洞被方解石或泥质充填。该勘探孔到 80m 后，进行试抽水，初期水中有泥，到最后几乎全部为泥，后又加深到 90m，并对 46～50m 段进行封堵，结果该孔水和泥全无，造成此孔报废。

分析原因：在岩溶地区，地下溶洞、溶隙虽比较发育，但是在后期的地质作用下，溶隙裂隙被泥充填，地下水赋存和补给受到很大影响，地下水交替活动能力降低，地下水的补给、径流条件变差，后期溶洞内被泥质充填，溶洞内泥质充填地区标志着该地区地下水当前循环能力变差，地下水不丰富、不宜成井。

2. 曲靖市珠街乡三家村孔

附近地层走向近南北，地层岩性由西向东依次为二叠系、古近系、第四系（表 6.8）。

表 6.8 曲靖市珠街乡三家村地层岩性特征

界	系	统	阶（组）	符号	地层岩性特点
新生界	第四系			Q	褐红色黏土，厚度相差较大
	古近系		蔡家冲组	E_3c	泥岩夹泥灰岩
中生界	二叠系	下统	梁山组	P_1l	灰白色中厚层状细中粒石英砂岩、灰黄色厚层状泥岩夹长石石英砂岩及黑色碳质页岩及煤线
			栖霞组	P_1q	灰色、深灰色厚层及巨厚层状灰岩夹浅黄色细晶白云岩，层厚 147.8～172.8m
			茅口组	P_1m	灰色、深灰色厚层及巨厚层状灰岩夹浅黄色细晶白云岩，层厚 147.8～172.8m

三家村位于补给-径流区，总体地势较高，西侧为突起的山梁，附近断裂发育，南部岩溶泉排泄标高低于设计井位处 180m，预计井位处静水位埋深约 180m，因此设计孔深 250m。水井施工工艺为空气潜孔锤钻进，孔径均为 225mm。实际钻孔深度 260m，终孔后无水位。终孔 14h 后测量水位埋深为 199.5m，18h 后水位埋深 179.5m。根据水位上升速度估测，该孔出水量仅 0.2m³/h，水量极小，不能成井。

钻孔得到的地层为：0～5.0m 为褐色-褐红色黏土；5.0～30.0m 为古近系灰白色泥岩及泥灰岩；30.0～137.0m 为古近系红色泥岩；137.0～260.0m 为二叠系茅口组（P_1m）灰-灰白色石灰岩，岩溶裂隙极为发育，但完全被坚硬的红色黏土岩充填（钻进排出的岩屑中有 1/4～1/3 为红色黏土岩）。

分析其原因：在古近系沉积以前，由构造运动形成的断层附近，可溶的茅口组灰岩在地下水的作用下，已形成了大量的溶蚀裂隙和溶洞，在古近纪时期被古近系沉积充填，故水量微弱、不能成井。

6.5.2.3 溶洞被泥质充填类型

1. 泸西县旧城镇松鹤村委会乐业村孔

钻孔终孔孔径 Φ130mm，设计孔深 80m。钻探所揭露的地层如下，第四系（Q^{el+dl}）0～6.0m：棕红色，硬塑，切面具油脂光泽；三叠系（T_2g^c）6.0～51.10m：白云质灰岩，灰色，浅灰色，局部裂隙发育，多为张开，少量闭合，可见泥质充填，岩心表面见 1～2mm 宽的方解石条纹，无规则，局部溶蚀现象发育，见溶蚀面、溶孔、小溶洞；43.1～51.1m 为溶洞，其中充填泥质。

分析认为：①溶洞内全部为泥质充填；②39m 以上含水层含水较弱而且也为泥质充填，或与底部溶洞贯通。根据物探资料：测深 110m，含水段为 10～10.5m、46～50m，结合钻探取心表明该层位主要含水段溶洞全部为泥质部位。

2. 沾益县白水镇匀达村孔

成井深度 200m，静水位埋深 14.53m，动水位埋深 21.6m，出水量大于 10m³/h，但水非常浑，初期抽出的水浑得像泥浆一般，抽水一个多月才基本抽清。钻探揭露的地层：
0～3m 为红色黏土；3～200m 为二叠系茅口组（P_1m）石灰岩，其中 60m 以上溶洞及溶蚀
裂隙非常发育，但大部被红色黏土充填。60m 以下岩溶发育稍差，但溶隙间充填也较
严重。

　　分析其原因：溶蚀洼地内或附近，岩溶裂隙或溶洞一般被黏土充填较严重，这个部位
的水井一般出水量偏小或长时间出浑水，井位宜离开溶蚀洼地一定距离。

第7章 结 语

7.1 结 论

本书通过研究中国西南岩溶区多重介质环境的脆弱性、复杂性和独特性，探清影响和决定研究区旱涝灾害形成的环境介质。在统计中国西南岩溶区旱涝灾害灾情次数的基础上，选取重灾区进行分析，从影响旱涝灾害发生的气象因素、地质因素和人为因素等方面着手研究，研究降水量对旱涝灾害过程的影响及降水量的变化趋势。通过室内物理模拟实验，对比分析影响中国西南岩溶区旱涝灾害发生的地表地下因素，采用控制变量法分析各因素对岩溶地下河系统水文过程的影响，分析各项因素影响下旱涝致灾的可能性，同时探索实验模拟的数值化。综合气象、地质和人为因素，系统分析不同降水条件下中国西南岩溶区发生旱涝灾害的过程，探索研究区旱涝灾害的演变机理和水安全利用模式。以中国西南典型岩溶洼地云南块所岩溶区为例，分析岩溶旱涝灾害规律和致灾因子。以云南曲靖市和泸西县作为西南典型岩溶干旱地区研究其地下水开发利用，分析两地地质构造及水文地质条件，提出两地旱涝灾害成灾机理。总结两地岩溶干旱区地下水开发利用经验。主要结论总结于下。

（1）岩溶多重介质环境具有复杂性和脆弱性，中国西南岩溶多重介质环境更具独特性，形成地表和地下多介质组合的复杂结构，构建了区内岩溶环境承灾能力弱的基础，致使灾害频繁发生。岩溶多重介质环境是控制旱涝灾变规律的主要因素。气候系统（大气降水系统），地表水系统和岩溶地下水系统是中国西南岩溶区岩溶多重介质环境旱涝成灾作用的决定性环境介质。

（2）综合分析中国1900~2012年旱涝灾害等值线图和1991~2012年的气象灾害简报，统计113年来西南岩溶区的旱涝灾害次数，得出4区（贵州省与湖北省南部）、6区（云南省东部）、7区（广西壮族自治区北部与中部）属旱涝灾害交替频发的重灾区，故选取此三区作为重点研究对象。分析数据得出三个地区的干旱总体呈"每年旱灾，3~6年中旱，7~10年大旱"的特点，洪水总体上呈现"2~3年中洪，5~8年大洪"的特点，岩溶区特有的涝灾则是年年不断，且灾情严重，重灾区往往集中在地表地下岩溶高度发育的地区。自21世纪以来，中国西南岩溶区旱涝灾害更为显著，尤其是干旱灾害从西北和华北地区转向了西南地区。选取2003~2012年近10年的旱涝灾害进行分析，可知近10年来旱涝灾情都有加剧的趋势。

（3）根据中国西南岩溶区1960~2012年的多年平均降水量和年代平均降水量资料，分析近53年来中国西南地区以及典型省区（贵州、云南、广西）的降水量变化情况以及变化趋势，对比分析2000年以来的平均降水量与多年平均降水量，可知自21世纪以来，中国西南岩溶区进入历史上最为干旱的时期。通过分析53年间的年代平均降水量，显见中国西南岩溶区的年代平均降水量总是处于震荡状态，前一个年代降水量少，处于干旱状态，下一个年代降水量很大程度上会增多。按照这个趋势计算，2000～2009 年降水量明显低于多年平均降水量，因此预测在接下来的 10 年里（2010～2019 年）降水量会有所增加。

（4）通过分析 1960～2012 年中国西南岩溶区旱涝灾害发生的年份和该年的降水量，中国西南岩溶区旱涝出现的时间与降水量的变化一致，即降水量较少的时候容易干旱，降水较多时容易洪涝，即说明旱涝灾害的发生直接受到降水量的影响。由于近年来季风和水汽输送异常等气象因素，在夏季风控制的月份的降水量占全年降水量份额会有所上升，势必会导致汛期大面积持续降水而引发洪涝灾害，而在冬季风控制的秋冬季节也会因降水量的减少而干旱越加严重。中国西南岩溶区的旱涝灾情没有减轻的趋势。

（5）通过控制变量的方式对六种可能影响岩溶区旱涝灾害的因素（地下岩溶管道结构、岩溶洼地类型、岩溶地形地貌、地表地下岩溶管道连通方式、地下岩溶管道埋深、地下岩溶管道水力坡度）进行了对比性的实验。分析在暴雨（强降水）条件下，不同因素组合的地下岩溶管道出口流量和地下水水位对降水响应过程，以降水前期和衰减期的首个极值点作为定量的实验数据进行统计分析。实验结果表明，地表为峰林谷地、"平底圆筒"型岩溶洼地，地表地下岩溶管道连通性越好，地下岩溶管道越复杂、水力坡度越大、地下水埋深越深，地表地下消水速度越快，发生干旱灾害的可能性越大；地表为峰丛洼地、"抛物线形四周合围"型岩溶洼地，地表地下连通性差，地表消水慢，发生洪涝淹没的风险较大，地表地下连通性好，地下岩溶管道越简单、水力坡度越小、地下水埋深越浅，地下水易因地下水位过高而在地势低洼的负地形处形成浸没内涝。

（6）岩溶管道埋深、坡降和平面展布形态是通过影响和控制岩溶地下河系统的贮蓄空间、排水能力和径流量，间接影响岩溶旱涝的发生和发展，是中国西南岩溶地下河系统旱涝致灾的内因：

①岩溶管道的埋藏深度通过决定岩溶地下河系统的贮蓄空间大小，间接影响岩溶旱涝的发生和发展，岩溶管道埋藏深的岩溶地下河系统易加剧旱情，岩溶管道埋藏浅的岩溶地下河系统易引发涝灾。

②岩溶管道的坡降通过决定岩溶地下河系统的水力坡度，影响系统的排泄能力，间接影响岩溶旱涝的发生和发展，岩溶管道下游坡降较陡的岩溶地下河系统易造成旱情加剧，岩溶管道下游坡降较缓的岩溶地下河系统易引发涝灾。

③岩溶管道的平面展布形态通过控制岩溶地下河系统的汇水能力，间接影响岩溶涝灾的发生，岩溶管道中上游发育数量较多的岩溶地下河系统，易导致上游干旱缺水，当下游存在控制性过水断面时，易导致下游区发生涝灾。

（7）在相同的降水条件下，分析岩溶洼地系统、岩溶管道系统中六个因素和人为因素可能导致的旱涝灾害。岩溶峰丛洼地容易发生洪涝，峰林谷地容易发生干旱；同体积的岩溶洼地，"平底圆筒"型岩溶洼地比"抛物线形四周合围"型岩溶洼地更易干旱；地表地下岩溶管道连通性好的条件下，发生干旱和洪涝的可能都比较大，此时产生洪涝大多是因为地下水水位上升而在负地形处外溢而成内涝，地表地下岩溶管道连通性差的条件下，发生洪涝的可能性较大，此时产生洪涝的原因是地表入渗作用小于汇流作用，降水汇集至洼地负地形而涝；地下岩溶管道埋深较浅、上游水力坡度大而下游水力坡度小的时候发生洪涝的可能性较大，地下岩溶管道埋深较深、全程水力坡度较大时发生干旱的可能性较大；水库工程附近容易产生库水回灌地下水而使库周洪涝；提水工程则会导致工程附近的局部区域缺水干旱。

（8）系统分析了强降水条件下和一般降水条件下，中国西南岩溶区在各种岩溶地表地下因子组合下可能发生的灾害和致灾的机理。在强降水条件下，理论上没有干旱灾害的发生，洪涝灾害的发生则分为地表汇流在负地形产生淹没内涝和岩溶地下河因水位上涨过高过快而通过岩溶地表地下连通管道、地下河出口在负地形外溢形成洪涝两种类型，发生的时间一般都会在降水中期和后期；在一般降水条件下，因为雨强较小，一般不会出现地表水来不及转化为地下水而汇流成涝的情况，降水会直接通过地表地下岩溶管道转化为地下水，当地下岩溶管道埋深较浅时则在降水中后期因地下水位过高外溢出地表而产生洪涝，而在降水停止的"X"（"X"为连续无降水时长，由中国西南岩溶区当地的气象条件决定）天之后无降水，则可能转涝为旱。

（9）岩溶旱涝灾害是气象、人类参变与岩溶多重介质环境变异的综合产物，亦是气象灾害、地质灾害和人为灾害的复合体。岩溶旱涝灾害的链式规律可简化为"源"、"流"、"场"、"效应"和"灾情"5个有序化的环节。岩溶旱涝灾害链式规律源于岩溶多重介质环境，其5个简化环节受控于环境中的各类环境介质，且以岩溶地下河系统时空分布的数量、规模、结构与功能为主控因素。

（10）因地制宜、合理开发岩溶地下河系统对解决中国西南岩溶区干旱缺水、调节水资源的时空分布不均、改善生态环境、保障地区水安全和促进地方经济的持续发展等具有积极意义。岩溶地下河系统水资源开发利用典型模式总结概括为"引"、"提"、"堵"和"围"。

（11）岩溶地质、地质构造、地下水补、径、排条件和岩溶裂隙发育规律特征等影响岩溶地下水赋存：

①在地下水补给区，一般地形较高、地形复杂、已有的溶洞多在当地地下水排泄基准面以上，为空洞、一般无水，只有在地表、地下汇水条件较好的沟谷、洼地才有可能有水。在地下水径流区，当地地下水的径流方向和径流带是寻找地下水最佳位置；在地下水排泄区（一般为盆地，当地称坝子）地下水储存汇集条件较好，地下水埋深浅，往往可找到适宜的地下水水源。在地质构造发育区（带）或断裂构造附近，岩溶相对发育，查明地质构造及其性质，对寻找地下水有着重要作用。白云岩、白云质灰岩、石灰岩等碳酸盐地层下部有相对隔水层（砂岩、泥岩、板岩、粉砂岩等）或多层组合，有利于地下水的赋存。

②在同一地貌单元内，地面高度控制着岩溶水的排泄基准面，对岩溶地下水影响明显。

③凸岸和凹岸岩溶地下水明显不同，凹岸有利于寻找地下水。

④在不同地质时期，由于沉积环境的改变，岩性组合不同，其地下水赋存变化很大。

⑤地质构造控制着岩溶发育特征，岩溶往往就是裂隙溶蚀扩展的结果，裂隙越多，岩溶越发育，岩溶水越丰富，因此，在构造带或裂隙附近岩溶地下水较丰富。

⑥在岩溶地区，地下溶洞、溶隙比较发育，但在后期的地质作用下溶洞、溶隙被泥质充填，地下水赋存受到很大影响。

（12）中国地质调查局实施的"西南严重缺水地区地下水勘查"项目（［2010］矿评01-07-30 号），突出了应急抗旱，以"找水、定井、钻探成井"和解决饮水困难为重点。共完成 1∶1 万水文地质调查 400km²，水文地质钻探总进尺 7042.85m，地面物探 241 处、电测剖面 1414m，施工探采结合井 75 眼，成井 63 眼，抽水试验 63 处、采用水样化验 63 件，抗旱井配套设施 63 眼，提交抗旱井成果 405 套。通过实施找水打井抗旱工程，惠及曲靖 7 个县市 1 个区 14 个村、泸西县 5 镇 2 乡 24 个村委会 45 个村民小组，直接解决了旱区 81629 人、27600 头大牲畜饮用水困难问题。

通过对工程实施的经验总结，认为：在中国西南严重缺水的岩溶地区，水文地质条件复杂、地下水赋存条件差、地质情况复杂、成井难度大，要解决饮用水困难问题，只有进行以寻找地下水、选择井位置为主要目的的水文地质调查，才能避免施工的盲目性，提高成井、出水率；采用视电阻率方法和激化法地面物探，分析诸如覆盖层厚度、地层岩性、水位埋深、岩溶裂隙发育段、成井深度等，可减少钻探风险，提高成井效果；选用适宜的钻探设备、采用合理的施工成井工艺可有效地提高钻探、成井效率，实践证明在干旱缺水地区深井采用潜孔锤钻施工效果良好；干旱缺水基岩山区，寻找岩溶裂隙发育段、构造裂隙发育部位、分析地层组合关系、地下水汇水条件、赋水富水特征，对成井出水十分重要，遇溶洞沉积泥沙、选择合理成井段、下入适量的抽水设备，利用上部清水成井经验可借鉴。

7.2　不足与建议

本书对中国西南岩溶区旱涝灾害的演变机理的研究仅局限在理论层面，限于研究资料、研究条件以及研究者自身的能力等原因，在课题的研究过程中，尚存在着一些不足，主要有以下两点不足。

（1）本书的研究重点是西南岩溶区特有的地质条件对旱涝灾害的影响，但是在研究的过程中，地表地下特有的水文地质条件的所有资料都来源于"喀斯特数据中心"以及文献资料，缺少实际勘查，因而实验的成果只能作为理论支撑。

（2）中国西南岩溶区旱涝灾害物理实验模拟的过程中，采用的是理想化的模块建立，存在着一些细节上的省略，由于研究过程中对这些细节的概化，在实验结论部分，这些细节的缺失有可能对本书的结论产生一定的影响。在实验过程中，由于人为参与其中的因素过多，不能保证完全地控制变量。另外，整个实验中，由于工业橡皮泥的不透水性，地面土壤的孔隙度、持水量、含水率等特征值不能表现出来，从而忽略了不同岩性透水性能的差异，因而在地表地物地貌对消水涨水的影响试验中存在一定的误差。但是由于本次实验过程主要研究对象为地下岩溶管道的快速流，因此并不影响实验结果。但是如果要对现实生活中的旱涝灾害的形成进行指导，还需要进行进一步的改良。

中国西南岩溶区的旱涝灾害是岩溶区频发的一种自然灾害，在极端干旱或者极端暴雨的情况下，西南岩溶区特有的旱涝灾害完全被避免的机会较小，只能靠人力改变、整合、重新分配岩溶区的水资源，准确地预测一次降水对当地所造成的洪涝范围与淹没深度，及时高效地对洪水作出应急反应与防治措施，才能有效减轻灾情。岩溶旱涝的防治首先要根据不同的岩溶地理环境，分析其具体的致灾因子，找出其发生发展的规律，做好灾害的预测预报工作。在政府投资建立完善配套的水利工程、提水工程、岩溶管道的爆破工程的同时，着手灾害理论、技术效益、对策及监测的预报研究，尽快构建高效运转的防灾减灾管理预警系统和综合化系统。

主要参考文献

艾婉秀，孙林海，宋文玲．2010.2009 年海洋和大气环流异常及对中国气候的影响［J］．气象，4：101-105.

曹建华，袁道先，章程等．2004. 受地质条件制约的中国西南岩溶生态系统［J］．地球与环境，1：1-8.

陈雷．2010. 积极应对全球气候变化着力保障中国水安全［J］．中国水利，(8)：2-3.

光耀华，郭纯青．2001. 岩溶浸没内涝灾害研究［M］．桂林：广西师范大学出版社，5：2.

郭纯青．2001. 岩溶浸没内涝灾害研究［M］．桂林：广西师范大学出版社：1-37，61-75.

郭纯青，李文兴．2006. 岩溶多重介质环境与岩溶地下水系统［M］．北京：化学工业出版社：32-33.

郭纯青，时坚，裴建国．1985. 岩溶地下水系统中快速流与慢速流的模拟［J］．中国岩溶，4：21-29.

郭纯青等．1993. 岩溶地下水资源评价灰色系统理论与方法研究［M］．北京：地质出版社：12-32.

郭纯青等．1996. 岩溶含水介质与地下水系分维理论研究［M］．桂林：广西师范大学出版社：1-25.

郭纯青等．2004a. 中国岩溶地下河系及其水资源［M］．桂林：广西师范大学出版社：1-5.

郭纯青，刘景兰，王洪涛等．2004b. 中国南方岩溶地下河系形成演变的链式规律［J］．地球科学进展，S1：153-156.

国家防汛抗旱总指挥办公室、水利部南京水文水资源研究所．1997. 中国水旱灾害［M］．北京：中国水利水电出版社：87-93.

何宇彬．1997. 中国喀斯特水研究［M］．上海：同济大学出版社．

揭锡玉，徐国东．2003. 浅谈大汶河流域洪涝灾害特点及减灾对策［J］．水利经济，2：59-62.

李耀先，陈翠敏，林墨．2009. 广西区域干旱的分析研究［J］．热带气象学报，S1：125-131.

李莹，高歌，叶殿秀等．2012. 2011 年中国气候概况［J］．气象，4：464-471.

刘国，毛邦燕，许模等．2007. 复杂岩溶含水介质概化初探［J］．物探化探计算技术，5：439-442.

卢耀如．2003. 地质-生态环境与可持续发展——中国西南及邻近岩溶地区发展途径．南京：河海大学出版社：100-160.

路洪海，章程．2007. 后寨河流域岩溶含水层脆弱性及其对土地利用方式的响应［J］．长江流域资源与环境，4：519-524.

庞晶，覃军．2013. 西南干旱特征及其成因研究进展［J］．南京信息工程大学学报（自然科学版），2：127-134.

覃小群，蒙荣国，莫日生．2011. 土地覆盖对岩溶地下河碳汇的影响——以广西打狗河流域为例［J］．中国岩溶，4：372-378.

王大纯，张人权，史毅虹等．2006. 水文地质学基础［M］．北京：地质出版社：131-134.

王凌．2004. 2003 年度我国天气气候特点［J］．气象，4：29-32.

王凌，叶殿秀，孙家民．2007. 2006 年中国气候概况［J］．气象，4：112-117.

王有民，叶殿秀，艾婉秀等．2013. 2012 年中国气候概况［J］．气象，4：500-507.

王遵娅，曾红玲，高歌等．2011. 2010 年中国气候概况［J］．气象，4：439-445.

肖风劲，徐良炎．2006. 2005 年我国天气气候特征和主要气象灾害［J］．气象，4：78-83.

徐良炎，姜允迪．2005. 2004 年我国天气气候特点［J］．气象，4：35-38.

杨立铮．1985. 中国南方地下河分布特征［J］．中国岩溶，(Z1)：98-106.

尹晗．2013. 中国西南地区干旱气候特征及 2009～2012 年干旱分析［D］．兰州大学．

袁丙华等．2002. 中国西南岩溶石山地区地下水资源及生态环境地质研究［M］．成都：电子科技大学出版社：1-5.

袁道先．2014. 西南岩溶石山地区重大环境地质问题及对策研究［M］．北京：科学出版社：104-228.

张培群，贾小龙，王永光．2009．2008 年海洋和大气环流异常及对中国气候的影响［J］．气象，4：112-117.

张新主．2011．西南地区水汽输送特征分析［D］．长沙：湖南师范大学．

张之淦等．2005．岩溶干旱治理［M］．武汉：中国地质大学出版社：8-40，70-90.

章大全．2011．中国年代际干旱趋势转折及预测［D］．兰州：兰州大学．

邹旭恺，陈峪，刘秋锋等．2008．2007 年中国气候概况［J］．气象，4：118-123.

Drogue C. 1990. Absorption massive d'eau de mer par des aquifères karstiques côtiers. Hydrogeological Processes in Karst Terranes［C］//Günay G, Johnson A I, Back W (eds). Proceedings of the Antalya Symposium and Field Seminar. IAHS Pub, 207: 119-128.

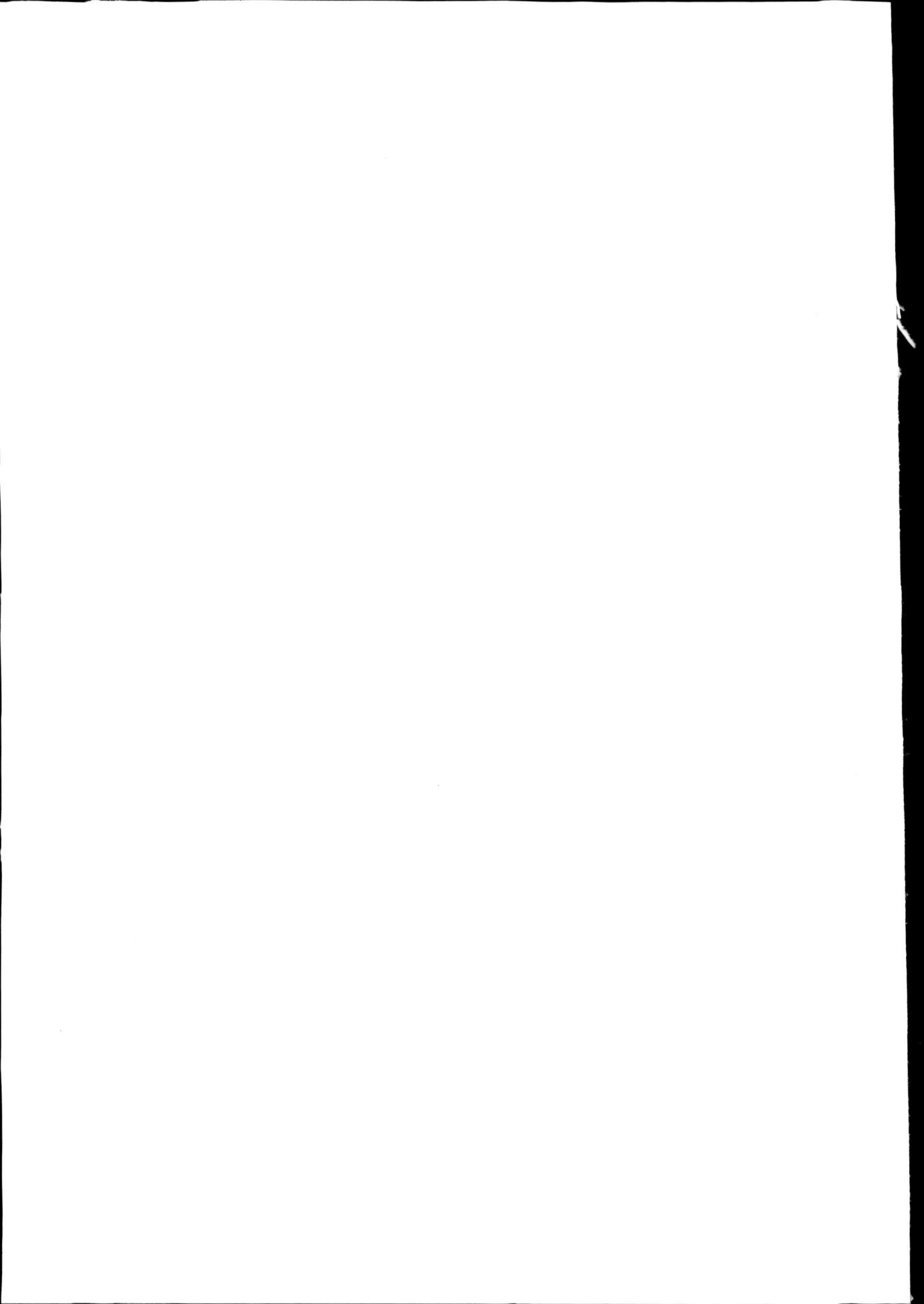